激盪十年，水大魚大

|中國崛起與世界經濟的新秩序|

作者——吳曉波

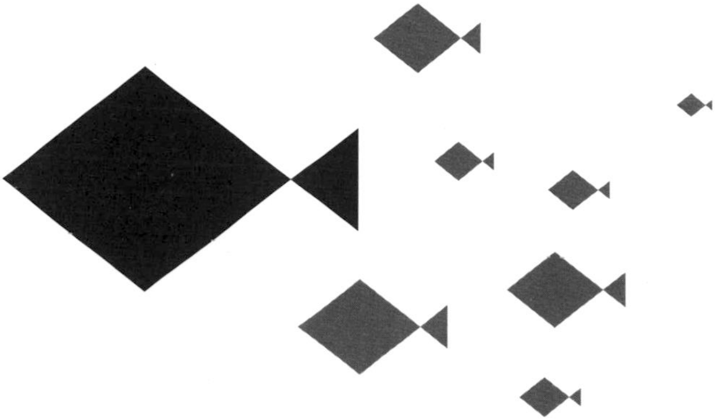

推薦序——洞悉中國經濟第一人

城邦媒體集團首席執行長 何飛鵬

如果有人想了解中國的經濟發展現況，透過吳曉波；如果有人想了解中國的企業經營現況，也是透過吳曉波；如果有人想預測中國未來的經濟發展走勢，也要透過吳曉波；如果有人想理解中國社會的脈動及文化變動，當然還是透過吳曉波。

吳曉波是中國最知名的財經作家，他的作品《激盪三十年》從一九七九年寫到二〇〇八年，寫盡了中國經濟發展的變動，另一本《大敗局》則探討了中國知名企業的興衰起落；《浩蕩兩千年》則以經濟的眼光探討了中國的經濟發展史。他的著作等身，是中國財經界的標竿人物，中國的企業家們許多是透過吳曉波的眼和筆，做為經營的風向球。

認識吳曉波是在他到台灣出書的演講場會中偶遇，我就深刻體會他是「理解中國經濟發展的第一人」，從此時相往來。

後來我們合作了一個項目，就是把我們在台灣創辦的《經理人月刊》在大陸出版，總共做了兩年，後來因為承包的廣告廠商變動，吳曉波決定把雜誌停掉。他告訴我，是他要停掉雜誌，過去所有的虧損全部算他的，我甚為驚嘆，我終於遇到了一個真正的君子！

之後吳曉波全力經營微信公眾號「吳曉波頻道」，成為中國最知名的網路自媒體，粉絲數以百萬、千萬計。

我是吳曉波頻道的長期訂閱者，我透過這個頻道，有效的掌握了大陸的經濟動向。它雖然不是全面的財經媒體，但是每天發的帖子都是完整的分析和觀察，解釋了重大新聞的變動，還有不時出現的專題，針對某一個主題徹底解讀與分析，這讓一個沒有在中國工作生活的我，有效的掌握了中國的脈動。

每天只要十分鐘，快速瀏覽吳曉波頻道，就可以清楚中國當下的經濟發展大勢，也可以了解文化及社會的變動。

這本《激盪十年，水大魚大》的新書，是吳曉波繼《激盪三十年》之後又一力作，延續了解讀中國經濟變動的一貫脈絡，深度探討了從二〇〇八年以來到今天的中國經濟發展。與過去不同的是，中國已是全世界第二大經濟體，也是全世界股市最大的交易市場，更是全世界互聯網發展最頂尖的地區。當然中國的經濟也擁有了最多令人嘆為觀止的奇蹟，也出現了最不可思議的亂象；當然中國政府也面臨了最大的變革考驗。

二〇〇八年從汶川地震及北京奧運揭開序幕，國際間的次貸金融風暴，也使大陸人心浮動，外貿訂單大幅減少、出口萎縮，出口產業迎來了改革開放以來最困難的一年。

可是到這一年的九月開始，中國央行連續五次降息，政府也對家電業緊急輸血，推出家電下鄉救市計畫，從年初的防止過熱，到年終的「保八」，中國經濟在這一年出現大轉折。

延續二〇〇八年底的進出口大衰退，大陸面臨了極大的考驗，中國政府此時採取了大撒鈔票的數萬億放貸措施，再加上對產業的擴張投資四萬億計畫，全面翻轉了低迷的經濟。同時這一年，吉利汽車的李書福收購了瑞典的VOLVO汽車。

二〇一〇年中國的GDP增長再度回到兩位數，並超越日本成為第二大經濟體。這一年也發生了奇虎三六〇對抗騰訊的戰爭，也發生了國美電器的股權戰事，房地產及農副產品大蒜等價格暴漲。

二〇一一年，張小龍開創了微信，改變了騰訊的命運；雷軍則進軍手機橫空出世，大展神威。也在這一年，中國製造走到了拐點，許多出口產業面臨困境。

二〇一二年習近平上任，中國開啟了新時代，進入改革的下半場。這一年出口產業持續下滑，能源及重工業也十分蕭條，太陽能產業及造船產業也暴起暴落，愛迪達工廠移出中國。

二〇一三年中國金融大幅改革，開放設立民營銀行。二〇一四年，中國一反過去打壓房地產的限購政策，全面恢復購房貸款，再加上降息，導致股市一飛衝天，當日成交量突破一萬億，中國進入另一波泡沫經濟。而中國互聯網則進入BAT的寡頭壟斷局面。

二〇一五年中國股市進入瘋狂局面，每日天上撒錢，人人都是股神，但在六月卻直接跳水，留給股民黃粱一夢。這年也爆發互聯網金融狂潮。

二〇一六年以後的最近兩年，隨著川普當選，全世界黑天鵝當道，只有互聯網繼續向前邁進，共享打車、網路直播、共享單車瘋狂興起。

二〇一七年，馬雲喊出新零售，虛擬貨幣橫掃全中國，但卻被中國政府一巴掌撲滅。

過去十年，中國經濟宛如過山車，一飛衝天又垂直下落，再峰迴路轉。有了這十年的經驗，或許有助於我們預測未來，中國將走上什麼道路，我們且拭目以待。

目錄
CONTENTS

第2章 2009 V形反彈的代價……064

中國的印鈔機開始猛烈運轉，在中央政府的指示下，五大商業銀行開始大舉放貸，到二〇〇九年三月放出空前的一兆八千九百億元天量，讓中國在世界率先實現「國民經濟總體回升向好」的V形反彈曲線。然而，剛剛獲得諾貝爾經濟學獎的保羅．克魯曼說中國經濟的恢復是虛弱的，需要馬上開始著手經濟結構的調整。稍有一點經濟學常識的人都清楚發現，二〇〇九年的中國成長是靠錢砸出來的。

風雲人物 樊建川——哈兒建館……091

第3章 2010 超越日本……095

二〇一〇年，中國的GDP成長創下一〇．六%的高峰，總量達到四十一兆三千億元。這意味著中國首次超過日本，成為世界第二大經濟體。中國的經濟總量在今年對日本的超越，如同去年汽車產銷量對美國的超越，是一個不可逆的歷史性現象。但也有北京居民對記者說：「可能有人對此感到激動，但我不是其中之一。這種GDP的成就無法反映這個社會國富民窮的實情。」

風雲人物 任志強——「大炮」開博……122

目錄
CONTENTS

第8章 2015 極端的一年 …… 267

夢魘時刻的到來是在六月十二日，很多股民在一生中會一直記得這個日子。到年底，A股市值蒸發二十五兆，股民人均損失約二十五萬元，幾乎相當於一個中產階級家庭的年收入了。中央最高層拍板，組成了一個多部委聯合的救市機構，證監會主席助理張育軍稱，「這是一場金融保衛戰」。諷刺的是，參與護盤的「國家隊」中，居然出現乘亂牟利的利益集團，此次救市的核心班子，幾乎全數淪陷。

風雲人物 鄔霞——女工鄔霞 …… 300

第9章 2016 黑天鵝在飛翔 …… 305

「黑天鵝」的出現固然令人意外，但是並非無跡可尋，隨著全球化浪潮日漸式微與通貨緊縮的蔓延，保守主義和民粹勢力紛紛抬頭，美國川普當選和英國脫歐無非是這一趨勢的極端化呈現。在各個經濟大國之中，中國顯得十分另類，它似乎成了唯一擁護全球化戰略的國家。路透社在評論中認為，「二〇一六年的G20，將使中國成為全球治理進程的主要協調者」。

風雲人物 詹國團——莆田醫生 …… 338

題記

我們的國家就是一艘駛往未來的大船，途經無數險灘、渡口，很難有人可以自始至終隨行到終點。每一代人離去之時，均心懷不甘和不捨，而下一代人則感念前輩卻又註定反叛。

——二〇一七年十一月二十二日，小雪。
杭州楓葉正紅時。

序　除非經由記憶之路，人不能抵達縱深①

歷史的目的就是把時間收集到一起，從而所有的人都在對時間的同一探求和征服中成為兄弟和夥伴。

——奧西普．曼德爾施塔姆

一

「對於過往的十年，如果用一個詞來形容，您的答案是什麼？」

二〇一七年四月，在杭州舉辦的一場「互聯網＋」峰會上，我與北京大學國家發展研究院教授周其仁同席，向他請教了這個問題。此時，我已經開始著手這部作品的調研寫作，與十年前的《激盪三十年》不同的是，我一直找不到一個準確的詞來定義剛剛逝去的這段歷史，它變得更加的多元、複雜和令人難以言表。

周其仁，這位曾在東北長白山當過八年獵人的學者是中國經濟最傑出的觀察家之一，他總是能用簡潔的表述把深刻的真相揭示出來，好像用一粒鉛彈擊穿遮蔽森林的迷霧。

他略沉思了一下，然後回答我。果然，他只用了四個字——「水大魚大」。

的確是水大魚大。

在這十年裡，中國的經濟總量成長了二·五倍，一躍超過日本，居於世界第二，人民幣的規模總量成長了三·二六倍，外匯存底增加了一·五倍，汽車銷量成長了三倍，電子商務在社會零售總額中的占比成長了十三倍，網民數量成長了二·五倍，高鐵里程數成長了一百八十三倍，城市化率提高了一二%，中國的摩天大樓數量占全球總數的七成，中產階級人口數量達到二·二五億，每年出境旅遊人口數量增加了二·七倍，中國的消費者每年買走全球七〇%的奢侈品，而他們的平均年齡只有三十九歲。

急速擴張的經濟規模和不斷升級的消費能力，如同恣意氾濫的大水，它在焦慮地尋找疆域的邊界，而被猛烈衝擊的部分，則同樣焦慮地承受著演變的壓力和不適。它既體現在國內各社會階層間的衝突、各利益集團間的矛盾與妥協上，也體現在中國與美國、日本、歐盟，

①序言標題出自漢娜·鄂蘭（Hannah Arendt）。這位德國女政治學家認為，「我們處在忘記過去的危險中，而且這樣一種遺忘，更別說忘卻內容本身，意味著我們喪失了自身的一種向度，一個在人類存在方面縱深的向度，因為記憶和縱深是同一的，或者說，除非經由記憶之路，人不能抵達縱深。」——《過去與未來之間》（Between Past and Future）

以及周遭鄰國間的政治及經濟關係上。

如同塞繆爾・杭廷頓（Samuel Phillips Huntington）所揭示的那樣，一個大國的崛起，意味著新的利益調整週期的開始。①這是一個漫長而充滿著不確定性的調適週期，迄今，身處其間的各方仍未找到最適合的相處之道。

大水之中，必有大魚。

在這十年裡，中國公司的規模也發生了巨大的變化，在《財星》五百大公司的名單中（二○一七年），中國公司的數量從三十五家增加到一百一十五家，其中有四家進入前十大的行列。在網際網路及電子消費類公司中，騰訊和阿里巴巴的市值分別增加了十五倍和七十倍，闖進全球前十大市值公司之列。在智慧手機領域，有四家中國公司進入前六強；而在傳統的冰箱、空調和電視機市場上，中國公司的產能均為全球第一；在排名前十大的全球房地產公司中，中國公司佔了七家。全球資產規模最大的銀行前四名都是中國的。

也是在這十年裡，中國公司展開了激進的跨國併購，買下了歐洲最大的機器人公司、曼哈頓最豪華的五星級酒店、好萊塢的連鎖影院、比利時的保險公司和日本的電器企業，還在世界各個重要的樞紐地帶，擁有了起碼三十個港口和貨櫃碼頭。

在剛剛過去的十年裡，世界乃至中國的商業投資界發生了基礎設施等級的巨變，如巴菲特所言，「今天的投資者不是從昨天的成長中獲利的」，幾乎所有的產業迭代都非「舊土重建」，而是「新地遷移」。以網際網路為基礎平臺的生態被視為新的世界，它以更高的效率和新的消費者互動關係，重構了商業的基本邏輯。

在十年時間裡，中國人的資訊獲取、社交、購物、日常服務以及金融支付等方式，都發生了令人難以置信的改變。甚至在文化趣味上，中國式的自信也正在復甦，國學和「中國風」重新復活，人們回顧更值得讚美的過去，並呼喚它的內在精神回歸。很多人覺得「天」變得比想像的快，舊有的人文環境和商業營運模式正在迅速式微。人們所依賴的舊世界在塌陷，而新的世界露出了它鋒利的牙齒，我們要麼被它吞噬，要麼騎到它的背上。

大魚的出現，造成了大水的激盪，並在魚群之間形成了新的競合格局，它同樣是讓人不安的。

有人在警告新的壟斷出現，有人提出了新的「中國威脅論」，也有人在驚羨大魚肥美的同時，小心翼翼地預測它的虛胖和死亡。甚至連大魚自己，也對陡然發育的體量無法適應。巨型中央企業的出現引發了新的爭議，大型網際網路公司以及與之攜行的兆級風險投資集團，對產業經濟和公共社會的滲透及控制，造成了新的驚恐跟反彈。

這就是我們在過去十年看到的景象，它既波瀾壯闊又混沌失控，充滿了希望又令人疑惑。大水對速度的渴望以及恐懼，大水與其他大水之間的博弈，大水與大魚之間的適應，以及大

---

①出自《文明的衝突與世界秩序的重建》（The clash of civilizations and the remaking of world order），賽繆爾．杭廷頓著。

魚與其他大魚、小魚之間的衝撞，構成了一幅難以理性靜察的壯觀景象。

二

在二〇〇八年到來之前，全球化的浪潮已經高漲了整整六十年，人類學習著用和平競爭的方式推動物質文明的進步。一九四六年才發明的電腦，用一代人的時間完成了資訊世界的建設；網際網路不但改變了資訊流動的方式，更推動了新的公司典範和財富積累運動。

但是，在二〇〇八年之後的十年間，全球經濟出現了兩個新的特徵。

其一，網際網路經濟的技術變革週期結束，艾文·托佛勒（Alvin Toffler）所定義的「第三次浪潮」謝幕，「殺龍青年」長出龍鱗，成為新的巨龍統治者。資訊化革命的推動力日漸式微，而新的產業變革仍在黎明前的暗黑通道之中，全球經濟出現了以通貨緊縮為共同特點的產業「空窗期」。

其二，由美國次貸危機轉化而成的全球金融危機，改變了潮汐的走向，「反全球化」成為新的趨勢。國際貿易的成長在這一階段幾乎陷於停滯，各國相繼透過貨幣競賽和貿易保護主義來維持自己的利益。由此，「黑天鵝」頻飛，民粹主義再度流行，二〇一六年的英國脫歐和川普當選更是讓新保守主義甚囂塵上。

世界發生新的動盪和對峙，在這一時期，身為全球化的最大獲益國，中國的處境不無尷尬。

開始於二〇〇八年的外貿下滑，在濺起一片驚呼的同時，也被動地推進了中國國內的基建投資和產業轉型，宏觀經濟的增速從九％陡降到六％～七％的「新常態」。與此同時，人民幣與美元之間的幣值競賽充滿了火藥味，中央政府提出的「一帶一路」倡議引發了種種新猜想。對中國的依賴與遏制，構成了一種充滿矛盾的共生現象。

隨著川普的當選，華盛頓宣佈「回到美國」，中國似乎成了唯一仍然在全力推動全球化的超級大國。無論是二〇〇八年的北京奧運會、二〇一〇年的上海世界博覽會，還是二〇一四年提出的「一帶一路」倡議以及二〇一六年在杭州舉辦的G２０峰會，都是一些指標性的重大事件，它們代表了中國的一貫立場和姿態。不過，有一些時刻，中國是孤獨的。

「是世界更需要中國，還是中國更需要世界？」這是一個無解卻又時常被提及的問題，在這一糾結的背後，體現出了西方世界及周遭各國對中國崛起的複雜心態。

在這十年裡，中國經濟總量超越了日本，製造業規模超過了美國，汽車產銷量在二〇〇九年的趕超更是在底特律引起了巨大的心理震撼。中國成了網際網路普及度最高的國家，每一個到中國旅遊的歐洲人都對４G網速羨慕不已。幾乎把巴黎拉法葉百貨（Galeries Lafayette）擠爆的中國遊客，讓法國人又愛又恨，甚至連中國大媽們對黃金的熱愛，都構成了期貨市場的一個非常規性指標。

三

在歷時四十年的中國改革史上，我們發現，所有的重大變革主要是由兩個因素造成的。其一是制度的創新與勇氣，如二十世紀七〇年代末的農村改革、九〇年代末的外向型經濟和城市化運動，以及數十年間一直處於徘徊探索中的國有企業改革和金融改革，都展現出中國式制度創新的獨特性和複雜性。其二是技術帶來的破壁效應，它繞過了既有的政策和管制壁壘，從而在一個類似固化的產業裡別開生面，譬如微博、微信對公共輿論和思想市場的促進，以及電子商務對製造、流通和金融業的再造。

這兩種因素中，前者是可逆的，後者則絕不可逆。在某些領域，它們同時發揮作用，例如在金融領域中，既發生了網際網路金融、行動支付和大數據革命對傳統銀行及證券產業的顛覆，政府同時也打開了民資進入銀行業的準入門檻，出現了共和國歷史上的第一批民營銀行。速度可以掩蓋很多的矛盾，其中有一部分可以透過發展的方式衝關過去，可是也有相當的一部分——尤其是制度建構層面的——卻始終無法繞過去，你不得不勇敢面對。

在這一漸進式的中國變革之路上，我們看到了一系列的戰略性矛盾，它們有的從改革開放第一天起便已存在，有的則是近十年來出現的新景象。

經濟成長方式的徬徨：在二〇〇八年的全球經濟危機中，中國快速推出四兆元振興計畫，在各國經濟體中率先衝出衰退的低谷，而同時也固化了靠投資來振興經濟的路徑依賴，①它在日後引起極大的爭議。在這十年裡，產業轉型升級的壓力一直難以紓解。

政府之手與市場之手的博弈：中央集權制的治理模式是最富中國特色的制度架構，幾乎所有關於市場化的爭論均與此有關。清華大學錢穎一教授曾經一言以蔽之曰，四十年中國改革無非兩個主題：開放與放開。在二〇一三年召開的中共第十八屆三中全會上，新一屆領導人提出「發揮市場在資源配置中的決定性作用」，不過其進程及成效卻比想像中的要艱難得多。在二〇一七年十月的中共十九大上，決策者再次表達了市場化改革的決心。

製造能力與消費升級之間的衝突：中國的製造產業長期依賴於成本優勢，並形成「價廉物美」的固有模式。近十年間，中產階級的消費能力井噴是一個讓人措手不及的現象，它對供給方造成了巨大的錯配性壓迫，轉型升級的效率和代價決定了中國產業變革的未來。

中國崛起與世界經濟新秩序的調適：在過去的十年裡，中國改變了堅持三十年的「韜光養晦」戰略，表現出參與國際事務的極大熱情。尤其是「一帶一路」倡議的提出，向世界展示了中國在經濟能力輸出上的雄心。而與此同時出現的是，反全球化的趨勢以及列國對中國資本的羨慕與恐懼。

①「路徑依賴」（Path cependence）指經濟、社會和技術系統一旦進入某一路徑，由於慣性的力量而不斷自我強化，使得該系統鎖定於這一特定路徑。道格拉斯・諾斯（Douglas North）由於用「路徑依賴」理論成功地闡釋了經濟制度的演進，於一九九三年獲得諾貝爾經濟學獎。

四

一個國家的成長高度，當然不是由摩天大樓決定的，它取決於全體國民的現代性。與高樓、高鐵和奢侈品相比，中國近十年的變化，更多體現在階級豐富化和價值觀的演變上。

出生於二十世紀五〇年代到七〇年代的中國人，無疑是過往四十年改革開放最大的獲益族群，他們經歷了野蠻生長的財富大爆炸，當今中國的幾乎所有商業場景和價值觀模型，都來自他們的創造。相映成趣的是，他們的子弟是另外一類「中國人」。

受計劃生育政策的影響，中國的「八〇後」一代比「七〇後」少了五百萬人，「九〇後」比「八〇後」少了三千一百萬人，「〇〇後」又比「九〇後」少了四千一百萬人。①身為特殊時代的出生者，「八〇後」和「九〇後」既是獨生子女的一代，更是第一批中產階級家庭的子弟，以及在少年時期就上網的網際網路原住民。在本書所描述的十年中，正是「八〇後」和「九〇後」進入職場和開始創業，並試圖主導公共社會的微妙時期，世代衝突比人們想像的更富戲劇性和突變性。

不過與此同時，那些上半場的英雄並不甘心退出舞臺。在很多人看來，柳傳志、張瑞敏們都已是舊世界裡的經典物種，甚至正是過往的巨大成功和聲望，讓他們的形象被徹底「石化」，他們變得不再「性感」，進而成為被革命的對象。但你即將看到的事實是，他們成了勇氣可嘉的「自我革命者」。在變革的中國，「年輕」一直是一個與年齡無關的概念。

在過去的十年裡，深圳市的平均房價從一．三萬元／平方公尺暴漲到六萬元／平方公尺，北京金融街的辦公室租金超過了曼哈頓。在整個大中華地區，十億美元富豪人數為七百四十九人，超過美國的五百五十二人。②站在上海黃浦江的外灘邊，眺望兩岸的摩天大樓和璀璨燈光，你會發現，這裡是當今世界最繁華和喧囂的流動盛宴。

同時，這個國家也正在被「折疊」。

一部名為《北京折疊》的科幻小說獲得二〇一六年度雨果獎（Hugo Award），在三個不同的空間裡，分門別類住著不同的人，第三空間是底層藍領，第二空間是中產白領，第一空間則是掌握權力和財富的金領階層。這是典型的反烏托邦設定，在可以折疊的空間裡，階層的鴻溝越來越寬，最終人們在物理的意義上完全隔離。

對財富的焦慮和階層固化的恐懼，使得物質追求成為當代最顯赫的「道德指數」。中國每天有一萬家新的創業公司誕生，它們之中的九〇％會在十八個月裡失敗。在淘寶平臺上，活躍著六百萬名大大小小的賣家，他們不分晝夜地叫賣著自己的商品。在政府的鼓勵之下，全國各地出現了八千多家創業孵化器。在每一個星巴克咖啡店裡，每天都有人開著電腦，熱

---

①二〇一〇年中國人口普查數據顯示，「七〇後」的人口總數是二．二四億，「八〇後」是二．一九億，「九〇後」是一．八八億，「〇〇後」是一．四七億。

②根據胡潤研究院於二〇一七年十月十二日發布的《三六計．胡潤百富榜二〇一七》。

烈地討論一個又一個稚嫩卻野心勃勃的計畫書。

這一近乎瘋狂的創富運動，在人類近代史上並非僅見。早在一百多年前，美國詩人華特·惠特曼（Walt Whitman）曾用矛盾重重的心態寫道：「我明確意識到，美國普遍存在的極端商業活力，近乎瘋狂的求富欲望，正是美國社會改善和進步的組成部分。」①而在一九七五年，哈維爾（Vaclav Havel）在一封寫給胡薩克總統的信中說：「在人們高漲的、從未有過的消費熱情背後，是精神上和道德上的屈從和冷漠，越來越多的人變得什麼都不相信，除了已經到手和即將到手的個人利益。」②

這個時代的兩面性，惠特曼和哈維爾各說對了一半。

也許你讀過《激盪三十年》，在那部完成於十年前的作品中，我用頗為激越的文字描述了一段野蠻生長史。在那些歲月，一切秩序都是進步的枷鎖，對現狀的背叛充滿了樂觀主義的自信，即便是失敗者也仍然那麼迷人。那是一段從零到一的創世紀，你若參與，即是榮幸。

然而，在這一部即將展開的新十年裡，你會看到一段迥然不同的歷史。

希臘神話般的「諸神誕生」不再出現，遍地英雄皆凡人，商業回歸到世俗的本意，體制突破的戲劇性下降，模式創新、資本驅動和法治規範成為商業營運的主軸。在某種意義上，感性突變的「藝術時代」結束了，諸神黃昏，理性的「科學時代」降臨。

今日中國變得更加壯觀，卻也更加撲朔迷離。「讓一部分人先富起來」——每一個人都在問，這部分人中包括我在內嗎？「不管白貓黑貓，抓住老鼠就是好貓」——因「抓老鼠」

而造成的環境破壞和倫理淪喪，已經傷害了很多人的利益和身體，發展的代價成為新的社會命題，人們必須在個人自由與公共秩序之間做出選擇。「摸著石頭過河」——改革早已進入深水區，底不可及，無石可摸。

換而言之，我們進入了一個失去共識的年代，或者說，舊的共識已經瓦解，而新的共識未曾達成。

五

作為第一位出訪新中國的美國外交官，季辛吉（Henry Kissinger，他曾經五十二次到訪這個東方國家）對中國有一種類似百年前的赫德式的態度。曾擔任晚清海關總稅務司近五十年之久的英國人赫德（Sir Robert Hart），在去世前的信函中寫道：「中國人是很善良的，心胸寬大，能很好地一起共事。不要催促他們，但是要一步一步地來，你就會覺得很容易，目標最終可以達到。」[3]在二〇一一年出版的《論中國》（*On China*）裡，季辛吉引用了唐代詩人李白的詩句：「卻顧所來徑，蒼蒼橫翠微。」

---

①出自《民主的前景》（Democratic Vistas），華特．惠特曼著，發表於一八七一年。

②出自瓦茲拉夫．哈維爾致當時捷克斯洛伐克總統古斯塔夫．胡薩克（Gustav Husak）的公開信，發表於一九七五年。

③參見《跌蕩一百年：中國企業一八七〇～一九七七》，吳曉波著。

這也正是我創作本書時的心境寫照。

在過去的十年裡，我三遷居所，由一個人車混雜的社區搬進了有中央園林庭院的「高檔住宅區」。我的工作也發生了諸多戲劇性的改變，從一個純粹意義上的財經作家，成了自媒體創業者，甚至是一些人口中的「知識網紅」。不過，我一直在寫作，我的窗下一直流淌著那條京杭大運河，兩岸風景日新月異，那床河水卻由隋唐緩緩而來，千年不動聲色。

我有時候在想，當一代人在用自己的方式創造和記錄歷史的時候，歷史本身也許有它的思考和評價邏輯。就如同這條大運河，它的歷史性和當代性在不同的空間和語境中，一定會呈現出不一樣的解讀。

「任何一個當代人欲寫作二十世紀歷史，都與他處理歷史上其他任何時期不同，不為別的，單單就因為我們身處其中……我以一個當代人的身分，而非學者角色，聚積了個人對世事的觀感和偏見。」①當霍布斯邦以七十七歲的高齡創作《極端的年代：一九一四～一九九一》時，他的筆端充滿了遲疑，過於近距離的觀察和判斷，無疑讓他心生畏懼。

你即將展開閱讀的本書，也許正是一次魯莽的冒險。它的價值在於你我的親身參與和對之的全部好奇。「文字有一個極大的好處，它是水平和無限的，它永遠不會到達某個地方，但是有時候，會經過朋友們的心靈。」②

①出自《極端的年代：一九一四～一九九一》（Age of Extremes），艾瑞克·霍布斯邦（Eric Hobsbawm）著。

②語出加布列·賈西亞·馬奎斯（Gabriel Garcia Marquez）。

2008 不確定的開始

天地雖寬，這條路卻難走
我看遍這人間坎坷辛苦
我還有多少愛，我還有多少淚
要蒼天知道，我不認輸……

——汶川大地震賑災歌曲，〈感恩的心〉

「一路高漲的房價是否走到了一個下跌的轉折？」

二〇〇八年一月底，中央電視臺《新聞調查》記者柴靜採訪房地產界的三位明星企業家——王石、任志強和潘石屹，向他們提出了同樣的一個問題。

在剛剛過去的二〇〇七年，各大城市房價又上演了一波脫韁暴漲的行情。全國土地開發面積只成長了一%，而完成的房地產開發投資額則達到兩兆五千億元，成長三〇%。在大量資金的湧入下，房價一路上漲，深圳住宅價格同比上漲五一%，北京為四五%，津、渝、滬三地的同比漲幅也都超過了一五%。在民怨沸騰之下，中央政府開始了嚴厲的宏觀調控，到下半年，一些中心城市陷入有價無市的僵局，業界恐慌開始蔓延。

王石是「拐點論」的提出者，在他看來，現在的房價已經讓他心驚肉跳，不再具有繼續上漲的理性空間。有一次在長沙做活動，一個小女孩請教王石她是否該購房。他問：「妳準備結婚嗎？」女孩說沒有，但是擔心三、四年之後就買不起房子了。王石脫口而出：「如果三、四年之後妳買不起了，那是市場的問題。」又有一次，王石在深圳參加地產論壇，他在臺上足足花了四十分鐘分析眼下的形勢，勸大家不要抱幻想。末了，一位老闆站起來說：「王總啊，我求求你，你能不能在公開場合說房地產走勢就要開始上升？」

王石的悲觀態度對市場造成了巨大的心理壓力，同時也形成了兩派截然不同的觀點。當柴靜問到任志強的時候，他不同意王石的判斷。這位地產界的「任大炮」認為，從長遠看，持續上漲是趨勢，至於是今天反彈還是明天反彈，則需要看宏觀政策。他甚至認為房價漲得還不夠快，一九七八年全國平均月工資二十八．六元，到現在增加了一百倍，兩分錢一棵的大白菜，現在賣兩塊錢，也增加了一百倍，而房價只增加了十六．六倍。

當問到潘石屹的時候，他顯得坐立不安。被逼急了，他索性站起來說：「妳老追問我，我都不知道說到哪兒了。我去找水喝！」

正在路上的二〇〇八年，從一開始就散發出這種不確定的氣息，同時充滿了對峙和相互矛盾的焦慮。

一方面，在經歷了長達三十年的高速成長之後，中國變得空前自信，即將在八月八日舉辦的北京奧運被認定是宣示「大國崛起」的標誌性時刻。另一方面，全球經濟——尤其是美國經濟——似乎正在發生一些讓人不安的變化。

二〇〇七年二月，滙豐銀行宣佈北美住房抵押貸款業務遭受巨額損失，減記一百零八億美元相關資產，次貸危機自此拉開序幕。四月，美國第二大次級抵押貸款公司新世紀金融公司申請破產保護，隨後三十餘家次貸公司陸續停業。當年八月，美國第五大投信貝爾斯登宣佈旗下兩支對沖基金倒閉，隨後花旗、美林證券、摩根大通、瑞銀等相繼爆出巨額虧損。

二〇〇八年三月中旬，貝爾斯登因流動性不足和資產損失被摩根大通收購。投資者的恐懼情緒像一鍋熱水突然逼近沸點。

在一年多的時間裡，中國的決策層及經濟界一直以「觀影團」的姿態觀望華爾街正在上演的這齣崩盤大戲。次貸危機被認為是美國的危機，是流動性過剩闖的禍。如果中國要從中吸取什麼教訓的話，也是應當警惕通貨膨脹。在全國兩會的記者見面會上，溫家寶總理很明確地表示：「我們在確定今年的經濟政策時，第一個防止就是要防止經濟成長由偏快轉為過熱。我們必須在經濟發展和抑制通貨膨脹之間找出一個平衡點。」

這一決策思路投射到實際的經濟政策上，便是放出兩個大招。首先是勒緊貨幣投放的繩子，從一月二十五日到五月二十日，央行連續四次上調人民幣存款準備金率，銀行的準備金率達到一六．五%的歷史高位。其次，便是在產業經濟層面抑制股市和樓市的投機泡沫。

上證綜指從上一年十月十六日的六一二四點開始掉頭下跌，這被認為是去泡沫化的過程。而在房地產市場上，很多大老都認為頂點已達，無可作為，王石的「拐點論」便是在這樣的政策背景下提出的。

從四月開始，萬科在杭州率先降價促銷，繼而在全國三十多個城市推廣，這引起了已購房者的憤怒，一些建案的預售處遭圍堵，甚至被砸爛；就算警員到場卻只站在一旁。在南京、上海等城市，政府派出調查組進駐萬科查稅、查帳。到二〇〇八年九月，與二〇〇七年十一月比較，萬科的股價跌去八八%，保利地產跌去七五%，碧桂園跌去八七%，中海發展跌去七〇%，可謂慘不忍睹。

從今年一月一日起，北京市公安局不再給京字轎車上黑色牌照了。這個通知的背後，意味著一項重大的經濟政策的悄然轉變。

黑底白字白框的黑色車牌是一種特權象徵，凡是註冊為中外合資（包括港、澳）的企業，都有資格以免稅的方式進口一輛轎車，而在日常通行中，又可以享受種種優待。在很長時間裡，它是身分的代表，也是國家給予外資企業「超國民待遇」的標誌。隨著北京市的新規定，各地也相繼取消了黑色牌照政策。

在今年的全國兩會上，「為反映公平競爭的市場呼聲」，頒佈了新的《企業所得稅法（草案）》，規定內、外資企業稅率分別由現在的三三%、一五%統一為二五%。路透社在一則消息中評論說，中國試圖打破內外資稅收不公平的規則，意味著這個最激進的外資引進國，正逐步終結國際資本的「超國民待遇」。自一九九二年起，中國已連續十六年成為世界上吸收外資最多的國家，全球《財星》五百強企業中有四百八十多家在中國落戶，註冊外商投資企業二十八萬家。

大規模的外資引進，一方面補充了國內資金的不足，引進了先進技術和管理，另一方面也造成某些領域被外資控制或壟斷的現象。中國社科院的一份報告顯示，在二十二個領域裡，外資已佔據了七〇%以上的絕對控制，如東南沿海一線城市的大賣場業態已經被外資佔領了九〇%。在醫藥領域，一些外資企業在定價方面不受政策性限價的限制，同樣療效的藥品價格遠遠超出國內企業。按照《中國藥典》標準進行生產，同樣的藥外資企業生產的卻比國產的貴十幾倍，據不完全統計，外資藥平均價格相當於國產藥的十三．一一倍。

對外資「超國民待遇」的取消，是一項悄然而有序進行的工作。到兩年後的二〇一〇年十二月一日，中國宣佈對外企正式徵收城市建設維護費和教育附加費，這意味著中國境內的所有企業統一了稅制。

在這一年，另外一個引人矚目的事件是《勞動合同法》的全面施行。根據新的法律，所有企業主雇用員工必須簽署勞動合約，而一旦解雇，則必須給予員工補償。

這個法案被一些媒體視為「良心法案」。在此之前，簽訂勞動合約的農民工只有七．三%，六年後，這個數字達到了二一．九％，農民工被拖欠工資的比例從四．一％降至二〇一四年的〇．八％，農民工工傷保險參保率從三．五％提升到二六．二％。①

不過在一些經濟學家看來，這項法案將導致中國製造最核心的優勢——勞動成本優勢——從此喪失殆盡。二月十三日，經濟學家張五常在博客中稱：「政府立法例，左右合約，有意或無意間增加了勞資雙方的敵對，從而增加交易費用，對經濟整體的殺傷力可以大得驚人。」

張五常寫這篇博客的時候，正在廣東東莞做調研。在過去的很多年裡，他一直用自己獨特的方式關注中國經濟的演變。他不太相信別人提供的資料，包括產值、貨運量乃至用電量。每到一地，他最喜歡問的兩個資料是廠房租金和生產線工人的工資，在他看來，這是最無法偽造的真實資料。在東莞，他看到了兩個令他擔憂的現象。一些企業主正打算把工廠遷到勞工價格更低的東南亞國家，例如越南、印尼等，「在未來幾年，工廠南遷是一個似乎很難阻擋的趨勢了」。而同時，外貿訂單突然發生了斷崖式的下滑，在這一年，東莞外貿增速大幅下滑二〇．七％，這是前所未有的現象。

①根據《二〇〇五～二〇一五年農民工法律援助十年變遷調研報告》，由北京致誠農民工法律援助與研究中心發表。

如果說發生在房地產行業的「鬧劇」是銀根緊縮造成的心理恐懼，那麼出現在外貿領域的險象，則是美國次貸危機擴散為全球金融危機的前兆。支撐中國經濟「三駕馬車」之一的六百萬家外貿企業，對正在發生的突變毫無準備。張五常在東莞看到的事實，很快像瘟疫一樣傳遍東南沿海。

四月底，在浙江台州地區，一位被稱為「國寶」的縫紉機企業主提出了破產申請。

邱繼寶的飛躍集團創辦於一九八六年，是全球最大的縫紉機專業廠商，曾被評為「中國製造業民營企業品牌競爭力五十強」的第一名。二〇〇〇年，朱鎔基總理在杭州聽取他的報告後，很讚賞地說：「你邱繼寶是個『寶貝』，是『國寶』。」①三年後，朱鎔基更是親赴台州工廠考察，再次稱讚飛躍是「世界名牌」。②在過去的幾年裡，飛躍一直走在高速擴張的道路上，邱繼寶在美國的邁阿密、洛杉磯以及歐洲等地成立了十八家分公司。

二〇〇八年，受次貸危機影響，中國紡織業出口萎縮，飛躍的海外訂單大幅減少，一月至四月的出口總額同比下跌四四%，同時，飛躍欠銀行貸款約十八億元，陷入停貸逼債的絕境。邱繼寶向政府提出破產申請，在接受《財經》記者採訪時，他用四個字形容自己當下的境況——「焦頭爛額」。

飛躍所在的台州市是最大的縫製設備製造和出口基地，生產了全國三分之一的縫紉機，年工業產值兩百三十億元。當地有各種縫紉機、其他服裝機械及零配件生產企業近兩百家，小家庭作坊超過一千家，僅為飛躍供應零配件的企業就有幾百家。飛躍之難頓時有蔓延之勢。

「飛躍危機」曝光後，對於政府是否應該出手拯救，輿論界發生了激烈的爭論。

有人認為應該遵循市場規律，讓市場決定飛躍的生死。《第一財經日報》在一篇題為〈讓它破產吧，請不要擔心〉的評論中稱：「飛躍集團係邱繼寶的私營企業，他享有『破產』的權利，同樣也由他來承擔責任。政府應該清楚，介入私營企業的營運和重組可能面臨的風險，除了道德風險，一旦政府資金介入，沒人能夠保證這家企業不會越陷越深。多年來政府想方設法挽救龍頭企業，這剝奪了其他公司獲取廉價資產的權利。」

也有人認為「飛躍非救不可」，邱繼寶垮台可能引發連鎖效應，台州工業可能整體崩盤，同時失業潮可能誘發嚴重的社會併發症。

雙方激辯的紛爭態勢，與幾個月後華爾街關於雷曼兄弟的爭論非常類似。

最終的結果是中國式的。邱繼寶要求破產的申請被當地政府駁回。五月，浙江省經委帶頭緊急召開「債權銀行會議」，要求各家銀行維持現狀，不要切斷飛躍的資金鏈，「一切都不要變」。同時，台州市政府派員進駐飛躍，全面接管飛躍的帳目。

在整個二〇〇八年，飛躍事件僅僅是長三角外貿危機的一個縮影。

八月，全球最大的紡織工業集散地、曾經在「全國百強縣」中排名第八的紹興縣風波陡起，

①出自《瞭望》雜誌，二〇〇一年。

②出自《二十一世紀經濟報導》，〈「國寶」邱繼寶：他做了三十多場報告〉，二〇〇三年十二月二十七日。

四家大型工廠——金雄輕紡、華聯三鑫石化、江龍控股以及五環氨綸——相繼停產，涉及各類負債一百四十六億元，其中銀行類負債一百一十三億元，引發了當地紡織業和銀行業的地震。

創始於二〇〇三年的華聯三鑫是國內最大的PTA（純對苯二甲酸）生產商，也是紹興首家銷售額超過百億元的企業。全球PTA產能從二〇〇六年開始過剩，二〇〇八年九月，華聯三鑫資金鏈斷裂，宣佈停產。根據企業上報的資料，它的銀行貸款及相關聯保企業的涉及資金高達一百零五億元，僅工行紹興分行的貸款就超過二十億元。

在毗鄰的江蘇省，骨牌式效應的倒閉歇業事件也正在發生。

十月八日，在新加坡交易所上市的中國金屬突然停牌，其下屬的主力工廠——位於常熟工業園區的科弘材料——宣告倒閉，給當地二十餘家商業銀行留下了五十二億元的財務黑洞。受能源價格上漲和下游銷量受限影響，中國最大的化纖原料基地蘇州市盛澤鎮有三分之一的織造廠停產，蘇州家紡產能削減三成，利潤下降一半。

七月，溫家寶總理南下到江蘇無錫國棉一廠視察。在小型座談會上，總理問董事長李光明：「你講講紡織工業怎麼了，出現了什麼問題？」李光明是一個「老紡織」，他說：「總理，你讓我講真話還是讓我講假話？」總理說：「當然講真話，怎麼能講假話？」①

李光明說，現在的紡織業是改革開放以來最困難的一年。

一位現場與會的部長後來回憶說：「我們當時一聽都一震。改革開放三十年形勢大好，你怎麼說最困難？」

李光明細數從二〇〇七年底出現的國際經濟低迷景象，他說：「我們無錫國棉一廠是全國紡織業的排頭兵，我現在都是這麼個狀況，整個行業可想而知了。」

同樣感受到外貿寒意的，還有從事平臺生意的阿里巴巴。

在七月的一份內部郵件中，馬雲用嚴峻的口吻寫道：「經濟將會出現較大的問題，未來幾年，經濟可能進入非常困難的時期。我的看法是，整個經濟形勢不容樂觀，接下來的冬天會比大家想像的更長、更寒冷、更複雜！我們準備過冬吧！」就在馬雲寫這份郵件時，在香港上市的阿里巴巴的股價已經從最高時的四十港幣，慘跌至十港幣，到十月更是腰斬成五港幣。港媒調侃說：「去年不可一世的阿里巴巴，現在只能用可憐巴巴來形容了。」

老天似乎決意在原本應該喜氣洋洋的二〇〇八年考驗中國人，它的方式很殘酷，先是天降暴雪，繼而地裂大縫。

二〇〇八年一月十日到三十一日，就在春節即將到來之際，大半個中國，從寧夏、陝西到湖北、江蘇等十多個省分，出現百年一遇的特大暴雪，②其中僅在湖北及安徽兩省，就有超

①出自原工信部部長李毅中在二〇一三年兩會上的小組討論發言實錄。
②出自中國天氣網，〈二〇〇八年我國大範圍低溫雨雪冰凍天氣分析〉，二〇〇八年十二月三日。

過八百萬人受災，五萬多人被緊急轉移。

暴雪的襲擊造成全國交通秩序徹底紊亂，主要的鐵路、公路和機場等關鍵運輸動脈斷裂。廣州和首都北京之間的鐵路線被禁用，湖南的大冰雪凍住了一百三十六列火車，①在鄰近的湖北省，約十萬人有一週時間沒有飲用水。南方電網多處發生崩潰性事件，停電遍及十七個省分，數以十萬計的工廠停產關閉。

尤其令人絕望的是，此時正值最為繁忙的春運時節，每年通常在這期間大約有一・八億農民工返鄉，大雪災使得「移民」大省廣東陷入空前混亂，至少五十萬人滯留在廣州火車站。

就當人們剛剛從大雪災裡喘出一口氣，二〇〇八年五月十二日下午二時二十八分，在四川汶川地區發生芮氏八級強震，同時引發滑坡、崩塌、土石流、堰塞湖等嚴重衍生災害，直接嚴重受災地區達十萬平方公里。大地震造成六萬九千兩百二十七人遇難，三十七萬四千六百四十三人受傷，一萬七千九百二十三人失蹤，直接經濟損失達八千多億元。

「五一二汶川大地震」是新中國成立以來破壞性最強、波及範圍最廣、造成災害損失最大的一次地震災害，帶給全民巨大的悲痛，同時也激發出強烈的援助熱情。

地震發生六小時後，五月十二日晚間八點，溫家寶總理搭機抵達都江堰市，此時仍有強烈餘震。中央政府迅速組建龐大的救援指揮部，予以積極的救援。

較之過往的自然災害，中國政府此次的救援行動，無論在決策效率、動員能力還是在高層的親力親為，以及災情的資訊披露上，都顯示出巨大的進步，堪稱一九四九年以來中國政府應對自然災難最為迅速的一次。

另外一個重要的特點是，民間的NGO（非政府組織）在救援行動中發揮了重要的作用，有一百多家NGO成立了「NGO四川聯合救災辦公室」，積極參與物資發放、災後安置、受災群眾心理創傷修復等工作。數以萬計的民眾，包括企業家、影視明星及暢銷書作家，自發驅車前往災區救援。

美國《時代》週刊在報導中寫道：「即使是中國的批評者，也對中國處置地震災情的迅速反應表示了欽佩。這場全國性的悲情宣洩，讓人們不再相信中國缺乏公民精神這種觀念，整個民族突然間意識到在三十年的經濟繁榮中，他們改變了多少，以及一些改變是如何朝好的方向發展的。」②

二〇〇八年八月八日晚上八點整，奧運在北京如期舉辦。曾經的「體操王子」、已經做了十八年企業家的李寧從天而降，在一片歡呼聲中點燃火炬。在經歷了「天崩地裂」的全民悲慟之後，這個國家真的需要一場喜慶運動來提振一下。

在過去的幾年裡，北京市為籌備奧運投資了兩千八百億元，其中六四％用於基礎建設。

①出自鳳凰網專題，「二〇〇八．暴雪之廣州」。
②出自《時代》，〈中國：被災難喚醒〉（China: Roused by Disater），二〇〇八年五月二十二日。

全世界的建築師，特別是那些獲得過普立茲克建築獎的大神們，都在這座城市留下了自己的傑作。它們長得千奇百怪，有的像一個鳥巢，有的像半只蛋殼，還有的直接像一條巨人穿的大褲衩。它們建成的時候，與周邊的東方環境格格不入，引起了不少老北京人的不滿和嘲諷，但是久而久之，便成了城市不可分割的一部分。

這場體育盛會舉辦了十六天，中國以五十一枚金牌居金牌榜首席，是奧運史上首個登上金牌榜首的亞洲國家。在後來的歷史中，它常常被與一九六四年的東京奧運和一九八八年的漢城奧運相提並論，被認為是國家崛起的象徵。

也就在奧運結束的二十一天後，美國雷曼兄弟倒閉，一九二九年以來最嚴重的金融海嘯撲面而至，中國政府急於應對。

雷曼兄弟創建於一八五〇年，是美國排名第四的投資銀行。爆發於二〇〇七年初的房地產次貸危機，到二〇〇八年中期後，終於開始動搖華爾街的地基。雷曼兄弟因投資次級抵押住房貸款產品不當蒙受巨大損失，九月十日公佈的財報顯示，雷曼兄弟第二季度損失三十九億美元，是它成立一百五十八年來單季度蒙受的最慘重損失，其股價較二〇〇七年初的最高價已經跌去九五％。

雷曼兄弟的故事，是資產規模放大了上千倍的「美國版的飛躍」。圍繞著是否出手拯救，美國政府發生了激烈的爭執。聯準會主席柏南克（Ben Bernanke）主張出手拯救，他打比方說：「如果你有一位鄰居喜歡在床上抽菸，一不小心引燃了自己的房子，你可能會說，我不會幫他報警，讓他的房子自己燒去吧，反正不關我的事。但如果你的房子是用木頭建成的，又位於他房子的隔壁，你該怎麼辦呢？再假如整個城市的房子都是用木頭造的，你又該怎麼辦呢？」而美國財長鮑爾森（Henry Paulson）公開表示「見死不救」，他堅定地認為「大而不倒」是一種無法接受的現象，聯準會沒有擔保債務或是挹資的權力，美國財政部也不會出手，在發生擠兌的過程中，給一個分崩離析的投資銀行貸款是不會成功的。①

九月十五日上午點，由於所有潛在投資方均拒絕介入，雷曼兄弟向紐約南區美國破產法庭申請破產保護。

也就在九月十六日下午，中國央行行長周小川出現在中央電視臺新聞頻道的螢幕上，用沉緩的語調宣佈，央行決定下調金融機構人民幣貸款基準利率，金融機構一年期貸款基準利率由七・四七％下調至七・二〇％，同時下調個人住房公積金貸款利率。僅僅在八天前的九月八日，這位曾兩次拿過中國最高經濟學獎「孫冶方經濟科學論文獎」的經濟學家還在公開場合宣稱中國政府不會下調利率。有記者觀察到，「一夜之間，周小川滿頭白髮」。

也就是從這一天開始，宏觀經濟政策發生了一百八十度的大轉彎。

①柏南克和鮑爾森都出版了自傳體回憶錄，詳盡回顧金融海嘯爆發時的決策場景。柏南克的著作為《行動的勇氣：危機與挑戰的回憶錄》（The Courage to Act），鮑爾森的著作為《峭壁邊緣：拯救世界金融之路》（On the Brink）。

從九月十六日到十二月二十三日，央行連續五次降息。如果聯想到上半年的四次存款準備率的提高，其反覆之迅猛和戲劇性為史上僅見。

與此同時，投資的閘門隨即大開，國家發改委不斷給各地打電話，催促上報專案，很多積壓了幾年的報告都得到快速批覆。發改委所在的月壇南街附近，所有影印店的生意突然一夜火爆，影印費上漲了四、五倍。

從二〇〇八年底到二〇〇九年初，發改委一口氣批覆了二十八個城市的市內鐵路規劃，總投資超過一兆元。在此之前，國務院對申報發展地鐵的城市基本條件是「地方財政收入在一百億元以上，國內生產總值達到一千億元以上，城區人口在三百萬以上」，而在此次「大放行」中，申報條件大為降低。

為了刺激房地產消費，十月二十二日，財政部宣佈個人首次購買住房的契稅稅率下調到一%，並對個人買賣商品房暫免印花稅、土地增值稅；同時央行宣佈，首次置業和普通改善型置業貸款利率下限為基準利率的〇．七倍，最低首付款比例調整為二〇%。此後，房產銷售出現了王石始料未及的「反向拐點」。

十二月，中央政府宣佈對家電業實施緊急輸血，推出「家電下鄉」的財政救市計畫，農民購買彩電、冰箱、手機和洗衣機，按產品售價的一三%給予補貼，最高補貼上限為電視機兩千元、冰箱兩千五百元、手機兩千元和洗衣機一千元。兩個月後，享受補貼的品項中又新增了摩托車、電腦、熱水器和空調。在後來的三年裡，全國共銷售家電下鄉產品兩億一千八百萬億台，實際銷售額五千零五十九億元，累計共發放補貼達五百九十二億元。這一政策大大緩解了家電業的庫存壓力，另一方面也延緩了落後產能淘汰的速度。

在二〇〇八年的最後兩個月，中央政府好像一個繁忙的水管工，擰開了每一個可能被擰開的水閥。工信部部長李毅中回憶了兩個很生動的細節：「十二月二十五日，張德江副總理突然打電話給我，說3G牌照馬上發。我以為聽錯了，因為原來計劃第二年人代會以後發。現在要求馬上發，是因為總理下決心了。當時3G牌照發放本身的條件已經成熟，三大營運商拿出兩千億，就可以拉動六千億的投入，這對應對危機能產生重大作用。

「再比如車市。汽車業在第二季時出現了全面虧損，十二月初，總理打電話給我，說美國政府拿出幾百億美元扶植三大汽車公司，德國政府獎勵購買汽車，一輛車補貼五千馬克，我們有什麼辦法拉動經濟呢？經過各方醞釀後，我們提出一．六升排氣量以下購置稅減半。決定這個政策的時候，財政部已經捉襟見肘。我記得和謝旭人部長商量時，他說，毅中你別再出主意了，我兜裡沒錢了。後來還是總理下了決心。政策在二〇〇九年春節前頒布，趕上購車的高峰，到二月形勢大為好轉，汽車工業轉虧為盈。」①

就在政府緊急應對之際，各個經濟資料的惡化也開始顯現出來。

①出自原工信部部長李毅中在二〇一三年兩會上的小組討論發言實錄。

二〇〇八年十一月，中國進出口增速突然「跳水」，出口增速從上月的一九．二%下降到負二．二%，進口增速從上月的一五．七%下降到負一七．九%。

出口回落直接拉低工業增速。十一月，全國規模以上工業企業增加值同比成長五．四%，比上年同期降低十二個百分點。生鐵、粗鋼和鋼材產量分別下降一六%、一二%和一一%；汽車產量為七十一萬四千輛，下降一五．九%；發電量下降九．六%，創下改革開放以來歷史最大月度降幅。

與老百姓息息相關的還有股市。上證綜指從上一年十月十六日的六一二四．〇四點，跌到今年十月二十八日的一六六四點，累積跌幅達七〇%，為當年全球資本市場的「熊王」。簡單算一下，二〇〇八年全國股民平均虧損十三萬元。

十一月底，中金公司研究部發佈了一份預測未來國內總體經濟形勢的報告，研究人員發明了一個日後的熱門詞——「保八」。

中金認為，中國當前的經濟形勢面臨比一九九八年更嚴峻的挑戰。當年的金融危機局限於亞洲，而本次全球性的金融危機直接發生在中國最主要的出口市場美國和歐洲，因此政府將把經濟較快平穩成長作為首要任務。為了「保八」——GDP（國內生產總值）成長維持在八%的水準之上——可能繼續頒布激勵政策，包括透過刺激購房需求、緩解開發商資金壓力扶持房地產業。

從此，「保八」成為一種朝野共識。根據專家們的測算，如果GDP增速降至六%或七%，經濟發展的品質就會受到很大影響，進而牽涉到就業率，最終影響到社會穩定。用時任銀監會主席劉明康的話說，八%是中國經濟的生命線。

從年初的防止過熱，到年終的「保八」生命線，可以清晰地看出這一年整體形勢及政策的大轉折。

十月七日，胡潤在慣常的時間裡發佈了本年度的中國富豪榜。日後來看這份榜單，會讓人頗為唏噓：它幾乎是一張如假包換的「失意者名單」，散發出來的失敗氣質，透露出二〇〇八年的所有跌宕。

排在第一名的是三十九歲的黃光裕，他擁有四百三十億元的財富。第二名是名不見經傳的日照鋼鐵董事長杜雙華，第三名是房地產二代繼承人、碧桂園的楊惠妍，他們三人的平均年齡只有三十六歲。緊隨其後的是彭小峰、劉永行、榮智健、張近東、施正榮、許榮茂和張志祥。

就在這份榜單公佈的一個多月後，首富黃光裕被警方拘捕，所涉罪名是「股票內線交易」和「行賄官員」，國美電器在港交所上市的股票應聲重跌，從四港幣多一路跌到一港幣。做為中國最大的家電連鎖零售商，國美有一千三百家門市，擁有員工三十萬人，年銷售額近五百億元，上游供貨工廠超過十萬家。一旦因黃案崩盤，將是一個不堪設想的局面。

在過去的幾年裡，黃光裕一直過得恍恍惚惚。儘管還不到四十歲，他的頭髮已經開始脫落，於是索性剃了一個清爽的大光頭。家電連鎖業務經歷十年發展，進入乏味的瓶頸期。二〇〇六年七月，國美以五十二億六千八百萬的價格併購永樂家電，算是打下了久攻不下的上海市場。但是明白人都看得出，大併購意味著紅利期的結束，江湖不再有好奇之事發生。有個小小的意外是，一個叫劉強東的人在他的眼皮子底下創辦京東網上商城，專門販售３C產品，雖然在二〇〇七年只做了三億六千萬元的生意，但是好像挺有起色。國美內部開了好幾次閉門會，討論是否也要試試網上業務，總是因為線上、線下價格的差異性而猶豫不決。

黃光裕的興趣開始轉移，馮侖回憶說，有一次我們幾個去吉林長白山看項目，包了一架私人飛機。在機上，大家聊得不亦樂乎，只有黃光裕抱著一台電腦埋頭看期貨曲線。記者羅昌平後來披露的資料顯示，黃光裕在這段時期除了涉足期貨，還有一些說不太清楚的生意往來。

發生在十一月十九日的拘捕——再過九天就是國美創業二十一周年的紀念日——是因為兩個罪名，一是涉嫌內線交易，一是官商勾結。

證監會在媒體通報中稱：「二〇〇八年三月二十八日和四月二十八日，證監會對三聯商社和中關村股票異常交易行為立案稽查。調查中發現，在涉及上市公司重組、資產置換等活動中，鵬潤投資有重大違法行為，涉及金額巨大，證監會已將有關證據移交公安部門。鵬潤投資的實際控制人為黃光裕。」

官商勾結部分，則涉及一大批少壯派潮汕籍官員，重量級的有公安部部長助理鄭少東、最高法院副院長黃松有等人。《中國企業家》在長篇調查《絕地潮商》中詳盡描述了黃光裕凌厲、迅捷的官商手法，「利益鏈條深入政界之深之廣」，「黃光裕之轟然倒下，在千里之外的潮汕平原，更像是那個本土商業群體一道心理防線的坍塌」。

幾乎就在黃光裕事發的同時，排名本年度富豪榜第二名的杜雙華也即將出局，他的日照鋼鐵面臨裁員和被強行收購的困境，那是另外一種官商博弈的版本。

杜雙華早年是首鋼冶金機械廠勞動服務公司的一名職工，一九八七年創業，幾經騰挪，於二〇〇三年創建日照鋼鐵。到二〇〇八年五月底，日照鋼鐵產量達到四百四十四萬六千噸，完成產值一百八十九億四千萬元，實現利稅五十三億三千萬元，同比分別成長了一五八．三%、二六八．一%和一六二．九%。進入夏季之後，隨著國內外經濟驟然走冷，鋼鐵業也遭遇寒流，而日照鋼鐵面臨的困境則可謂「天災人禍」一時雙至，九月虧損四億元，十月預虧接近六億元。①

就在此時，山東省政府下發《關於進一步加快鋼鐵工業結構調整的意見》，日照大型鋼鐵基地將成為山東鋼鐵工業區域佈局調整的重點。按照上述「意見」，日照鋼鐵將成為國營

①出自《第一財經日報》，〈日照鋼鐵十月預虧近六億元，擬大幅裁員〉，二〇〇八年十一月十一日。

山東鋼鐵的一部分。日照之所以被看中，除了有很好的製造能力，還因為它擁有條件優越的日照港，其海岸線具備三十萬噸級泊位的條件。近幾年杜雙華的大部分利潤都投入港口和船隊建設上，據稱投資額已達十四億一千六百四十萬億美元，購買了三艘礦船，並在國內的大連、上海船廠和韓國的東方船廠等處購買了十二艘礦船。

為了執行整合的意見，地方政府採取了霹靂手段。據媒體報導，「有知情人士告訴本報記者，近來，當地銀行齊刷刷不再對日照鋼鐵提供更大貸款」。這一景象讓人聯想起二〇〇四年的鐵本鋼鐵事件。與那些充滿反叛精神的民營企業家不同，「乖巧」的杜雙華選擇了順從，他出走日照，赴北京重新創業。二〇〇八年十一月五日，山東鋼鐵集團與日照鋼鐵集團宣佈正式簽署重組協定。

排名第四和第八位的彭小峰與施正榮從事的是太陽能產業，他們的江西賽維和無錫尚德分別在紐約證交所上市。在過去幾年裡，受到國際市場多晶矽價格暴漲和國家新能源政策的刺激，太陽能產業在中國如野草瘋長，施正榮一度當上二〇〇五年的中國首富，彭小峰的賽維在二〇〇七年六月上市時，更是創造了當時中國民企在美國單一發行最大的ＩＰＯ（首次公開募股）紀錄。然而，也正是從二〇〇八年第三季開始，多晶矽的價格從每公斤五百美元的歷史高點陡然暴跌，三年後跌到五十美元以下的水準。而此時正處巔峰的彭小峰和施正榮，對自己的悲慘命運一無所知。

另外一位馬上要出局的富豪是老資格的榮智健，他是這張榜單上年齡最大、出現次數最多的一位。作為榮毅仁家族唯一的男丁，在改革開放的第一年，榮智健就被父親派往香港創業。二〇〇二年，在《富比世》的中國百名富豪榜上，他以七十億元的資產名列榜首。

就在二〇〇八年胡潤榜單發佈的兩週後，十月二十日，中信泰富發佈公告稱，該公司與銀行簽訂的澳元累計目標可贖回遠期合約，因澳元大幅貶值而跌破鎖定匯價，目前已錄得一百五十五億港幣虧損，這是港交所績優股公司迄今虧損最大的一宗案例。

二〇〇四年宏觀調控之後，一向在香港發展的中信泰富轉身投入中國內地的鋼鐵產業，榮智健相繼收購江陰興澄鋼廠、新冶鋼、石家莊鋼廠等企業的股權，並在鐵礦、特鋼這一產業鏈上大量的投入。同時，中信泰富於二〇〇六年三月購入位處澳大利亞西部、潛在的逾六十億噸磁鐵礦石開採權，後又收購合計十七艘將要建造的船舶。

為了配合產業佈局，鎖定公司在澳大利亞鐵礦項目的開支成本，中信泰富與香港的銀行簽訂了三份槓桿式外匯買賣合約，最大交易金額為九十四億四千萬澳元。從歷史資料看，自二〇〇七年之後，澳元一直處於上升態勢，澳元兌美元的匯率穩定在〇．八七之上。然而，美國金融危機的爆發讓國際匯率市場發生「黑天鵝」事件，澳元匯價自九月以來突然大幅下滑，最低時達〇．六五，中信泰富爆現巨額虧損。

危機爆發後，中信泰富的第一大股東央企中信集團出手護航，給予十五億美元的備用貸款。榮智健在十月二十日的記者見面會上表示，自己對有關外匯衍生品的投資決定「不知情」，「這是財務總監自作主張，並不是透過合法途徑」。但是，市場的問責之聲不絕於耳。

二〇〇九年四月，榮智健在香港宣佈辭職，中信泰富回歸央企懷抱。

熟悉企業史的讀者，都對榮氏家族並不陌生。榮宗敬、榮德生兄弟創業於一九〇二年，到一九四九年之前，這是一個純粹的民營資本企業，與官營資本幾乎沒有任何瓜葛。榮氏子弟對官商經濟一直非常警惕，早在一九三四年，榮德生的大兒子／榮智健的大伯榮偉仁就在一封信中說：「政商合辦之事，在中國從未做好，且商人無政治能力策應，必至全功盡棄。」①

正是這種堅持，使得榮家在半個世紀裡，儘管歷經悲喜波瀾，卻很少有所謂的政商煩惱。而在最近的三十年，榮家興旺則走上另外一條迥異於「家訓」的軌道，其得其失，莫衷一是。

在嚴格的意義上，任何一張關於中國富豪的榜單都是有缺陷的。在這個非常規的市場經濟國家裡，並不是所有的財富都可以被擺在陽光下計算。在某一個神秘而陰暗的角落，存在著一份財富數額更為驚人的隱形富豪名單，他們中的絕大部分可能永無見日的機會。這些財富的積累過程，充滿了獵殺的血腥和時代的恥辱感。在構成者的身分中，比例最高的應該是兩種人，一是權貴集團及其代理人，一是資本市場的圍獵者，而他們之間又有著錯綜複雜的愛恨交集。

二〇〇八年四月二十九日，一個春光明媚的午後，這份名單中的一位成員，當著父母、妻子的面，在北京家中墜樓而亡，據說他的資產多達兩百億元，可以排到胡潤富豪榜的第十名。

這個人的名字在很長時間裡，對公眾而言是一個秘密，但是他的出戰歷史卻很是悠久。如果你翻到《激盪三十年》的一九九五年篇，會讀到一位叫管金生的金融家的故事。在那年的三月，他帶領的萬國證券發動了一場驚世駭俗的國債期貨攻防戰，最終以完敗而告終，與他對決的是中國經濟開發總公司（以下簡稱「中經開」），一家隸屬於財政部的金融機構。然而在後來的很多年裡，中經開幕後的操盤「小夥伴」始終躲在神秘的面紗背後。直到整整二十年後，他們的名字才在不同的場合下被一一曝光，其中有一度的「上海首富」周正毅、「四川首富」劉漢、「東北首富」袁寶璟四兄弟，還有一位就是四月二十九日跳樓、時年二十七歲的魏東。

魏東一九九一年畢業於中央財經大學，其父是該校會計系教授，可謂家學淵源。大學畢業後，魏東進入中經開，一九九四年創辦北京湧金財經顧問有限公司，一九九五年創辦了上海湧金實業有限公司，在著名的「三二七國債期貨案」中，魏東與中經開並肩作戰，獲利頗豐。

二十世紀九〇年代後期，魏東抓住股權分置的特殊時點，透過轉配股、法人股受讓、配售新股等方式獲利。在他們的圈子裡，這被稱為「盲點套利」，即只要你有資格參與遊戲，就是一個瞎子也能賺到盆滿缽滿；至於如何獲得遊戲的入場券，便是神通所在。從一九九六

---

①出自《榮家企業史料》，上海社會科學科學院經濟研究所經濟史組編著。

年到二〇〇〇年，魏東先後參與銀河動力、新湖中寶、閩福發、三九醫藥、絲綢股份、首旅股份、誠志股份和茉織華等十餘家公司的股權轉讓及配售。

進入新世紀，魏東轉戰公開市場。二〇〇二年一月，魏東收購長沙九芝堂集團全部股權，進而間接控股上市公司九芝堂，持有其六〇．七四％的股份。九芝堂是湖南最有名的藥業品牌，擁有三百多年的歷史，但整體出售的價格不到一億元，其中還包括由於改制而需要買斷一千一百三十一名職工年資的費用，因此市場普遍認定「明顯的低估」。

此後，湧金開始染指金融機構，二〇〇三年收購雲南國際信託投資公司，二〇〇五年收購成都證券，更名為國金證券，並將之在上海證交所上市，後來又入主千金藥業。短短五年，湧金一舉擁有三家上市公司的實際控制權，構成魏氏湧金系。

在二十多年裡，魏東生活得像一個隱形人。他為人十分低調，生前從未接受媒體採訪，亦未在公開場合演講，甚至很難找到一張照片。但是他的交際卻比外人想像的要廣泛得多，在八寶山公墓舉辦的追悼會上，陳列了數百個花圈，一度造成交通堵塞。

魏東之死，在二〇〇八年的中國資本市場引發一陣哀歎。記者們窮追猛挖，想要發現他臨死前到底發生了什麼，但最終只找到散落的一堆線頭。有人說他接到了幾通「關鍵」的電話，有人說他跳樓前還鎮定地寫完了「與任何人無關」的遺書。確切的訊息顯示，他至少有兩次被專案組傳訊。在他去世後的六月八日，國家開發銀行副行長王益被「雙規」，此人擔任過薄一波的秘書，一九九二年就出任國務院證券委辦公室副主任，是證券業的「老法師」。

媒體發現，「真正理解王益的是證券業的人，比如魏東。王益在民營機構中培養最成功、過從甚密的『大老』，就是湧金的魏東」。

魏東去世後，被冠以「最後的大老」，這既是「美譽」，卻更可能是刻意的掩飾。只要江湖還在，那份名單就在，「大老」便絕不可能絕跡。

首富被捕、榮家謝幕、股市大鱷墜樓，二〇〇八年的中國企業界亂雲飛渡。不過在這一年，最具象徵性也最轟動的事件卻還不是這些，它發生在九月的乳製品行業。

幾乎是在一夜之間，中國民眾記住了一個拗口的化學名詞——三聚氰胺，並在其後的數年裡，影響了人們對國貨品質的信賴。

中國乳製品業的加速擴張出現在九〇年代中期之後，從一九九八年至二〇〇七年，中國人平均牛奶消耗量從五．三公斤提升至二十七．九公斤，乳業的工業生產總值從一百二十億元增至一千三百億元，成為食品行業中成長最快的領域。

與國際乳業發展模式不同的是，我們走了一條「人民戰爭」的路線，即由企業把奶牛「送」給郊區農戶，農戶則用牛奶分期付款，最終獲得奶牛所有權。這個模式的優點，是乳品企業無須支付奶牛飼養成本，無須支付擴大牧場時龐大的土地徵收成本，卻可依靠「人民戰爭」將奶源產量迅速放大。在全國首創這一「奶牛下鄉，牛奶進城」模式的，是一九四二年出生的田文華。她由奶牛接生員起步，浸淫乳業數十年，把一家生產合作社發展為華北最大的奶粉企業三鹿集團，連續十一年蟬聯全國行業第一。田文華成為全國知名度最高的女企業家之一，並享受國務院特殊津貼。

進入二〇〇五年之後，內蒙古地區的伊利、蒙牛等乳業公司崛起，它們紛紛進入河北，與三鹿激烈爭奪奶農，奶源由買方市場進入賣方市場，奶站與奶企的話語權易位。在實際運作中，三鹿事實上再也無法像過去一樣嚴格監管奶站。

與此同時，利慾薰心的奶站在供應給乳廠的奶源中添加三聚氰胺。這是一種無味的白色單斜晶體化學物質，分子式顯示其含氮量高達六六％。添加了這種化學物質的牛奶，含氮量立即大幅上升，從而使其蛋白質含量「虛胖」。後遺症則是嬰兒食用了添加三聚氰胺的奶粉後，將罹患腎結石，嚴重者可能危及生命。

早在二〇〇五年，中國奶業協會的專家就私下警告相關奶企公司，有公司業務人員跟奶站聯合造假，往原奶中添加蛋白粉、水、乳清粉等物質，「對方顧左右而言他」。之後，深圳奶業協會也曾委託中國奶協以書面形式向蒙牛、三鹿等奶企提出警告，亦未獲回應，「這位專家當即意識到，奶企遲早會出大事」。

二〇〇七年十二月，三鹿集團即接到家長投訴，宣稱食用三鹿奶粉的嬰兒患上了「雙腎多發性結石」和「輸尿管結石」病症。三鹿集團火速展開危機處理，多方斡旋，「擺平」此事。在不久後，國家質檢總局對嬰兒奶粉產品品質進行專項抽查，在公佈的國內三十家具有健全的企業品質保證體系的奶粉生產企業名單中，三鹿集團列於首位。

事件被曝光是在二〇〇八年的九月九日，上海《東方早報》頂著巨大的壓力，在當天的頭版頭條刊登記者簡光洲的新聞稿〈甘肅十四名嬰兒同患腎病？疑因喝「三鹿」奶粉所致〉，將這一行業的醜聞公諸於世，並明確地點名三鹿。

這篇報導迅速引起全國憤怒，在上海的報刊亭裡，刊發此文的《東方早報》與「每天一斤奶，強壯中國人」的奶企廣告並行而貼，充滿了極度諷刺。

七天後的九月十六日，國家質檢總局通報全國嬰幼兒奶粉三聚氰胺含量抽檢結果，被抽檢的百餘家奶粉企業中，有二十二家企業六九批次產品均檢出含量不同的三聚氰胺，三鹿、伊利、蒙牛、雅士利、聖元、南山等國內知名企業均未倖免。其中，三鹿集團的所有產品均檢測出三聚氰胺，含量超出衛生部公佈的「人體耐受量」四十倍，令人髮指。同日，六十六歲的田文華遭河北警方刑事拘留。

兩天後，中國香港的食品安全中心，相繼在內地相關企業生產的雪糕、奶糖、蛋糕中檢測出三聚氰胺；新加坡農業糧食與獸醫局，亦在從中國上海進口的「大白兔」奶糖中檢測出三聚氰胺。

「毒奶粉」蔓延為國際關注的惡性事件。

九月二十二日，衛生部公佈調查結果，因食用含三聚氰胺的奶粉，導致全國共二十九萬多名嬰幼兒出現泌尿系統異常，住院嬰幼兒一萬餘人，官方確認六例患童死亡。同日，國家質檢總局局長李長江引咎辭職。二〇〇九年二月，三鹿集團破產，田文華被判無期徒刑。

三聚氰胺事件徹底摧毀了民眾對國產奶粉的信心。在後來的十年裡，去海外為自己的孩子購買奶粉，成為幾乎所有中產家庭的「負責任行為」。在海淘商品中，奶粉一直名列前三，二〇一三年三月，為限制搶購奶粉，香港特區甚至頒佈「奶粉限購法令」，規定離開香港的十六歲以上人士，每人每天不得攜帶超過兩罐嬰兒配方奶粉，違例者最高可被罰款五十萬港幣及監禁兩年。

很多年後回望二〇〇八年，它大概是當代世界政治經濟史的一個轉折時刻。①

自第二次世界大戰之後，全球化是推動經濟成長的最主要方式，麥克盧漢（Marshall McLuhan）把世界描繪為一個「地球村」，樂觀的湯馬斯·佛里曼（Thomas Friedman）甚至認為網際網路將讓世界變平。從一九五〇年到二〇〇七年，全球貿易額成長了兩百多倍，而中國的改革開放無疑是全球化神話的樣板。②可是，華爾街的金融危機讓全球化的步伐戛然而止，從二〇〇八年開始，全球貿易陷入長期低迷。從此之後的十年間，通貨緊縮的魔咒困擾各國領導人，貿易保護主義重新張開了它的黑色翅膀。③

一月，美國誕生了第一位黑皮膚的總統歐巴馬，他的競選口號是「改變，就是我們的信念」（Change: We Can Believe In）。至於歐巴馬要改變什麼，到他上任就職的時候還是一個謎。

越是在艱難的時刻，世界對中國的態度就越是矛盾。這個正在成長中的新巨人，看上去像是一個被問題糾纏的線團，有人擔心它會成為下一次全球經濟危機的導火線，同時也有人認為它才是把世界拽出衰退深淵的救命繩。

《經濟學人》在三月的一篇報導中抱怨說：「怎麼去描述現在中國對於商品的饑渴程度都不會顯得誇張。中國的人口約占世界人口的五分之一，然而這些人口卻如饑似渴地消耗著世界二分之一的豬肉、二分之一的水泥、三分之一的鋼材、超過四分之一的鋁材。自從二〇〇〇年以來，中國已經吞噬了世界銅材供應增加量的五分之四。」④

然而，這家雜誌也承認，在全球經濟徘徊不前的今天，中國對於商品無止境的「胃口」是鼓舞人心的。「石油的價格在節節攀升，其原因就是來自像中國這樣的發展中國家對於石油不斷成長的需求。中國對於各種原材料需求的快速成長，則給務農者、開礦者和採油者提供了一個巨大的『金礦』，而類似於『牛市』或者『週期性高漲』這樣的描述詞句，看上去

---

①二〇〇八年十月三十一日，一名叫中本聰（Satoshi Nakamoto）的人在一個密碼學郵件群組中發出電子郵件，宣稱：「我一直在研究一個新的電子現金系統，這完全是點對點的，無須任何可信的第三方。」他創立了一個以區塊鏈為底層技術、以比特幣為交易貨幣的新體系。有人認為這是下一代的網際網路和金融模式。

②根據世界貿易組織的數據，一九五〇年全球貿易總額為六百零三億美元，到二〇〇七年，增至十三兆六千億美元。五十七年間，增加兩百二十四倍，年複合增長率為九．九七%。

③根據世界貿易組織的數據，二〇〇八年全球貿易額增長四%，二〇〇九年下降九%，二〇一〇年增長一三%，二〇一一年增長五%，二〇一二年增長三．七%，二〇一三年增長二．五%，二〇一四年增長二．八%，二〇一五年增長二．七%，遠低於之前的五十多年。

④出自《經濟學人》，〈新殖民主義〉（The New Colonialists），二〇〇八年三月十三日。

已經不符合當前的情況了，所以，銀行家們自己發明了一個新詞：超迴圈。」

如果說《經濟學人》的觀察是即景式的和充斥著西方的視角，那麼也有人試圖用更長遠的、制度的角度來詮釋中國的三十年。

就在北京奧運會舉辦的一個月前，七月初，九十八歲的羅納德．寇斯（Ronald Coase）拿出自己一半的諾貝爾經濟學獎獎金，召開一次關於中國改革的學術研討會。

寇斯是新制度經濟學的創始人，因在產權理論上的開創性貢獻而獲得一九九一年的諾貝爾經濟學獎。寇斯從來沒有到過中國，然而他對這個東方國家的變革卻充滿了極大的好奇。早在一九八一年，正是在他的鼓勵下，同在芝加哥大學任教的張五常回到香港，近距離地觀察中國的改革。一九八八年，寇斯在給中國經濟學家盛洪的一封信中寫道：「對中國正在發生和已經發生的事情的研究和理解，將會極大地幫助我們改進和豐富我們關於制度結構對經濟體系運轉的影響的分析。」

七月的芝加哥論壇的主題為「中國經濟體制改革三十年」，寇斯邀請了他的老朋友蒙代爾（Robert Mundell）、諾斯（Douglas North）、福格爾（Robert Fogel）等三位諾獎得主與會。北大的經濟學家周其仁教授發表了「鄧小平做對了什麼」的長篇演講，張五常因官司在身，只能以論文的形式參與討論，它後來以《中國的經濟制度》為書名出版。

寇斯認為，中國的改革開放，無疑是二戰之後「最為偉大的經濟改革計畫」，而且在未來的二十多年內，中國經濟規模超過美國將是一個高機率事件。不過他也認為，中國的經濟經驗有其非常獨特之處，在經典經濟學的意義上，是「人類行為的意外後果」。他進而提醒說：「如今中國經濟面臨的一個重要問題，是缺乏思想市場——這是中國經濟諸多弊端和險象叢生的根源。」

在五天論壇的最後演講環節，年邁的寇斯深情地說：「中國的奮鬥，便是人類的奮鬥，我將長眠，祝福中國。」

芝加哥會議之後，寇斯意猶未盡，決意專著一書來研究中國改革。據他的學術助理王寧回憶：「當時，老先生住芝加哥，我在鳳凰城，相距兩千多公里。我每寫好一章，快遞給老先生——他不用電腦，更沒有電郵。老先生仔細審閱每一行，做修改和補充。我們幾乎每天都在電話中討論文稿。我每個月飛赴芝加哥，短住兩、三天，和老先生面對面交流；寒暑假則可多停留數日。我們從二〇〇八年夏季開始寫作，一直持續到二〇一一年底。每一章都反覆討論、修改。」①

就在這段「最後的寫作」期間，寇斯經歷了喪妻之痛。二〇一二年底，這部名為《變革中國》的著作出版。十個月後，一百零二歲的寇斯去世。

---

①出自《變革中國：市場經濟的中國之路》（How China Became Capitalist），羅納德·寇斯、王寧著。

風雲人物 首善光標

汶川地震發生後，陳光標是第一批趕到現場的企業家之一。他帶領一支由一百二十名操作手和六十台大型機具組成的救援隊，馳援災區。據報導，「他親自抱、揹、抬出兩百多人，救活十四人，還向地震災區捐贈款物過億元」。① 年底，他被授予「全國抗震救災英雄模範」，並當選中央電視臺年度經濟人物。

在後來的十年裡，他一直以「中國首善」的形象出現，卻因種種戲劇性行為引發了巨大的爭議。

陳光標出生於江蘇北部一個農村家庭，在他四歲的時候，一個哥哥和一個姊姊因為家庭極度貧困而先後餓死。一九九七年，二十九歲的陳光標創辦了一家醫療器械公司，他發明了一台「跨世紀家庭CT儀」，「患者只要手握儀器的兩個電極，就能在顯示器上直接看到自己身體哪個部位有疾病」。二〇〇三年，他創辦江蘇黃埔再生資源利用有限公司。《富比世》曾估計陳光標的個人資產淨值為七億四千萬美元，不過，他從來沒有公佈過黃埔再生的經營業績。

他應該是一個心地善良的人，至少是一個竭力試圖以慈善來自我呈現的人。從創業的第一年起，就有記錄顯示，他捐款幫助血癌患者。在後來的一些年裡，每當有災害性事件發生的時候，譬如二〇〇三年的SARS疫情、二〇〇四年的南亞海嘯，總能看到他的身影。汶川救援讓他成為一個全國知名的新聞人物。

在中國社會，「富人」一直是一個貶義詞，「為富不仁」、「殺富濟貧」這些成語均無前綴，似乎是順理成章的定義。改革開放以來，「先富起來」的那部分人一開始被稱為暴發戶，後來被叫作企業家。他們與公民社會的關係，以及他們所應當承擔的社會責任，是一個沒有被認真討論並達成共識的命題。出身於赤貧家庭的陳光標決意用行動來塑造一個現代企業家的公益形象，但是他的一系列慈善行為，似乎讓這個話題變得更加撲朔複雜。

二〇一〇年一月，陳光標用十萬人民幣捆成一塊「牆磚」，一面牆三百三十塊磚，共計三千三百萬元。他宣稱這是即將捐獻的善款。後來的幾年，他先後六次以這樣的方式表達自己的捐款決心，最多的一次動用了十六噸人民幣。

二〇一一年一月，陳光標飛赴臺灣，進行「行善感恩之旅」。他到南投、桃園、花蓮、高雄等地，在大馬路上給「貧困的臺灣民眾」發現金紅包，一時引起兩岸極大的爭議。

二〇一二年三月五日是「學雷鋒紀念日」，陳光標專門拍了一組身穿軍大衣、頭戴綠軍帽、手持衝鋒槍的照片。他曾對澎湃新聞的記者說：「雷鋒就是我心中的佛，我跟雷鋒最大的差距就是，我缺一個毛主席的題字。」

二〇一四年一月，陳光標宣佈將出價十億美元收購《紐約時報》。他撰文說：「《紐約

①出自中國新聞網，〈在巨富中死去是一種恥辱——「中國首善」陳光標談慈善賑災〉，二〇〇八年六月十八日。

時報》的傳統和作風，讓他們很難對中國做出客觀公正的新聞報導和評論分析。倘若我們能收購它，則可以推動其風氣發生改變。」他專門飛到美國，在《紐約時報》和《華爾街日報》上刊登廣告，宣佈將尋找一千名窮人及流浪漢，在紐約中央公園為他們提供午餐並發放三百美元的紅包。回國後，陳光標還飛到遼寧撫順，在雷鋒墓前獻上《紐約時報》等外媒報紙，「來向雷鋒叔叔彙報美國之行的成果」。①

在紐約期間，陳光標還接受了來自「中國全球合作基金會」頒發的一張表揚狀，以聯合國的名義，授予其「世界首善」的榮譽稱號。很快，聯合國的官方微博委婉闢謠：證書上的「united nation」少寫了表示複數的「s」。

陳光標似乎有自帶喜感的表演天賦，每隔一段時間，他總能以出人意料的行動引起人們褒貶不一的關注。二〇一一年，陳光標宣佈為了宣導低碳生活，全家都已經「改名」，他改名為「陳低碳」，太太張婷改名「張綠色」，兩個兒子分別改名「陳環保」、「陳環境」。兩年後，為了號召大家節約糧食和水電，春節、婚禮不放鞭炮，他又申請改名「陳光碟」。

二〇一六年，陳光標成立「天杞園微商創富中心」，宣佈：「要在兩年內，透過微商事業，培養一百個億元微商、一萬個千萬微商，十萬個百萬微商……我的平臺很大，跟著我做微商，發財的機會更大！」也是在這一時期，《財新週刊》記者歷時近一年，對陳光標的商業和慈善事業進行了深度調查。

在口述自傳《高調的中國首善——陳光標傳》一書中，陳光標自稱江蘇黃埔再生公司二〇〇九年營業收入是一百零三億元，淨利四億一千萬元。而工商資料中的年檢報告顯示，從二〇〇三年到二〇一〇年，江蘇黃埔的稅後利潤均為負數，二〇一二年全年淨利十八萬元多，年末負債超過一億元。二〇一六年八月，黃埔再生公司遭到警方突擊檢查，被搜出一百七十枚假公章。

陳光標聲稱歷年捐款額超過二十億元，然而這一資料一直備受質疑。經《財新週刊》記者的調查，「陳光標捐資建學校幾乎不存在；給官方慈善機構的捐贈，很多進行了重複計算，或者由其自行執行，慈善機構拒絕為其出具發票背書；他多次直接發放現金的公開作秀，實質金額大量灌水，而且涉嫌違法募資；而他號稱捐建的公共設施，經查證，曾經或一直為其自用並牟利」。

對於《財新週刊》的指控，陳光標宣稱「偽造公章事宜，之前對此毫不知情」。他向法院起訴雜誌，要求索賠一百萬元。

在長達十年的時間裡，陳光標一直被爭議纏繞，迄今未歇。

他的種種行善之舉，看上去並無惡意，但一次次地混淆了人們對企業家慈善的認知。從「億元錢牆」、數度改名乃至去臺灣和美國「發紅包」，他讓公共社會不但沒有感受到慈善本意中的慈悲與捨得，反而從中體會到了金錢的惡俗和反現代性。

在這個意義上，他的「中國首善」頭銜進一步加重了人們對企業家群體的誤讀。

①出自《遼瀋晚報》，〈陳光標向雷鋒匯報美國慈善行〉，二〇一四年七月一日。

2009 V形反彈的代價

如果有一天，我老無所依，請把我留在，那時光裡；
如果有一天，我悄然離去，請我把埋在，這春天裡。

——汪峰，《春天裡》

吳英一臉驚恐地站在被告席上，時不時地四處張望，像一隻掉進了陷阱的母狐狸。她只有二十八歲，長著一張胖胖的娃娃臉，兩顆特別明亮的黑眼珠洩露了她與生俱來的精明。這位技校肄業的東陽農村女子，此刻身繫一個階層的所有目光。

這是一個完全沒有背景的鄉下小女子，她一九八一年出生於東陽歌山鎮西宅村，十八歲到美容院當學徒，二十四歲在東陽市區經營一家理髮休閒屋。但是在接下來短短的兩年多時間裡，她突然成為東陽城裡最風光的女老闆，先後開出商貿、洗業、廣告、酒店、電腦網路、裝飾材料、婚慶服務及物流等十多家公司，甚至在城裡最繁華的街道上一口氣吃下五十家店鋪。二〇〇六年，胡潤發佈中國女富豪榜，吳英以三十八億元資產名列第六位。

後來法院提供的事實顯示，她是浙江民間借貸市場的新入局者。從二〇〇五年開始，吳英透過七位下線——其中一人曾當過義烏市文化局文化稽查中隊隊長——向數百人吸貸，總計金額七億七千萬元，剛開始時利率在一八％左右，後來越滾越高，最高息曾達三個月一〇〇％。二〇〇六年底，吳英遭借款人脅迫綁架。三個月後，以涉嫌非法吸收公眾存款罪名，被東陽市公安局刑事拘留。二〇〇九年四月十六日，吳英案一審開庭，經數月審訊，十二月時金華市中級人民法院以集資詐騙罪，一審判處其死刑。

在過往的很多年裡，吳英式案件在東南沿海一再出現。自二十世紀八〇年代中後期起，江浙、福建等地的民間金融活動從來就沒有停止過。對於這種民間的非正規資金借貸活動，國家一方面嚴厲禁止，大多以死罪處置，另一方面卻又對如何加大私人企業的金融服務束手無策。就在剛剛過去的二〇〇八年，一個綽號「小姑娘」的麗水女子杜益敏被執行死刑。她早年在麗水市經營美容店，後來從事地下融資生意，非法集資七億元，其情節幾乎與吳英案如出一轍。

然而在整個二〇〇九年，一直到其後的幾年裡，圍繞吳英案發生了激烈的民間請命和抗辯之聲，這是之前從來沒有出現過的景象。

全國人大代表、義烏籍女企業家周曉光連續兩年提交議案，呼籲制定《民間借貸法》。根據她的估算，沿海農村地區的民間借貸規模超過一兆元，若以一個「莊頭」運作一億元來計算，就起碼活躍著一萬個「吳英」。「許多民營中小企業、個體工商戶受資信條件、抵押擔保等限制，很難從銀行中請到貸款。民間借貸一般以人際關係為基礎，大部分只寫借條，利率口頭協商或隨行就市，期限大多不確定。」①

著名大律師、八旬老人張思之也參與到吳英案的討論中。他在一份致最高人民法院大法官的公開信中表達了兩個觀點：其一，吳英所集資金大多流入當地實體領域，屬合法經營範疇，故無詐騙之行為；其二，「縱觀金融市場呈現的複雜現狀，解決之道在於開放市場，建立自由、合理的金融制度，斷無依恃死刑維繫金融壟斷的道理」。

很顯然，無論是在周曉光的提案裡，還是在張思之的公開信裡，吳英案都被符號化了，對她的討論漸漸地從實質案情中抽離出來，成為民營企業家階層對自身金融安全擔憂的體現，以及對金融市場開放的呼籲。吳英本人則如一塊小石子投入江河，它所濺起的漣漪擴散為一種強烈的民間情緒。

任何制度的創新，都很少是一廂情願的，絕大多數竟是博弈的結果，在未來幾年內，以金融市場化為主軸的變革將在曲折中小心地前行。而在當前，最重要的事情無疑是如何防止中國經濟急速地下墜。在這個時刻，學界發生了激烈的意見對立。

經濟學家吳敬璉不太贊同外延式投資的拯救方案，而是寄希望於體制及要素改革。對於信貸鬆動的呼聲，他警告說：「從發票子到物價漲，有一個時間的滯後期，按西方的說法起碼是八個月，發票子的時候，高興得不得了，說是空前繁榮，等到物價漲的時候怎麼辦？」②三月三日，吳敬璉在《經濟觀察報》上撰文〈如何定位政府與市場的邊界〉。這位對政策設計十分嫻熟的老學者警告說：「在中國，人們常常把宏觀經濟管理（宏觀調控）和政府對經濟活動的微觀干預混為一談。假宏觀調控之名，行微觀干預之實，實際上等於復辟命令經濟。這不但會造成資源的錯誤配置和損害經濟的活動，還會帶來強化尋租環境、使腐敗活動氾濫等惡果。這是必須堅決制止的。」

後來的事實表明，他的觀點並未被採納，而他所警告的現象卻不幸發生。一直到二〇一五年前後，政界及學界對二〇〇九年的政府拯救行動仍然褒貶不一，成了一樁歷史公案。

在溫家寶總理看來，當危機突發之際，信心比黃金更重要。而要激發信心，則首先必須把黃金亮出來、撒出去。

中國的印鈔機開始猛烈地運轉起來。從二〇〇八年十一月起，在中央政府的指示下，五大商業銀行開始大舉放貸，每月新增貸款呈幾何級數成長，到二〇〇九年三月放出空前的一兆八千九百億元天量。從二〇〇八年底到二〇〇九年六月的八個月中，新增放貸總量近八兆元，掀起了一個炙熱的投資狂潮。與中國非常類似的是，美國的印鈔速度也毫不遜色。

①全國工商聯發布的《我國中小企業發展調查報告》（二〇一二年）顯示，九〇%以上受調查的民營中小企業表示，實際上無法從銀行獲得貸款，民營企業在過去三年中有六二．三%的融資來自民間借貸。

②出自《吳敬璉傳：一個中國經濟學家的肖像》，吳曉波著。

二〇〇九年三月，聯準會宣佈向市場投放一兆一千五百億美元，用於購買銀行手中的不良資產。聯準會主席伯南克聲稱，為了提振消費，他願意開著直升機去撒美元。經濟學家保羅．克魯曼（Paul Krugman）更誇張，他在自己的專欄中寫道：「我們也許需要捏造外星人入侵的威脅，這樣才能增加防禦外星人的開支。」

與此同時，一系列非常龐大的產業刺激計畫頒布。

二〇〇八年十一月九日，中央政府宣佈將強力啟動拉抬內需計畫，兩年內擴張投資四兆元，是日後非常著名的「四兆計畫」。二〇〇九年一月十四日，國務院常務會議審議並通過了第一個重大產業——鋼鐵產業——的調整振興規劃，提出「控制總量、淘汰落後、聯合重組、技術改造、優化佈局」的戰略主張，以推動鋼鐵產業由大變強。在後來的一個多月裡，國務院先後密集完成了汽車、船舶、石化、紡織、輕工、有色金屬、裝備製造業、電子資訊，以及物流業等十個重點產業的調整和振興規劃的編制工作，是為「十大產業振興計畫」。

在資本市場上，最大的舉措是加快了創業板的開板進度。創業板已籌備多年，但高層一直猶豫不決。十月二十三日，深交所舉辦創業板開板啟動儀式，首批上市的二十八家公司，平均市盈率為五十六．七倍，遠高於全部A股市盈率以及中小板的市盈率。

「四兆計畫」、「十大產業振興計畫」和創業板的推出，互為勾連呼應，以極其激進的姿態構成了二〇〇九年中國經濟的新基本面。在政策的強力刺激之下，七月，國內生產總值的增速已經高出過去三十年的平均增速。國家統計局局長馬建堂宣佈，中國已經在世界率先實現「國民經濟總體回升向好」。觀察家們驚呼，中國經濟「風景這邊獨好」，走出了一條V形反彈曲線。

「令人震驚的反彈。」《經濟學人》雜誌在八月的封面報導中，以此為標題描述中國經濟的表現。它寫道：「西方國家的經濟看起來還很疲軟，很多經濟資料仍在下跌中，儘管今年第二季美國經濟開始成長，消費者支出還是萎靡不振。然而越來越脫鈎於西方消費習慣的亞洲經濟成長迅猛……一些不太可能被做手腳的指標，證實了中國經濟是在強勢反彈。截至今年七月，工業產出成長了一一%；去年猛跌的發電量再次成長；而且汽車銷售量比一年前增加了七〇%。」①

在所有實體產業中，二〇〇九年最值得記錄的是汽車。在這一年，中國的汽車產銷量達到一千三百六十四萬輛，一舉超過美國。在過去一百年的現代工業史上，這可是從來沒有發生過的事件。

汽車被稱為工業文明桂冠上的明珠，它的製造鏈涉及七十多個行業，是產業配套要求最高、同時也是對製造及消費經濟拉動最大的產業。一九〇八年，亨利．福特在底特律生產出

①出自《經濟學人》，〈令人震驚的反彈〉（An Astonishing Rebound），二〇〇九年八月十三日。

世界上第一輛屬於一般大眾的汽車「T型車」，世界汽車工業革命就此開始。自一九一〇年起，美國大力發展汽車業，在短短的二十年時間裡，把汽車產量從十八萬輛增加到五百三十三萬輛，從而成為「車輪上的國家」。在此後的一個世紀裡，從來沒有哪個國家能在汽車領域挑戰美國，底特律更是成為世界汽車工業之都。

在此輪金融危機中，美國汽車產業遭遇史上最慘重的挫敗，底特律的三大汽車公司裁員十四萬人，愁雲滿城。二〇〇九年六月，美國第一大汽車製造商通用汽車向法院申請破產保護，在冗長的受難者名單中又增加了一個顯赫的名字。通用汽車曾在廣告中自稱為「美國的心臟」，其旗下品牌一度佔據國內汽車市場份額的半數以上，它的沉淪代表著一個時代的結束。①

「誰將拯救美國的汽車產業？」很多人開始焦慮地討論這個問題。該年夏天，新上任的歐巴馬總統決定親自考察汽車業，有意思的是，他沒有去烏雲罩頂的底特律，而是飛到陽光明媚的矽谷，參觀了一家叫特斯拉的電動汽車公司。在這裡，三十八歲的伊隆・馬斯克（Elon Musk）讓他相信，也許他會是下一個拯救者。在離開後，歐巴馬批准能源部發給特斯拉四億六千五百萬美元的政府低息貸款。

馬斯克與汽車幾乎沾不到一點邊，他是一個荷爾蒙無比充沛的網際網路創業者，曾創辦線上內容出版軟體 Zip2、電子支付 X.com 和國際貿易支付工具 PayPal，還投資一億美元創辦太空探索技術公司 SpaceX。在遍地都是冒險家的矽谷，他以擅長編織夢想著稱，並讓人相信夢想能成真。二〇〇四年，馬斯克突發奇想，收購陷入困境的特斯拉，試圖拋開傳統的發動機、變速箱和離合器，打造一輛純電動的「自動駕駛汽車」。在後來的幾年裡，矽谷取代底特律，成為新能源汽車革命的發源地，而馬斯克也被看成是「鋼鐵人」式的新一代美國英雄。②

在中國，一位與馬斯克一樣的「瘋子」，也開始實施一個近乎瘋狂的計畫。

就在通用汽車申請破產的一個月後，二〇〇九年七月，李書福在北京的飯局上，向一位相熟的媒體主編透露，吉利向福特汽車公司遞交了一份具有法律約束力的投標書：「告訴你吧，我們要收購富豪（Volvo）了。」主編脫口而出：「老李，你這個新聞炒作好像整得大了點。」

在過去的幾年裡，草根出身的李書福一直是一個笑話般的存在，他創出的最大笑料是認為造汽車是一件很容易的事情：「不就是四個輪子加兩張沙發嗎？」在公開場合上，他總能不苟言笑地講得大家哄堂大笑，是一個難得的、來自南方的相聲大師。兩年前，他獲評浙江十大年度經濟人物之一。在電視頒獎晚會上，當主持人喊到他的名字的時候，他以非常緩慢

---

①底特律危機一直要持續到二〇一三年。這年的十二月，美國聯邦法院做出裁決，批准底特律市正式宣告破產。它成為美國歷史上規模最大的破產城市，負債超過一百八十億美元。

②二〇一〇年，特斯拉於納斯達克上市，是一九五四年之後唯一的上市汽車公司。二〇一七年，年銷售量僅七萬輛車的特斯拉公司，市值高達五百二十七億美元，超越通用汽車，成為全美市值第一的汽車製造商。

的步伐上臺領獎，主持人問他出什麼事了，他一臉茫然地說：「導演讓我走慢一點，好讓鏡頭拍得清楚些。」在剛剛過去的二〇〇八年，吉利汽車銷量二十萬輛，銷售額不到百億，排在國內汽車廠商的第十位，僅高於哈飛和華晨。吉利在香港聯交所的市值只有兩億美元。①

富豪已有八十三年歷史，是瑞典最大的轎車公司，在全球汽車品牌中以安全著稱，是一個血統純正的「貴族」。一九九九年，美國福特汽車以六十四億五千萬美元買入富豪的轎車業務。在本輪金融危機中，福特與通用一樣陷入泥潭。二〇〇八年一月，在底特律車展期間，李書福透過公關公司安排，爭取到與福特汽車的首席財務長道恩・雷克萊爾（Don Leclair）見面的機會。兩人的交流時間只有半小時，大概花了二十八分鐘，翻譯才讓雷克萊爾弄明白誰是吉利。雷克萊爾問李書福有何高見，後者對翻譯說：「告訴他，我要收購富豪。」雷克萊爾的回覆只有一句話：「富豪是不打算賣的。」（Volvo is not for sale.）

但是僅僅一年後，形勢比人強。在過去的二〇〇八年，福特全球虧損額達到創紀錄的一百四十六億美元。其中，富豪營運虧損額為十四億六千萬美元，公司高層被迫做出賣掉富豪的決策。吉利成為參與競標的三家中國公司之一。

即便在這樣的時候，李書福的野心看上去仍然是可笑的。在跌到低谷的二〇〇八年，富豪仍保持了三十五萬九千輛的汽車銷量、一百四十七億美元的銷售收入，是一個比吉利大得多的傢伙。參與併購案的吉利高階主管童志遠曾擔任北京賓士的中方總經理、總工程師，他問李書福：「你憑什麼收購富豪？」李答：「我除了膽兒，什麼都沒有。」

儘管看上去這是一個不可能的交易，可是細細分析，李書福的「賭局」竟也有合理性存在。富豪之所以虧損嚴重，並被福特認為不得不拋售，是因為在過去的年份裡，它忽略了以中國為代表的新興市場。富豪的市場集中於美國和歐洲，其中美國佔二〇%，歐洲超過五〇%，中國僅為六%。所以在這個意義上，除了擁有廣袤市場潛能的中國公司，福特幾乎不可能找到其他的國際買家。

而在中國的汽車當家中，沒有人有李書福般的膽識和勇氣，他像一個農村青年般瘋狂追求一位落難的國際影星。在此次併購中，李書福還展現了拔群的融資和說服能力。俞麗萍是洛希爾財務諮詢公司的大中華區主席，這家隸屬於羅斯柴爾德家族的諮詢機構是此次交易的唯一撮合者，她回憶了陪同李書福去見福特全球總裁艾倫·穆拉利（Alan Mulally）的場景。

穆拉利只給了李書福一個小時的時間，可是他只用五分鐘就把吉利介紹完了，這當然不會引起對方任何的興趣。「我是你的粉絲。」李書福突然說。一直心不在焉、把玩著名片的穆拉利，很好奇地抬起了頭。李書福開始大談穆拉利在擔任波音飛機總裁時的轉虧為盈戰績，他提到了一個離奇的細節，十多年前李書福的第一家汽車公司的名字居然是「四川吉利波音汽車製造有限公司」。「我很崇拜你，所以用了波音當公司名字，波音的人還來找我打官司，

---

①出自《汽車「瘋子」李書福》，鄭作時著。

所以，應該在十年前，你就知道我了。」穆拉利咧開嘴樂了起來。在接下來的時間裡，李書福開始談他對汽車的理解，以及中國市場對富豪的重要性。

李書福的這種中國式風格，化解了談判中的很多尷尬。一位吉利高階主管日後回憶說，李書福總能把出人意料的歡樂帶到談判桌上。一次與工會談判，現場氣氛很緊張，工會代表問李書福：「你能不能用三個字形容你為什麼比其他競爭者更好？」與會的福特高層為李解圍：「這怎麼可能？做不到。第一，李不知道另外的競爭者是誰；第二，三個字怎麼講得清楚？」

「我可以。」李書福雙手一攤，用蹩腳的英語大聲說：I Love You!（我愛你！）工會代表笑顏陡開，氣氛頓時緩解。①

在與富豪的母國瑞典方面談判時，李書福表示，如果福特跟富豪是父子關係，那麼吉利與富豪則更像兄弟關係。他向當地政府承諾保持富豪四個不變：瑞典哥德堡總部不變，歐洲的產能、生產設施不變，在瑞典的研發中心地位和作用不變；此外，與工會、供應商和經銷商簽訂的所有協議不變。

在李書福與福特談判的一年時間裡，全球局勢持續惡化，福特的報價從四十億美元跌進了二十億美元，幸運之神一直在眷顧固執的李書福。在最後時刻，吉利計畫得到了中國銀行、建設銀行和上海市政府的支持。

二〇〇九年十月二十八日，福特宣佈以吉利汽車為首的收購團隊成為富豪的優先競購方。

到十二月二十三日，趕在西方耶誕節到來之前，雙方正式對外宣佈，已就主要商業條款達成一致。吉利以十八億美元的價格對富豪汽車實施百分之百股權收購，後者變成吉利集團的全資子公司——其實在最後時刻，李書福還是沒有籌足錢，於是福特貸給他兩億美元以達成交易。吉利所購買的富豪包括品牌、研發體系、行銷體系、海外網絡、四個工廠（五十多萬輛產能的生產設施）和高素質人才團隊，以及原有的發動機廠、合資的變速箱廠、四驅系統與整個的開發設施。

對於「汽車瘋子」李書福來說，一個搏命冒險的結束，意味著下一個更大冒險的開始。他用十八億美元買回來的富豪，是一個苟延殘喘、擁有二十四億美元帳面資產和三十五億美元負債總額的大怪獸。

在北京的記者見面會上，李書福說：「我們要去嘗試、實踐和探索。如果它是機會，那就是很大的一個機會，但它也很可能是很大的一個災難。人家幹不下去，我們拿過來把它幹好。如果我們幹不下去，就又會有人家拿去可能就能幹好。」曾幾何時，他被很多同行看成「小丑」，而此刻的這一番話，卻充滿了樸素的哲理。

---

①出自《新製造時代：李書福與吉利、沃爾沃的超級製造》，王千馬、梁冬梅著，何丹主編。

與汽車產業的回暖相比，發生在房地產市場的瘋狂景象則更讓人印象深刻。很多年後，如果許家印回憶起那段時光的話，應該有著「劫後餘生」般的感嘆。

這位比李書福年長五歲、同樣出身於貧困鄉村的河南人，有著符合這個時代的豪賭個性。他在村裡開過拖拉機、淘過大糞、當過治安員，二十世紀七〇年代末恢復高考後，他每週靠一筐地瓜麵餅和一瓶子鹽當口糧，苦讀五個月，如願考進武漢鋼鐵學院。一九九二年，在當了十年鋼鐵工人之後，許家印獨身南下廣州創業，一九九五年便涉足當時還毫無暴利徵兆的房產開發。在後來的二十多年裡，許家印以大開大闔的手段，逐漸成為南方的地產大老。

二〇〇八年一月八日，恒大通過上百輪競價，以四十一億元取得位於廣州員村的絹麻廠地塊，這一價格超過標底價近八倍，樓面價約為每平方公尺一萬三千元，是當時廣州市排名第二的地王。

讓許家印措手不及的是，經濟衰退突襲而至。到這一年的六月，絹麻廠附近的樓面大幅降價促銷，帶裝修的新房每平方公尺售價降到一萬三千五百元，直逼恒大購地時的毛坯樓面價。依照這樣的市場行情，在這塊「地王」上蓋樓已根本不可能賺錢，多加一塊磚都是增加一分虧損。《財新》在一篇〈地王褪色〉的報導中記錄說，按照協議，恒大應在八月前繳清全部土地出讓金，可是期限到來時，恒大僅繳納了約一億三千萬元土地訂金。許家印曾與廣州市國土房管局協商退地，並不惜付出訂金被沒收的代價，可是政府不願意，因為它也同樣陷在困局裡。

許家印曾謀求在香港上市，連公告都發了，但在最後時刻功虧一簣，原因是「國際資本市場現時波動不定及市況不明朗」。這段時間裡，至少有四家中國房產公司的上市申請遭到聯交所的拒絕。為了輸血自救，許家印像瘋了一樣地在香港和深圳到處找人借錢，但吃到的全是閉門羹。九月，恒大在全國十一個城市推出十三個建案，開盤即打八五折，試圖迅速回籠資金。很快，有關恒大資金鏈即將崩斷的新聞甚囂塵上，有媒體稱，恒大的負債率已經高達九七％，很多人扳著手指算，料定許家印過不了二〇〇八年的冬天。

然而，就在這一時刻，中央政府的印鈔機開始啟動了。僅僅半年前還無人問津的房子，突然在一夜之間被瘋搶。正在生成的貨幣泡沫造成了民眾巨大的貶值心理壓力，房子再次成為唯一的抵抗性商品。在這個意義上，如果說信心比黃金更重要，那麼與信心相比，恐懼顯然是更大的生產力。

在許家印的記憶中，二〇〇九年的春天也許是他一生中最明媚的一次。

在春節過完之後，全球金融危機寒意正濃，中國的房地產業卻率先走出低谷。有關機構公佈的第一季度資料顯示，全國三十個主要城市中，有二十四個城市的住宅成交面積環比上升，其中十個城市的環比增幅更是超過五〇％。

把許家印拉出泥潭的，還有無數雙來自銀行的大手，不久前還冷眼以待的行長們開始排隊請他吃飯。數以兆計的銀行資金徘徊於實體經濟門外不敢進入，轉而投身與房產公司結盟，在地方政府的默許「共謀」之下，迅猛抬高土地的價格，一場土地爭搶戰全面爆發。

四月二十九日，杭州拍出上城區南山路一地塊，樓面價超過四萬六千元／平方公尺，這是今年叫響的首個「地王」。此後，高價成交的土地在各主要城市遍地開花。土地總價從十億、二十億級，迅速躍升至四十億、五十億級。

在北京，從五月到十二月，「地王」紀錄一再被打破。五月，廣渠門外十號地被富力地產以十億兩千兩百萬元收入囊中，成為北京實施招拍掛制度以來成交單價最高的土地。六月，廣渠路十五號地爭奪戰落下帷幕，最終中化方興以四十億六千萬元擊敗SOHO中國等強敵拍得該地塊。七月，大興黃村十九號地被綠地集團以三十億兩千五百萬元競得，大興區樓面單價紀錄四十分鐘內被兩度刷新。十一月，大龍地產以五十億五千萬元的價格競得順義區一塊土地。十二月，中建國際聯合保利地產以四十八億元包攬奧體公園三塊土地，遠東新地以四十八億三千萬元拿下亦莊新城地塊，溢價率高達四．六七倍。

年底的資料顯示，全中國土地出讓金總金額高達一兆五千億元，占GDP的四．四%，這是前所未見的驚人比例。杭州和上海成為土地出讓金超過千億的兩個城市，北京以九百二十八億元排名第三。在賣地浪潮中，一度捉襟見肘的地方財政頓時緩解，絕大多數大、中城市的土地出讓金占地方財政收入的比例接近五成。①

二〇〇九年十一月五日，恒大地產再次申請在香港聯交所掛牌獲准，其股票受到熱捧，公開發售部分超額四十六倍。一年前還被看成是「倒楣鬼」的許家印，此時的資產一舉飆到四百二十二億元，在《富比世》中國富豪榜上赫然排名第一，成了當年度的中國首富。若說造化弄人，沒有比這個更富戲劇性的了。

根據波士頓諮詢公司的報告，中國的網民數量在二〇〇九年達到三億八千四百萬人，超過了美國和日本網民的總和。而比網民人數更重要的是，此時的中國網際網路發生了決定性的變局，由新浪、搜狐和網易「三巨頭」所統治的入口網站時代，向百度、阿里巴巴和騰訊的BAT時代轉軌。

作為一家搜尋引擎網站公司，李彥宏的百度在二〇〇九年取得了決定性的勝利，而這要歸功於它的強悍對手谷歌退出中國。

谷歌從二〇〇四年起進入中國，二〇〇六年一月Google.cn上線，伺服器放置在中國，經過幾年的努力，逐漸佔上二二%的市場份額，與百度成對峙之勢。可是在二〇〇九年，它突然在監管上面臨無法躲避的挑戰，經過決策層反覆爭論，二〇一〇年一月十五日谷歌宣佈退出中國市場，三月關閉了Google.cn。

谷歌的退出讓百度頓時獲得一家獨大的史詩式機遇，它的市值在二〇一一年幾乎翻了一

---

①土地財政是最具爭議性的經濟話題之一。據中國國土資源年報，自二〇〇三年至二〇一五年，地方政府的土地出讓收入總計二十五兆一千億元，十二年間，每年的出讓收入增加了十倍。有學者認為，這是中國經濟的「怪胎」，也有學者認為它是「中國奇蹟的鑰匙」。

番，一度躍居中國網路公司第一。而日後來看，這也許是李彥宏備受考驗乃至煎熬的開始。從來沒有一家偉大的公司是依賴於「保護」而誕生的，過長的「舒適區」讓這家公司逐漸失去了進取的野心。

與「幸運」的百度相比，騰訊和阿里巴巴的成長則是血戰的結果。在過去的十年裡，中國的網際網路中心始終在北京，正是隨著這兩家公司的崛起，華南的深圳和華東的杭州相繼成為中國網際網路經濟的重鎮。

在很長時間裡，偏居南方的騰訊是一個邊緣式的存在，

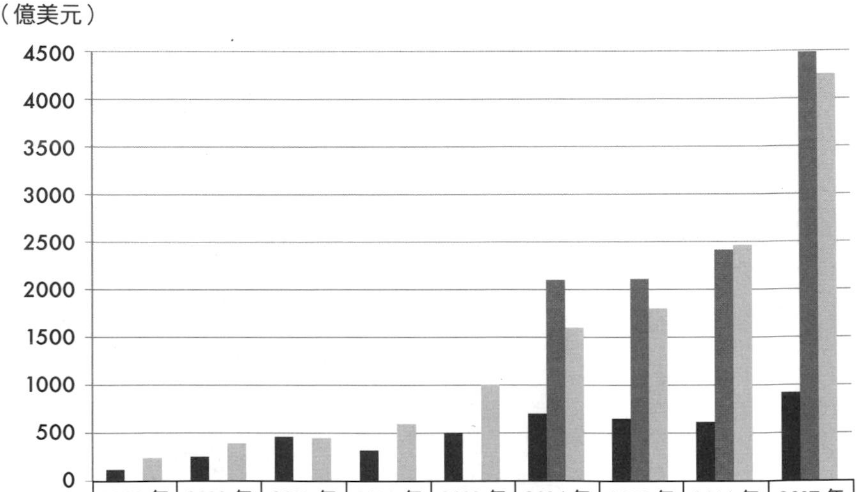

	2009 年	2010 年	2011 年	2012 年	2013 年	2014 年	2015 年	2016 年	2017 年
百度市值	120	250	460	320	500	700	650	615	919
阿里市值	—	—	—	—	—	2100	2100	2416	4484
騰訊市值	240	390	446	594	1003	1600	1800	2463	4256

■ 百度市值　■ 阿里市值　■ 騰訊市值

2009 ～ 2017 年 BAT 市值變化情況

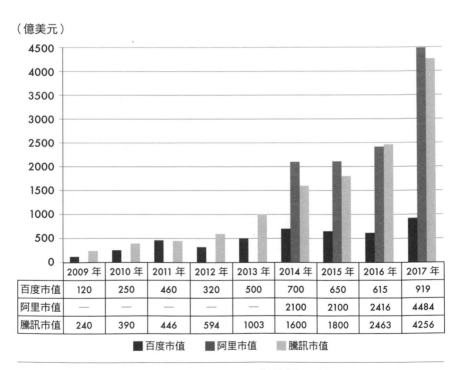

可是到二〇〇九年前後，幾乎所有來中國考察網際網路的美國人，往往最後一站都會南下，飛到深圳考察騰訊公司。這是因為在一開始的行程安排中，並沒有騰訊這家企業，然而在每站的訪問中，都會不斷地有人對他們提及騰訊、騰訊、騰訊，於是深圳便戲劇性地成為最後的、計畫外的一站。

從影響力和資料來看，騰訊也從二〇〇九年開始扮演起征服者的角色。

與新浪等網站模式不同，騰訊從一個小小的即時通信工具QQ起家，以令人目眩的迭代速度成為最受網民歡迎的社交工具。程式師出身的馬化騰是一個產品主義者，他把騰訊的漸進式創新解釋為「小步快跑，快速迭代」。這種帶有試錯特徵的理念，是完全不同於製造業的新商業哲學。QQ的「原型」來自以色列人的ICQ，而在後來的幾年裡，騰訊在此基礎上迭代出QQ秀、QQ空間、QQ遊戲等產品，大大拓展了即時通信工具的應用方式和盈利能力。

尼爾森公司在二〇〇九年三月宣告，全世界的網路使用者花在社交網絡上的時間第一次超過了使用電子郵件的時間，這種新型的溝通方式已變成主流。騰訊在交互設計和虛擬道具上的創新呈現出鮮明的中國特色，有「網路女皇」之稱的摩根史坦利女分析師瑪麗．米克（Mary Meeker）在研究報告（二〇〇九年）中專題研討了騰訊的盈利模式。在她看來，由虛擬商品——不只是小玩具——所形成的小額付款，可以形成大額收入，在這一方面，「中國是世界上虛擬商品貨幣化的代表和領先者，中國的成功——部分歸結於騰訊的成功——表明，『虛擬商品』很可能意味著巨大的商機」。在那一年的米克報告中，騰訊是唯一被提及的中國網際網路公司。

騰訊的另外一個成功來自遊戲，在這一年的第二季度，騰訊遊戲的營收首次超過盛大，成為新晉的「遊戲之王」。在業績成長的刺激下，騰訊的股價在二〇一〇年一月突破一七六．五港幣的新高，市值達到兩千五百億港元，一舉超越雅虎，成為繼谷歌、亞馬遜之後的全球第三人網際網路公司。①

在BAT新三巨頭之中，二〇〇九年的阿里巴巴處境卻艱難得多。它的B2B（企業對企業）業務受到外貿下滑的拖累，陷入成長停滯。公司在香港的股價起伏不定，而瞄準國內市場的淘寶業務，在經過了多年的虧損之後，亟待一次集束式的引爆。

二〇〇八年四月，飽受假貨困擾的馬雲決定新開一個叫淘寶商城的平臺，入駐者均需要證明自己是一家合法的公司。後來的阿里巴巴集團總裁、當時擔任淘寶首席財務長的張勇——他的化名是逍遙子，是金庸武俠小說《天龍八部》裡一個精擅奇門遁甲之術的俠客——被任命為淘寶商城的總經理。在一年多的時間裡，整個B2C（企業對個人）行業處於聾啞階段，淘寶商城更是發展緩慢，消費者幾乎分不清淘寶網與淘寶商城的區別。五月的某一天，張勇與他的夥伴們討論，似乎可以在秋季搞一個類似美國感恩節大促銷的活動。他們為了該選擇哪一天而想破了頭，不知是誰突然提議：「要不就在十一月十一日吧，光棍節，閒著也是閒著，不如忽悠他們上網來購物。」

「光棍節大促銷」就這樣定下來了。張勇團隊開始與商家溝通，希望他們在那一天搞一次促銷，全店五折，還要含郵。絕大多數的商家拒絕了他們的建議，最後只有李寧、聯想、飛利浦等二十七個商戶參加。一個很大的品類——家紡企業中的著名品牌——全數表示不參加，後來好不容易說動了一家小商戶。

十一月十一日當天，促銷活動開始，連張勇本人都不覺得有重要的情況會發生，他一大早就出差去北京。誰知當天上午，商戶們準備的貨就賣得差不多了，很多商家臨時到線下補貨，甚至出現董事長批條子、要直接從經銷商實體店臨時調貨到網上賣的現象。張勇回憶說：「我們沒有想到，商家也沒有想到，網路的聚合力量那麼大。」②

到這一天結束的時候，超乎所有人預想，淘寶商城交易額居然突破五千兩百萬元，是當時日常交易的十倍。驚喜若狂的小夥伴們決定拍照慶祝一下，有人跑去印表機列印了好幾張「零」，當大家站成一排的時候，數來數去少打了一張「零」，就從牆上取下一個掛鐘來湊數。

很多年後，張勇在湖畔大學授課，回望這一段歷史時他很感慨地說：「大部分今天看來所謂成功的戰略決策，常常伴隨著偶然的被動選擇，只不過是決策者、執行者的奮勇向前罷了。」

---

①出自《騰訊傳》，吳曉波著。

②出自中國企業家網，〈「操盤手」張勇：阿里是如何把雙十一做火的〉，二〇一四年十一月七日。

就這樣，中國電商史上的一個標誌性事件發生了。「光棍節」十分意外地成了億萬網民的狂歡節日。

它渾身上下散發出那個時代所有的網際網路特質：屌絲自嘲，無論男女都以「光棍」自稱；價格低廉，一切商品以低價為最重要的吸睛因素；誇大其詞，極盡所能地製造話題和噱頭。五千多萬的交易額，相當於國內最大百貨商場半個月的營收，在零售界已經引起很大的轟動，可是還是沒有人會料到，它僅僅是大顛覆的開始。曾擔任過阿里巴巴總裁的衛哲回憶過一個有趣的細節，有一天他與馬雲閒聊，馬雲說：「有一天，淘寶會超過沃爾瑪。」衛哲問他：「你知道沃爾瑪有多少零售額嗎？」馬雲答：「我不知道，但是我們肯定會超過沃爾瑪。」

「你們說說看，我們手上真的已經沒有牌了嗎？」就在張勇與他的夥伴們手忙腳亂地策劃「光棍節」的五月，另一批比他們更焦頭爛額的網路人正在成都開戰略閉門會，新浪的首席執行官曹國偉語調低沉地問他的同僚們，喜歡講冷笑話的總編輯陳彤坐在旁邊支臂不語。

社群網站的興起是從二〇〇四年左右開始的，新聞集團董事長梅鐸（Rupert Murdoch）在二〇〇五年的一次演講中指出：「年輕人不會等待某個神聖的數據來告訴他們什麼東西是重要的，他們想控制他們的媒體，而不是被媒體控制。」當幾乎所有人都看到了這一趨勢的時候，所不同的是，每個人都會選擇不同的道路。中國的三大新聞入口網站都選擇了博客模式，其中尤以新浪最為積極，取得的成就也最大。到二〇〇六年中期，新浪博客的活躍用戶超過兩千萬，全面取代門戶類頻道，成為新的使用者入口。可是在商業模式上的先天缺陷，卻讓用戶積累價值無法兌現。這使得三大入口網站在社交化轉型上陷入歧途，直接導致了入口網站時代的終結。

二〇〇六年六月，伊凡．威廉斯（Evan Williams）和傑克．多西（Jack Dorsey）在美國創辦了推特（Twitter），一個只能發送一百四十個英文字母的微型博客。它迅速點燃了那些喜歡分享和表達的人們的熱情，他們用碎片化的方式拼接自己的生活，表達自己對世界的看法。在今年，推特的全球用戶超過了四千萬，其中一個叫川普的美國地產商人是它的成癮性粉絲，幾乎每天要在自己的推特上發表十幾條夸夸其談的評論，其話題無所不及，其言論怪誕離奇。那時誰也不會料到，川普將是下一屆的美國總統。

第一個被推特模式吸引的是一個叫王興的歸國創業者，他於二〇〇七年五月十二日推出了飯否網。在後來的兩年裡，飯否網的用戶增加到了百萬。

在二〇〇九年五月的成都戰略會上，新浪高層在臉書和推特之間發生了激烈的模式之爭。當時新浪的戰略更偏向做成臉書式的平臺，但大家很清楚，這對於新浪來說，不論是技術還是既有優勢都不太可靠，況且已有騰訊的ＱＱ空間如大山一般橫亙在那裡。而如果走推特模式，則很可能意味著重起爐灶。

最後，曹國偉做出了決策，往推特的方向跑起來，「就本質而言，推特帶有媒體的屬性，而新浪的優勢正在於此，可以憑藉這個產品進入社區模式」。而陳彤則提出了不同於推特或飯否網的媒體策略：「我們不能首先去打草根牌，也不可能先去打技術牌，這都不是我們最擅長的。我們的優勢就是高端、輿論領袖、明星、各個族群的強人，以及高收入、高學歷、在自己領域有一定地位的人，先把他們抓過來。要根據自己的優勢決定打法。」①

二〇〇九年七月七日，因為觸及敏感性政治事件，王興的飯否網被關閉，中國的推特追隨者突然消失。八月十四日，被定名為新浪微博的產品內部試用上線，八月二十八日正式開放試用。在某種意義上，這是中國輿論市場的「革命日」。

在後來的幾個月裡，陳彤翻開他的電話本，給每一個他認識的名人打電話，懇請他們到新浪來開通自己的微博，而在新浪內部，所有的中高階主管都被下達了「拉人開博」的指標。一名叫姚晨的二線影星，在九月一日就開通了微博，在新浪的全力推廣下，她憑藉率真坦誠的個性獲得大家喜愛，後來竟成為全球擁有最多粉絲數的「微博女王」。到十一月二日，微博迎來了第一百萬名用戶，接下來的一年裡，微博用戶出現了指數級的暴增，二〇一〇年四月二十八日突破千萬大關，由此成為中國最大的公共輿論場。新浪在社交大戰中勇猛地扳回一局。

正如曹國偉所預料的，相較推特在美國的應用，中國的微博服務更多地體現出對現實的觀照。曾經翻譯《數位革命》（*Being Digital*）的媒體觀察家胡泳分析說：「媒體在中國的政治生態中從來都不只是一種表達工具，更是一種解決問題的方式。人們習慣了把媒體視作政府的某種組成部分，把媒體當成了青天。媒體成為權力的某種化身正是這種邏輯推演的結果。

在正常的國家，人們遇到問題了，有立法系統和民意代表、獨立的法院，當然也有媒體。解決問題的方法是多樣的，而在中國往往只剩下媒體。」

微博的狂飆崛起，既是戰略和策略上的成功，同時也是行動技術迭代的產物。

在二〇〇八年底，受金融危機的刺激，３Ｇ牌照提前發放，手機的速度大為提升，由此更加激發了使用手機上網的用戶數量。與此同時，電信營運商為爭奪用戶，展開了激烈的肉搏戰。中國移動宣佈，從二〇〇九年一月一日起大幅下調現行的ＧＰＲＳ數據流量資費標準，其中包月方案普遍降幅達三分之二。這些發生在基礎設施領域的變化，為新浪微博的普及提供了絕佳的天時地利。

不誇張地說，微博是中國進入行動網路時代的第一個全民產品。

二〇〇九年五月十日，剛剛獲得諾貝爾經濟學獎的保羅·克魯曼飛抵上海。一下飛機，他就受到了超級明星般的待遇，在鮮花簇擁下，他被送進一家五星級酒店的總統套房。此時正值中國經濟觸底強勁反彈的時刻，人們非常希望聽到這位以敢於預言而著稱的學者的見解。然而，當他在一週後離開的時候，幾乎得罪了一大半的中國同行和媒體。網易財經專門做了

①出自《南方人物週刊》，〈微博攪動的世界〉，二〇一〇年第四十五期。

一個送別專題──「克魯曼：中國的公敵？」

一九五三年出生的克魯曼少年得志，以研究國際貿易著稱。一九九六年，他是全球經濟學家中第一個預言亞洲經濟可能爆發金融危機的人，因而博得威名。二〇〇一年，他斷言油價將飆漲；二〇〇六年，他呼籲關注美國房價潛在的暴漲暴跌風險；二〇〇八年，他聲稱全球經濟陷入衰退，但能避免崩潰。此次作為一個受邀而來的客人，克魯曼不像他的其他同行那樣，說一些檯面上的客套話，他反而對中國經濟的反彈及其前景都頗不以為然。

在他看來，中國經濟的恢復是虛弱的，官方提供的資料不值得信賴，中國想要透過出口來恢復經濟成長是不太可能的，需要馬上開始著手經濟結構的調整，未來三年將會是中國經濟轉型或過渡的關鍵時期。此外，中國可能是一個匯率操縱國，貿易盈餘政策肯定會帶來很大的貿易緊張，其他國家再也不能容忍中國有這麼大的貿易盈餘。與尼爾．弗格森（Niall Ferguson）提出的「G2」觀點不同，克魯曼認定當今世界最重要的經濟體是美國和歐盟，中國在二十年內無法成為最大的經濟體。在被問及人民幣的國際化時，他更是直截了當地回答說，在他有生之年大概是看不到的。

克魯曼的這些言論激怒了很多中國學者，於是從上海、北京再到廣州，他一路「舌戰群儒」，以致最後得了急性咽喉炎。當他離開的時候，彼此都覺得對方已無可救藥。

毋庸諱言的是，克魯曼並沒有逃脫幾乎所有新凱因斯主義者掉進過的「中國陷阱」：他們往往能精確地診斷出中國的疾病，但是常常給錯藥方，或者做出與未來截然不同的預言。

中國經濟——或者說中國民眾的忍耐性，以及集權制度的效率——對於經典意義上的西方經濟學家而言，是一個無法定量計算的變數。

當這一年結束的時候，我們看到的總體資料是這樣的：

全年國內生產總值三十三兆五千億元，比上年成長八．七％。分別來看，第一季成長六．二％，第二季成長七．九％，第三季成長九．一％，第四季成長一〇．七％，是一條一路飆升的曲線；廣義貨幣（M2）餘額六十兆六千億元，比上年末成長二七．七％；市場貨幣流通量（M0）三兆八千兩百四十六億元，成長一一．八％；金融機構各項貸款餘額四十兆元，全年增加九兆六千億元——同樣是幾條一路飆升的曲線。

稍稍有一點經濟學常識的人都清楚地發現，二〇〇九年的中國成長是靠錢砸出來的。

在這一過程中，最重要的獲益者有兩個：一是國有大型企業，它們得到了「四兆計畫」和「十大產業振興計畫」中的絕大部分貸款和專案；另外一個是銀行，在這次百年一遇的國際金融危機當中，與歐美銀行業受到重創形成鮮明對比的是，中資銀行卻成了「反週期英雄」，在二〇〇八年和二〇〇九年，它們分別實現稅後利潤五千八百億元和六千六百億元，同比增幅超過了三〇％和一五％。

這兩年，一種被稱為「共享經濟」的網際網路模式悄然在北美出現。

二〇〇八年八月，布萊恩．切斯基（Brian Chesky）在矽谷創辦愛彼迎（Airbnb）。它誘導家有空屋的房主把房間掛到網上，提供給那些自助旅行的遊客。這被認為是盤活存量資源的絕佳模式。

二〇〇八年十一月，安德魯．梅森（Andrew Mason）創辦團購網站酷朋（Groupon）。它每天只推出一項折扣很大的商品限時團購，消費者透過社交網絡傳播來積累人數，達到商家的參與人數下限後，即可成功團購商品。

今年七月，加州大學洛杉磯分校的輟學生（又是一個輟學生）特拉維斯．卡蘭尼克（Travis Kalanick）創辦優步（Uber）。有一次他去巴黎旅行，站在路邊久久招不到計程車，於是他突發靈感，想到能否創建一個平臺，把司機和乘客用網際網路的方式連接起來。

這些模式都有一個共同的特徵，就是利用網際網路技術徹底抹平了服務供應商與消費者之間的資訊不對等，從而縮短了交易的路徑；在為消費者提供更便捷和更便宜服務的同時，也顛覆了既有的產業形態。優步在北美和很多國家遭到計程車司機的抵制。

你即將看到的景象是，酷朋和優步將很快在中國出現激進的複製者。

今年的全球電影票房總冠軍，是一部叫《２０１２》的科幻災難片，它的總投資額高達兩億美元，原本計畫在二〇一一年完成上映，可是金融危機突然降臨，好萊塢自然不肯放過這一把賺錢的機會。

據說在馬雅人的預言裡，二〇一二年將是世界末日。《２０１２》講述的是一位父親帶著孩子去黃石公園度假，卻發現曾有美好回憶的湖泊已經乾涸。第二天災難發生了，強烈的地震伴隨大量隕石的墜落，讓熟悉的家園變成了人間煉獄。在地球上的其他地方，各種各樣的自然災害也以前所未有的規模爆發。最後在父親的帶領下，一家人經歷生死考驗，終於到達了一個逃離災難的方舟基地。

在中國，《2012》以四億六千六百萬元票房勇奪年度冠軍。而在放映過程中，最讓觀眾津津樂道的一個話題是，好萊塢導演居然把方舟的製造基地放在了東方的中國。

為什麼？答案有三個：

中國是全球第一的製造業大國，不在這裡，在哪裡？

中國有全球最多的廉價勞動力，不在這裡，在哪裡？

中國是全球電影票房成長最快的市場，不在這裡，在哪裡？

風雲人物●哈兒建館

在二〇〇九年的胡潤富豪榜上，樊建川以十五億元的資產名列第六百九十八位，在四川省排名第二十七位。而此時的他，看上去更像一個不務正業的「高級乞丐」，他的財富在過去的幾年、乃至之後的十年裡再無成長，甚至一直在大幅縮水。

樊建川在成都市大邑縣安仁鎮建了二十四座博物館，收藏文物八百萬件，其中國家一級文物有一百五十三件，大多以「抗戰」為主題。

樊建川出生於一九五七年，父母都是軍人，他高中畢業後下鄉當過知青，後入伍當兵，是連隊裡的特級射擊手。一九七七年恢復高考，他考入西安政治學院，成為改革開放後的第一批由士兵考入軍校的大學生。一九八七年，樊建川轉業回到老家宜賓，在地委政策研究室工作，五年後成為宜賓最年輕的常務副市長。誰料到，就在仕途通達的時候，樊建川辭職下海經商，理由是「薪水實在太低了」。

一九九四年，樊建川創辦建川房屋開發有限公司，很快成了一個億萬富翁，在成都市最繁華的地段，不僅擁有自建的商品房，還有辦公樓、商鋪、加油站。他的財富一度多達二十億元，是四川最富的十個人之一。然而，就在這個時候，樊建川的興趣又發生了轉移。

他決定去建中國的第一座抗戰博物館。在他看來，房地產老闆多一個不多、少一個不少，可是「收藏記憶，收藏苦難」這件事，必須得有人去做。這個人要有決心，要有血性和韌勁，還得要有錢。他被朋友們稱為「樊哈兒」，就是樊傻子的意思。

二〇〇五年八月十五日，抗戰勝利六十週年，樊建川用九個月時間建成了五座抗戰主題館。這期間，他日夜吃睡都在工地上，整個人曬得焦黑，睏了就在紙板上躺兩、三個小時。在博物館的入口處，他豎一石碑，上有八字：國人到此低頭致敬。

自建館之後，樊建川幾乎把全數精力都投入其中。博物館不但是一個極度燒錢的事業，其分類收納更是費人心力。樊建川所感興趣的藏品，沒有一件來自皇家貴族，都是「民間破爛」和敗壞的記憶，其中手寫資料三十噸，書信四十萬封，日記兩萬本，像章百萬枚，聚集於一地，卻可以分明聽見一個民族的滴血吶喊和不屈抵抗。

館中有一面「死」字旗，是四川北川縣王者成送給兒子入伍的禮物。一塊白色的布，中央一個大大的「死」字，左側寫著：「國難當頭，日寇猙獰，國家興亡，匹夫有分。本欲服役，奈過年齡，幸吾有子，自覺請纓。賜旗一面，時刻隨身，傷時拭血，死後裹身。勇往直前，勿忘本分。」抗戰時期，三百多萬川兵死傷泰半，樊建川專門建館紀念。

建川博物館群的一塊空地上，有一個抗戰老兵手印廣場，占地三千平方公尺，以V字形豎立著百餘面玻璃大牆，上面印著五千七百個老兵的血紅手印，他們曾經扣過扳機、扔過手榴彈，揮舞過決死的大刀。樊建川為此奔波各地索求印跡，有好幾次是衝進太平間，從剛剛嚥氣的老兵手上拓下最後的手印。

抗戰時期，曾有四千多名美國軍人在中國的土地上犧牲。為盡可能還原那段歷史，樊建川四處蒐羅美軍在中國的痕跡，找到不少當年的資料、航圖、儀錶等各類物資裝備，建成國內唯一的美軍對華援助博物館。館藏之中有四把特殊的椅子，是樊建川從雲南鄉下偶然蒐得，乃是當年「飛虎隊」墜毀飛機的遺物。

所建館群中，最壯觀的是中國壯士群雕廣場，在一萬平方公尺的偌大廣場上，兩百一十五名中國抗戰軍人森然肅顏，列陣而立，其中有左權、楊靖宇等共產黨人，也有孫立人、劉湘等國民黨將領，甚至包括張靈甫、廖耀湘等爭議性人物。這個廣場曾在媒體上掀起不小的爭議，倔強的樊建川試圖以這樣的民間方式，重現真實的國民歷史。

樊建川建館，沒有要一分錢的國家資金，十多年間投入十多億元，建成中國規模最大的民間博物館群。他最希望看到的結果是，不靠政府財政，也不靠別人的施捨和贊助，博物館就可以自己造血，自己養活自己。在安仁鎮上，樊建川開了古玩店、旅遊商品店、國民大食堂、阿慶嫂茶館、青年客棧等，「門票收入不行，我就賣水、飯、旅遊品、書、光碟，辦夏令營、拓展訓練住宿、會議，慢慢把產業鏈條拉起來，至少在吃喝方面能自食其力了」。

很顯然，棄商建館的樊建川並沒有丟掉他的經商頭腦，所不同的是，他由一個商業企業家衍變成了社會企業家。在本部企業史上，樊建川並非孤例，有很多獲得成功的企業家，在自己的下半場生涯中退出商界，進入非政府公益組織，把多年的經商智慧用於一個公共性的事業。譬如，招商銀行創始人馬蔚華退休後出任壹基金理事長，投資人王兵主理愛佑慈善基金會，房產商任志強和馮侖為阿拉善治沙奔波多年。他們的存在，是中國商業美好的重要構成部件。

樊建川出版過一本抗戰文物圖片資料集，書名為《一個人的抗戰》，這似乎也是這位四川籍企業家的自我期許。

二〇一七年八月，有人在機場拍到樊建川的一張照片，這位年屆六旬的億萬富豪光腳坐在地上，斜挎一包，旁若無人地看著手機，真的很像一個百戰歸來的流浪漢子。

2010｜超越日本

「豈能因聲音微小而不吶喊。」

——自製影音作品《網癮戰爭》

十九歲的河南民工馬向前從富士康觀瀾分廠的高樓一躍而下，沒有留下任何遺言。這是二〇一〇年一月二十三日的凌晨，星月慘澹。

他在三個月前才剛剛被這家全球最大的代工企業錄用，據他同樣也在富士康工作的姊姊透露，馬向前曾經因為不熟悉工作程序，弄壞了幾台設備，因此被產線主管屢屢刁難。在換過好幾個部門後，他被安排去掃廁所。

在後來的幾個月裡，先後有十三位富士康員工跳樓自殺，最年輕者僅十八歲，是為轟動一時的「富士康十三跳」事件。

富士康由郭台銘創建於一九七四年，從一家註冊資金只有三十萬台幣的塑膠模具廠起家，以「量大低價」和操作標準化為核心戰略。郭台銘於一九九〇年進軍中國，利用廉價的勞動力迅速做大，在中國雇工超過一百六十萬人，僅在深圳龍華鎮一地，其勞工規模就達三十萬人。

富士康的工廠一直是一個不允許外人進入的「禁區」，迄今沒有一位新聞記者獲准入內採訪或拍攝。二〇〇六年六月，《第一財經日報》發表了題為〈富士康員工：機器罰你站十二小時〉的報導，首次披露該工廠普遍存在超時加班現象。富士康認為該報導未經調查確認就妄下結論，提告報社編委翁寶和撰稿記者王佑，共計索賠名譽損失費三千萬元，並申請凍結了兩位媒體人的私人銀行帳戶。這是新中國成立以來索賠金額最大的一起訴記者案。①

在跳樓事件發生期間，富士康安排員工去安裝一個鋼鐵防跳網，在施工的工人中有四十六歲的郭金牛。他是湖北浠水縣人，從一九九四年開始就在廣東深圳、東莞一帶打工，從事過建築工、搬運工、工廠普工、倉管等工種，與此同時，他還有一個非常隱蔽的身分——工人詩人。

郭金牛悲傷地發現，當他把螺絲向右擰緊的時候，分明有一個年輕的靈魂尖叫著向左反抗。在安裝防跳網之後，郭金牛用「衝動的鑽石」的筆名，寫出了〈紙上還鄉〉：②

少年，某個凌晨，從一樓數到十三樓
數完就到了樓頂／他／飛啊飛
鳥的動作，不可模仿／少年劃出一道直線，那麼快／一道閃電
只目擊到，前半部分／地球，比龍華鎮略大，迎面撞來

速度，領走了少年／米，領走了小小的白

這是詩歌的第一節。全詩三節，連標點符號共三百五十九個字。寫作此詩的那隻手，也是安裝防跳網的那隻手，這是一個富有隱喻性的細節。一段帶血的當代歷史被精準地凝固，拒絕遺忘。

在世界第一的「中國製造」背後，有一個事實必須被認真地記錄：至少有一億三千萬名像馬向前、郭金牛這樣的農民工，常年背井離鄉。他們領取低廉的收入，在令人難以想像的惡劣生存環境下勞動及生活，他們以極大的犧牲換取了「中國製造」的勞動力成本優勢。在現實生活中，他們是被邊緣化和被漠視的族群，更讓人遺憾的是，人們似乎聽不到他們的聲音，他們與政治家、企業家和文學家之間隔著一道「冰牆」。

很多年後，當人們再度回憶起這段中國經濟崛起史的時候，這些小人物的命運和關於他

---

①富士康與勞工：二〇〇六年六月十一日，英國《星期日郵報》在題為〈iPod之城〉的報導中，披露了富士康深圳代工廠製造iPod所僱用的女工，每天工作十五小時，所得月薪卻只有二十七英鎊（約合人民幣三百八十七元）。這篇報導引起全球關注，並促使多家國際性非政府組織發出號召抵制蘋果產品。八月十八日，蘋果公司針對富士康深圳工廠的狀況發布了一份報告，內稱：調查小組發現，該供應商複雜的工資結構，明顯違反了蘋果公司的供應商行為準則（Supplier Code of Conduct）的相關要求，部份員工平均每週工作時間超出了三五%。

②出自《我的詩篇：當代工人詩典》，秦曉宇編。

們的詩句是不應該被遺忘的。他們是大歷史中的一些小配件，也許微不足道，但若缺失，則其他真相，俱為謊言。

就在河南農民工馬向前跳樓自殺的四天後，二〇一〇年一月二十七日，形容枯槁的賈伯斯穿著一貫的賈伯斯黑色套衫和牛仔褲，出現在鎂光燈下，正式發佈了跨世紀的革命性產品iPad（蘋果平板電腦），而它的最大代工製造工廠正是富士康。

此時的賈伯斯已經病入膏肓，在過去的幾年裡，他憑藉自己對世界天才般的理解，重新定義了智慧行動產品。繼iPhone（蘋果手機）之後，iPad的誕生意味著行動網路時代的到來。到這一年的五月二十六日，蘋果公司的市值飆升至兩千兩百二十億美元，超越微軟，成為僅次於埃克森美孚的全球第二大上市公司。

自一九七三年馬丁．庫珀（Martin Cooper）發明手機之後——那是一個重達三公斤的笨重怪物——從來沒有一家公司能夠活過兩個產品迭代週期。隨著蘋果的崛起，手機領域裡的所有巨人，從摩托羅拉、易立信、索尼、諾基亞到黑莓，都聽到了喪鐘敲響的聲音。

到二〇一〇年，芬蘭的諾基亞公司已經在手機銷量世界第一的位置上獨孤求敗地坐了整整十四年，此時它的全球市場佔有率仍然高達三三％。它在一九九六年就推出了智慧手機的概念機，比蘋果的iPhone早了十年以上。二〇〇〇年，諾基亞的市值是蘋果的二十四倍。二〇〇四年，諾基亞開發出觸控技術，當年度的研發費用高達五十八億歐元，幾乎是蘋果的十二倍。二〇〇七年，諾基亞更是率先在全球推出智慧手機商店OVI，比蘋果的應用商店App

Store早了一年。

可是，長久的成功最終消磨掉了諾基亞所有的創新勇氣，它不敢也無法自我革命。臺灣《商業週刊》在一篇題為〈手機巨人為何倒下？一百分的輸家〉的報導中感慨：「諾基亞犯的錯，就是把自己的優點極大化後，沒留餘地讓自己冒險，最後成為一百分的輸家。」這家偉大公司的殞落正是從二〇一〇年開始的，三年後它被微軟收購。在記者會上，首席執行長埃洛普（Stephen Elop）很感慨地說：「我們沒有做錯什麼，但是還是失敗了。」

在中國市場，如諾基亞式的敗局也正在發生，所不同的是，它們的當量是諾基亞的幾分之一甚至十幾分之一。很快，在非智慧手機時代的所有成功者都將出局，而一個靦覥的網路人將穿著賈伯斯式的黑色套衫和牛仔褲來到舞臺中央，他用一套傳統製造業者完全聽不懂的話術，開始屬於自己的表演時間。

在講述這個網路人的故事之前，我們將用相當的篇幅記錄另外兩個人的搏命廝殺。發生在他們之間的戰爭充滿了中國特色，同時也是行動網路時代到來前的最後一場個人電腦大戰。

二〇一〇年三月五日晚上，深圳騰訊大廈的底層大廳人頭攢動，大螢幕上顯示，ＱＱ在線使用者達到一億人，現場掌聲雷動。此刻距離ＱＱ上線的一九九九年二月十日，過去了整整十一年。二〇〇六年七月，當ＱＱ在線用戶超過兩千萬時，聯席的首席技術長熊明華曾經問馬化騰：「你估計什麼時候可以超過一個億？」馬化騰回答說：「也許在我有生之年看不到。」然而，奇蹟還是不期而至。

就在創世紀般的喜悅之中，沒有一個人嗅到了雷暴來襲的氣息。這場暴風雨的確不容易被察覺，因為它首先表現為一種瀰漫中的情緒。

在網際網路叢林裡，日漸強大、無遠弗屆的騰訊正膨脹為一個巨型動物，它的存在方式對其他的生物構成了巨大的威脅。在二〇一〇年的上半年財務報告裡，騰訊的半年度利潤是三十七億元，百度約十三億元，阿里巴巴約十億元，搜狐約六億元，新浪約三億五千萬元——騰訊的利潤比這四家網際網路巨頭的利潤總和還要多。

種種對騰訊的不滿，如同長刺的荊棘四處瘋長，一場風暴在無形中危險地醞釀。

七月二十四日，各大網站突然被一篇檄文般的長文覆蓋，它的標題十分血腥且爆出粗口——〈「狗日的」騰訊〉。這是兩天後正式發行的《計算機世界》週報的封面文章被提前貼到了網上，在同時曝光的週報封面上，圍著紅色圍巾的企鵝身上被插上了三把滴血的尖刀。

對騰訊的不滿，被歸結為三宗罪：「一直在模仿，從來不創新」、「走自己的路，讓別人無路可走」、「壟斷平臺，拒絕開放」。記者許磊寫道：「在中國網際網路發展歷史上，騰訊幾乎沒有缺席過任何一場網際網路盛宴。它總是在一開始就亦步亦趨地跟隨，然後細緻地模仿，然後決絕地超越……實際上，騰訊在網際網路界『無恥模仿抄襲』的惡名，使其全面樹敵，成為眾矢之的。當越來越多的網際網路企業開始時時提防著騰訊的時候，騰訊將不再像以前那樣收放自如。」

《計算機世界》的這篇報導如同一篇不容爭辯的「檄文」，讓騰訊陷入空前的輿論圍攻之中。

而這顯然還不是致命的。實質性的攻擊發生在中秋節過後的九月二十七日。一家叫奇虎三六〇的公司突然發表大量文章，指控「ＱＱ窺探用戶隱私由來已久」，它以毋庸置疑的口吻譴責ＱＱ在未經使用者許可的情況下，偷窺使用者個人隱私檔和資料。

奇虎三六〇的當家周鴻禕，是一位比馬化騰年長一歲的網路界老兵。他的名字不太好唸，常常被叫成「周鴻偉」，所以就索性整天穿一件紅色T恤，被戲稱為「紅衣主教」。早年的中國網際網路是一個被流氓軟體統治的世界，周鴻禕等人開創了外掛程式模式，在使用者不知情乃至不情願的情況下，將大量的流氓軟體強行安裝進使用者電腦；其技術水準之高，一度連ＩＴ高手都無法卸載。在那一時期，用戶必須每隔三個月就重灌一次系統，而重灌的過程有可能是新的流氓軟體入侵的過程。周鴻禕正是流氓軟體的「教父」之一。

二〇〇七年，周鴻禕進入中國的協力廠商掃毒軟體市場，推出三六〇掃毒軟體，這位當年的「制毒者」搖身成為一位掃毒者。早在一年前，《連線》（*Wired*）雜誌主編克里斯・安德森（Chris Anderson）出版《免費！揭開零定價的獲利祕密》（*Free-The Future of a Radical Price*）一書，他認為「資訊技術的明顯特徵是，在網際網路上任何商品和服務的價格都有一種逐漸趨近於零的趨勢，這就是所謂的免費戰略」。周鴻禕將這一理論適時地運用到了實戰之中，他宣佈三六〇掃毒軟體永久免費。到二〇〇九年底，三六〇掃毒軟體和瀏覽器的使用者暴增到一億六百萬，在安全需求上實現單點突破，迅速覆蓋電腦用戶端。

在今年九月底的這次突襲中，周鴻禕一方面火力全開，揭露和譴責QQ的「窺私行為」，同時「替天行道」，發佈「三六〇隱私保護器」，能即時監測並曝光QQ的行為。

周鴻禕的潑糞式攻擊，如同投擲了一顆超級震撼彈，頓時引起QQ用戶的擔憂和恐慌。在一個公民社會中，隱私被視為人權保障的基本，若騰訊真的如同一位「老大哥」般日日窺視著用戶的隱私，那麼中國的網際網路顯然是一個邪惡的世界，騰訊自然罪不可赦。

到十月二十九日——這一天是馬化騰三十九歲的生日——周鴻禕的攻擊再度升級。他宣佈推出一款名為「扣扣保鏢」的新工具，它能自動對QQ進行「體檢」，具有「全面保護QQ用戶的安全，包括防止隱私洩露、防止木馬盜取QQ帳號以及給QQ加速等功能」。

在騰訊看來，周鴻禕的這一招無疑是釜底抽薪。「扣扣保鏢」如同在騰訊QQ帝國的門口安排了一隊保鏢，只有經過他們的「體檢」和許可，用戶才能使用所有的QQ產品。在短短的兩天時間裡，扣扣保鏢已經截留了兩千萬名QQ用戶。在馬化騰看來，「扣扣保鏢」是如假包換的「非法外掛」，「這是全球網際網路罕見的公然大規模數量級用戶端軟體劫持事件」。①

騰訊向深圳公安局經濟偵查分局報案，同時向北京的工信部投訴。可是接到報案的公安部門根本不知道發生了什麼事情，而工信部也對騰訊的投訴一頭霧水，現行法律完全跟不上超速進化的網際網路競爭行為。

十一月三日，馬化騰做出了「一個艱難的決定」，在裝有三六〇軟體的電腦上停止運行QQ軟體。他發出一封致全國網民的公開信，同時推出一個「不相容頁面」，所有使用者面對「移除QQ」和「移除三六〇」兩個選擇鍵，必須進行「二選一」。周鴻禕迅速做出反應，發佈致網民緊急求助信，「懇請」用戶能夠堅定地站出來，「三天不使用QQ」。

在這場歷時一個多月的「三Q大戰」中，雙方劍來刀往，招招死穴，數億網民被迫捲入，網際網路秩序大亂，一片沸騰。

在中國網際網路史上，三Q大戰具有里程碑式的意義，也是個人電腦時代最為血腥的「最後一戰」。它證明在一個法治缺失的時代，叢林法則是唯一公約，而任何以「公平」的名義發動的戰爭，最終都是為了實現另外一種壟斷。對壟斷的厭惡及迷戀，如同人的本性一樣，根深蒂固而難以更軌。

經此一役，中國網際網路公司之間的互相屏蔽現象，不但沒有得到緩解，甚至愈演愈烈，終而成為一種難以更改的常態。在以後的行動網路時代，無論騰訊、阿里巴巴、百度，還是其他具有平臺性質的公司，追求壟斷及屏蔽對手，成為它們最慣常的競爭法門。②

---

①出自中國企業家網，〈馬化騰七大回應：戰鬥與反思〉，二〇一〇年十一月十日。

②在商業世界，壟斷一向充滿了辯證的爭議性。一方面，對壟斷的讚美是不正義的。另一方面，壟斷則是人人可望追求的境界，很多人悄悄地認同彼得．提爾（Peter Thiel）在《從0到1》（Zero to One）一書中的觀點：「好企業建立壟斷，競爭留給失敗者。」

在三Q大戰中，真正獲得實際利益的是周鴻禕。他的冒險取得了空前的商業成功。大戰之後，他的知名度暴增，成為顛覆式創新的標誌人物，三六〇使用者非但沒有減少反而增加。周鴻禕借勢更進一步，迅速啟動上市計畫。二〇一一年三月三十日，奇虎三六〇在美國紐約證交所上市，融資一億七千五百萬億美元，當日市盈率高達三百六十倍，一度成為市值第三的中國網際網路上市公司。

如果說，周鴻禕是浴血突襲，僥倖殺出，那麼在二〇一〇年，則有一個人春風快馬，取得了輕騎兵式的勝利。

二〇一〇年的四月，柳絮如雪花飛揚的京城，晨起的人們突然發現，幾乎所有的公車候車亭都被一則清新的廣告佔領了：「愛網路，愛自由，愛晚起，愛夜間大排檔，愛賽車，也愛二十九塊的T恤。我不是什麼旗手，不是誰的代言，我是韓寒，我只代表我自己。我和你一樣，我是凡客。」韓寒是「八〇後」青年文學偶像，而凡客是一個陌生的服裝電商品牌，它的創辦人陳年無疑是今年最炙手可熱的新晉網路明星。

一九六九年出生的陳年在二〇〇二年就進入了網際網路，當時是圖書銷售網站卓越網的總編輯。二〇〇四年九月，卓越網被賣給了亞馬遜，離職後的陳年創辦了遊戲道具交易平臺我有網，那是一段不成功的經歷。二〇〇七年，一種在網上賣襯衫的B2C模式突然走紅，陳年迅速拷貝，創辦凡客誠品。他利用自己的人脈，在很短的時間裡就完成了四輪融資，總計超過四千萬美元，至少有六家風險投資機構參與。凡客可以說是第一家矽谷式、被風投用錢「燒」出來的知名網際網路公司。

凡客是典型的網路直銷模式，陳年從最輕快的男士T恤和帆布鞋切入，從工廠直接採購，然後透過密集的廣告轟炸，分別以超低的二十九元和五十九元價格售賣。

陳年還推出了很多在傳統業者看來不可思議的行銷策略，他宣佈運費全免、二十四小時送貨、三十天無條件退換貨且運費由凡客承擔。此外，他還將亞馬遜發明的CPS（Cost Per Sales，按銷售產品分潤）投放模式首次引入中國，讓眾多網站聯盟成員與凡客結成利益共同體——產品的熱銷也激發了分潤網站的推廣熱情。在理論上，陳年分別吃到了「中國製造」和電商崛起的兩大紅利，他對凡客的定義是：「凡客首先是一家品牌公司，其次是一家資源組織公司，再次是一家服務公司，最後是一家技術公司。」①

在二〇一〇年，凡客取得了非凡的成功，當年度賣出三千萬件襯衫，幾乎是最大的傳統襯衫企業、創建時間超過三十年的雅戈爾的五倍多，震驚了整個中國服裝業。它的成功具有教科書般的意義，啟迪了無數的後來者。一位服裝企業老闆去凡客參觀後，很感慨地說：「我們做生意，算的是銷售額、毛利率，凡客算的是獲客成本、複購率。我們都是在賣T恤，但

① 出自財新網，〈陳年：凡客團隊「接住了」考驗〉，二〇一二年二月二十九日。

玩的是兩個遊戲。」

二〇一〇年底，陳年完成第五輪融資，公司估值十億美元，雄心萬丈的陳年對《時代週報》的記者說：「我希望將來能把ＬＶ收購了。」

凡客在二〇一〇年的橫空出世，意味著電商的引爆點時刻到來。它不是一個孤立的事件，在這一年的淘寶「光棍節」，張勇實現了九億七千萬元的銷售額，比上年暴漲十多倍。李國慶的當當網在美國上市，市值高達九億三千五百萬美元。劉強東的京東商城實現銷售額突破一百億元。由美國團購網站酷朋發明的團購模式被引入中國，在飯否網上折翼的王興於今年三月創辦美團網。溫州外貿商人沈亞創辦的唯品會，靠著「名牌折扣＋限時搶購」的閃購模式，在今年取得近一百萬單的生意，並獲得了風險投資。出生於一九八三年、剛剛從美國史丹佛大學拿到ＭＢＡ文憑的陳歐，歸國創辦了化妝品特賣商城聚美優品，他將在四年後去紐約證交所敲鐘，成為該所兩百二十二年歷史上最年輕的上市公司執行長。

與此對比的是，一度高速發展的國美和蘇寧陷入停滯的瓶頸。國美受黃光裕入獄影響陷入混亂和內鬥，蘇寧的一千三百四十二家門市出現史上第一次業績下滑，張近東的「全國三千店」夢想已無實現的可能。幾乎所有的中國服裝和家電公司，都陷入銷售乏力的可怕困局，此消彼長之間，人們看到了新時代的到來。

在二〇一〇年，中國企業界發生了一起股權糾紛大博弈，它日後將出現在商學院的課堂上。

今年的五月十一日，國美電器在香港召開股東周年大會。幾乎所有人都認定，這不過是「例行公事」。但是出現的景象卻出乎人們的預想：在董事會提出的十二項決議中，居然有五項遭到否決，其中包括委任貝恩資本合夥人竺稼等三人為執行董事的議案，而投出否決票的，正是身處獄中的大股東黃光裕及其妻子杜鵑。十二個小時之後，國美緊急召開董事會，又宣佈將股東大會的決議推翻。至此，國美的權力內鬥暴露在公眾面前。

事件的脈絡大抵是這樣的。自二〇〇八年底黃光裕入獄之後，被國美收購的永樂的創始人陳曉出任國美董事長。他迅速穩定了局面，並透過縮店精簡，實現了利潤的逆勢成長。在他的主導下，國美於二〇〇九年五月引入貝恩資本為戰略投資人，後者成為持有九．九八％股份的第二大股東，從而改變了這家公司的權力格局。

在陳曉和貝恩看來，被判入獄十四年的黃光裕及其家族，已經成為國美的「負資產」。他對《中國企業家》的記者說：「這個階段不用太關注他（黃光裕）怎麼想了。只要我們的宗旨是為企業好，只要企業好的事情，所有的股東都應該支援。」在「去黃化」的戰略設想下，陳曉決意大力改組董事會。

然而在黃光裕家族看來，這無異於忘恩負義和「無恥的背叛」。自國美收購永樂後，陳曉即被任命為集團總裁，黃光裕在自己的辦公室對面為他安排了「完全對稱，一樣大小，裝修一樣豪華」的辦公室，自己的座車是邁巴赫，為陳曉配的也是同樣的車，一左一右停在鵬潤大廈門前的專用車位。黃光裕的胞妹黃燕虹甚至回憶說，黃光裕考慮到陳曉是南方人，可能吃不慣北方的飲食，囑咐家裡的廚師每天做飯的時候多做一份，並給陳曉送到辦公室。

此時，陳曉的「去黃化」點燃了黃氏家族的怒火。黃光裕夫婦仍然持有三一・六％的國美股份，自然不肯輕易就範。從七月十九日起，黃家開始跟國美董事會談判，希望陳曉等人退出董事會，大股東要把能夠代表自己利益的代表選為董事。

在這期間，雙方各自拉幫結派。陳曉宣佈和海爾達成三年總採購金額五百億元的戰略合作協定，他還飛赴新加坡、美國、英國等各國，進行了長達二十天的路演（Roadshow），希望贏得更多國際投資人的支持。黃光裕夫婦則得到了潮汕幫商人的力挺，他們的支持手段非常「簡單粗暴」，就是捧著現金去香港聯交所，大量購入奄奄一息的國美股票。

談判一直持續到八月下旬，雙方關係徹底破裂。黃光裕在獄中發佈聲明要求罷免陳曉，理由是「陳曉乘人之危，陰謀竊取國美人共同的歷史成果和未來的事業發展平臺」。緊接著，國美董事會宣佈起訴黃光裕，指控他在一筆涉及二十四億港幣金額的回購股份行為中，違反公司董事的信託責任。劍拔弩張之間，衝突愈演愈烈。

九月二十八日，雙方把命運交給了全體股東，國美電器在香港召開特別股東大會，就相關決議公開投票表決。結果，大股東黃光裕提出的撤換董事局主席陳曉的動議未獲通過，黃家推薦的替代人選也未能進入董事會，但逾半數股東支持黃光裕提出的取消董事會增發授權之動議。股東的心理天平傾向於悲情的黃氏家族。

國美之爭落幕於二〇一〇年十一月十日，國美突然發出公告，稱雙方已達成和解。黃家代表順利進入國美董事會。三個月後，陳曉辭職，在一份國美內部文件中有這樣的語句：「陳曉先生以私人理由辭去董事會主席一職是一種理智的行為，也是國美股東的共同選擇，只可惜走得太晚了……」

國美的控制權之爭，引起了企業界廣泛的關注，它遭到了多重的解讀。有人將之看成是傳統家族企業與公眾公司治理制度的角鬥，也有人視之為大股東與職業經理人的權力分配分歧，還有人則聚焦於戰略投資人應如何扮演權衡的角色。應該肯定的是，這場權力爭奪戰始終沒有超出法治的範疇，這應該感謝香港資本市場的透明和中立立場。

在經歷了兩年的痛苦調整之後，美國經濟逐漸走出低谷。①然而金融危機所形成的海嘯效應並沒有停止，從新大陸迅速地向「老歐洲」蔓延。在今年，一個只在歷史讀物中經常出現的國家希臘，突然頻繁地登上國際媒體的頭版頭條。

①《時代》雜誌認為，「美國經濟從二〇一〇年秋季起，就停止了失業率繼續增長的趨勢。加工業越來越活躍，零售業也變得越來越強，今年總體經濟在朝GDP增長三%的方向上前行，通膨率很低，股市表現良好。所有這些都預示著，歐巴馬政府在緩解嚴峻經濟形勢、阻止失業率繼續上升方面，已經取得了成果。」出自〈工作在哪裡：復甦中的正確位置〉（Where the Jobs Are:The Right Spots in the Recovery），二〇一一年一月十四日。

如今的希臘，只是地中海邊上一個風光妍麗的小國，以旅遊和港口為主要收入。全球蕭條徹底摧毀了它的經濟體系，青年失業率居然超過五〇％。二〇〇九年十二月，全球三大信評公司集體下調希臘主權信用評等，其中穆迪更是直接下調四級，將其定為「垃圾級」。希臘總理只剩下「耍無賴」的本領，他公開表示完全沒有能力償付欠債，如果得不到援助，希臘即將破產。

二〇一〇年五月三日「歐洲大哥」德國內閣緊急批准了兩百二十四億歐元的援希計畫；一週後，歐盟批准了七千五百億歐元的希臘紓困計畫。

希臘的國債危機只是一個縮影。在歐洲，與它處境相似的國家還包括西班牙、義大利、愛爾蘭和葡萄牙。據巴克萊資本的計算，僅美國銀行業在這五個國家的曝險部位（Risk Exposure）就達一千七百六十億美元，它們被統稱為「歐豬五國」（PIIGS）。①

歐洲的衰落已經不僅僅是一個理論上的名詞了。有很多經濟學家認為，歐元是一個糟糕的發明，它的取消只是時間問題。有些國家則開始討論是否還要留在千瘡百孔的歐盟大家庭，譬如海峽彼岸的英國。

與愁雲密佈的「老歐洲」相比，中國的經濟表現仍然是讓人羨慕的。

二〇一〇年，中國的GDP成長創下一〇．六％的高峰，總量達到四十一兆三千億元。這意味著中國首次超過日本，成為世界第二大經濟體。

對於每一位中國人來說，讀到這裡的時候，都會生出一個長長的浩歎。

這是一個令人無限感慨的歷史性超越。從十九世紀六〇年代開始，這兩個東方國家幾乎同時開始現代化改造，一個徘徊糾結，一個「脫亞入歐」，在一八九四年的甲午戰爭中，「蕞爾小國」戰勝老大帝國，導致東亞政治局勢的全面改觀。在後來的半個世紀裡，仇恨的淚水和鮮血填滿了整條日本海峽。到二十世紀四〇年代後期，隨著日本戰敗，兩國貌似又重新回到了相同的起跑線。在一九五六年，中日的經濟總量幾乎相同，可是在後來的二十年裡，一個陷入意識形態的爭鬥，一個全速發展經濟，竟然又拉大了距離。自一九七八年以來中國的改革開放，在相當長的時間裡，是對日本模式的追慕，甚至連「總設計師」鄧小平也是在參觀日本公司後，才切身體會到「什麼是現代化」。自一九六八年以來，日本堅守世界第二大經濟體寶座長達四十二年之久。

中國的經濟總量在今年對日本的超越，如同去年汽車產銷量對美國的超越，是一個不可逆的歷史性現象，在全球媒體界引起了很大的討論。

「中國崛起，日本衰落」，這是《華爾街日報》的標題。在美國人看來，「這一消息標誌著一個時代的結束，它標誌著作為全球成長引擎的中國和日本分別開始崛起和衰落。對美國來說，日本在某些方面是經濟對手，但同時在地緣政治和軍事方面一直是同盟，中國卻在

---

①因這五個國家的英文國名，Portugal、Italy、Ireland、Greece、Spain，首字母組合PIIGS類似英文單字「豬」（Pigs），故名。

各方面都是潛在的挑戰者」。在這篇報導中，記者也描述了一個微妙的細節，北京的六十五歲退休公務員鄭茂華對該報記者說：「可能有人對此感到激動，但我不是其中之一。這種GDP的成就無法反映這個社會國富民窮的實情。」①

在日本，反應則相對的多元和複雜。著名電視主持人田原總一郎對日經新聞說：「日本人過年，嘴巴裡含著生魚片也在議論中國經濟，中國的每一個舉動都牽動著日本人的神經。」經濟學者伊藤隆敏說：「我們一些人很懷念日本遭受抨擊的那個時代，我們當時很不滿，但被忽略比被抨擊還要糟糕。」東京都知事石原慎太郎——他是著名的鷹派人物、超級暢銷書《日本可以說不》一書的作者——此刻很是傷感：「考慮到中國不斷膨脹的GDP和較大的人口規模，日本自然是會被取代的。日本衰退的其他各種跡象，在這種背景下太過突出。」

態度較為樂觀的日本人也為數不少，畢竟在人均GDP的意義上，中國只有日本的十分之一。而在大公司的技術競爭力上，日本仍然有顯著的先發優勢。有學者認為：「GDP猶如一本存摺，存款的加減本身並無意義。問題的關鍵在於社會能否持續發展，國民能否安居樂業。」②

二〇一〇年五月一日，第四十一屆世界博覽會在上海舉辦，有二十個國家的元首到場，兩百四十六個世博展館，在六個月內吸引了七千三百零八萬人入園參觀。美國加州大學的歷史學教授華志堅（Jeffrey N. Wasserstrom）出版了新書《全球化的上海，一八五〇～二〇一〇》

（*Global Shanghai, 1850-2010*），他寫道：「很多大國的興起，都會完成這樣兩步：舉辦奧運會和世博會。而這次的上海世博會完成了這具有歷史意義的第二步。同時這也代表著上海的新生與復興。」

上海曾經是遠東最大的工商業城市，然而在很長的時間裡卻如一個沒落的東方貴族，即便是改革開放的前十多年，仍然步履艱難。然而，進入二十世紀九〇年代中期之後，它迅速地恢復了自己的活力。到二〇一〇年，這裡已是全國最大的金融中心和跨國公司總部聚集地，上海港的貨櫃噸數超過新加坡，躍居為世界第一大港。③上海以占全國不到二%的人口、〇．〇六%的土地，貢獻了全國八分之一的財政收入。④

在世博園的中國國家館內，有一幅高科技版的〈清明上河圖〉。這幅五．二八公尺長、〇．二四公尺寬的北宋名畫，被放大到長一百二十八公尺、高六．五公尺的立體轉折造型銀幕上，

①出自《華爾街日報》，〈中國崛起，日本衰落〉（Rising China Bests A Shrinking Japan），二〇一一年二月十四日。

②出自人民網，〈時評：一分為二地看待中國GDP總量世界第二〉，二〇一一年二月二十一日。

③上海港：一八四三年開港，一八五三年超過廣州成為中國最大的外貿口岸。二十世紀三〇年代，上海港的年貨物吞吐量位居世界第七位。二十世紀五〇年代之後急速萎縮，到一九八〇年，港口貨物吞吐量在全球僅排在第一百六十名。九〇年代中期重新崛起，二〇〇六年，貨物吞吐量躍居世界第一，二〇一〇年，貨櫃吞吐量居世界第一。

④上海的焦慮：儘管經濟成就卓著，可是上海的民營企業及網路產業的發產卻不樂觀，創業氛圍與浙江、深圳等地不可同日而語。在二〇〇八年，當地媒體曾熱烈討論「上海為什麼出不了馬雲」。這個焦慮，迄今無解。

原作中五百八十七個人物也被增加到一千零六十八個，現代投影和電子動畫技術讓十一世紀汴梁的繁華生活復原再現：搖櫓聲、喊船聲、叫賣聲和駝鈴聲，把人們拉進了時光的千年隧道。

對日本的超越和世博會的舉辦，都為今年的中國經濟塗抹上了一層玫瑰色的光彩。不過關於經濟成長方式的爭論，卻沒有因此而消失，反而變得越來越尖銳。

對於中國經濟在此次全球金融危機中的逆勢表現，即便在國內的經濟學界和產業界，也有很多不同的聲音，其中最尖銳的批評是，上兆資金都給了國有企業，而民營企業被邊緣化。①

八十歲的經濟學家吳敬璉批評說，四兆經濟振興方案實際上打壓了民營企業，不僅沒有拉抬民間投資的作用，還產生了擠出效應，引發「國進民退」。他引用調查數據說，七〇%以上的技術創新都出自小企業，「如果我們熱心於創新的話，一定要幫助小企業上來，給它們信心」。

在吳敬璉看來，從二〇〇八年底到二〇〇九年的政策取向，實際上，是對二〇〇四年那次宏觀調控政策的又一次固化。它最終呈現為三個特點：第一，「宏觀調控以行政調控為主」成為政策主軸，「看得見的手」變得越來越強大；第二，經濟成長主要倚靠巨量投資，而不是著力於轉變成長模式和產業升級；第三，國有企業，特別是大型中央企業得到偏執性的扶持，民營企業幾乎顆粒無收。

在二〇〇九年的四兆投資中，到底有多少被分配給了國有企業部門，一直是一個謎。有人猜測是九五％，有人說是八〇％，這大概是一個永遠無法計算的數字；但是民企集團的被邊緣化，則是一種顯而易見的集體心理。聯想的柳傳志在一次發言中坦言：「這塊蛋糕民企沒有拿到什麼，基本分到國企，我們民企根本沒有打算拿這錢。」②

在本部企業史上，二〇一〇年是民營企業心態的轉折之年。沮喪和不滿漸漸發酵成整個階層的不安全感，對實體產業的投資熱情開始下降，身分和財富轉移漸成活躍的暗流。自此之後，民企業者聚會，常常會不由自主地討論兩個私密話題：孩子去哪裡留學？自己往哪裡移民？而這在之前是不常見的情況。根據胡潤的富豪報告顯示，財富階層的大規模移民正是從二〇一〇年開始的，其中很多人以投資移民的方式投奔美國、加拿大和澳大利亞。二〇一〇年有七百七十二人移民美國，二〇一一年猛增為兩千四百零八人，二〇一二年為六千一百二十四人，兩年的成長率分別為三．一倍和二．五倍。二〇一五年，美國政府共簽發九千七百六十四張投資移民簽證（EB-5），其中中國大陸佔了八千一百五十七張，比例高達八三％。③

① 根據北京清華大學歐陽敏和彭玉磊的研究，四兆計畫導致了GDP上升三．二％，起到了極強的刺激性作用，不過就長期而言，政策效應是暫時的。
② 出自柳傳志在第一屆鳳凰財經峰會上的發言，二〇一二年十二月十六日。
③ 根據波士頓諮詢公司的調查，大量投資移民帶走了大量資金。二〇一一年，個人可投資資產超過六百萬元的中國人，在中國擁有約三十三兆的資產，其中兩兆八千億的資產已經移轉到海外，約佔中國當年度GDP的三％。

很顯然，中央政府也敏感地注意到了這一動態。五月十三日，國務院發佈《關於鼓勵和引導民間投資健康發展的若干意見》，內容共計三十六條，因為在此前的二〇〇五年也發佈過幾乎相同的三十六條鼓勵和引導意見，於是後者被稱為「新三十六條」。與五年前相比，「新三十六條」對非公有資本的開放力度更大，允許和鼓勵民間資本以獨資、合資、合作和參股等方式進入電力、電信、鐵路、民航、石油、公路、水運、港口碼頭、機場、通用航空設施等領域。

但是政府的善意並沒有得到正面回應，反倒是引起了更大的不滿和討論。人們發現，五年前的「三十六條」幾乎沒有一條得到確鑿的落實，而「新三十六條」則更像是一根聊以安慰的棒棒糖。中國民（私）營經濟研究會研究員歐陽君山，對《中國新聞週刊》的記者說：「『新三十六條』極有可能像五年前的『老三十六條』一樣，口惠而實不至，最後也流於以文件落實文件。很簡單，基本面的力量支撐不足。除非國有資本能適時退出，或者非經濟因素更少地干預市場，民營資本才會真正迎來希望。」

就在「新三十六條」頒佈的一週後，在中央統戰部禮堂舉行了一場關於「新三十六條」的座談會，《中國新聞週刊》的記者記錄了當時與會者的表現。

新華聯董事局主席傅軍抱怨說，自己的公司曾想搞國土整理一級開發，卻被一些省分的城市告知，非國有資本不得參與。而後，他又試圖帶領公司在小額貸款領域有所突破，也遭遇到類似條文限制。最後，當他們公司計畫做點油氣開發專案投資時，厄運再次降臨。傅軍的遭遇顯然並非個案。他的一席話立即得到與會其他民營企業家的共鳴。許多人表示，在戰略性的新興產業，比如風力、太陽能發電等原先由民間投資占主導的競爭性領域，也出現了國資快速進入，進而擠出民間投資的情況。

民進中央經濟委員會副主任、溫州中小企業協會會長周德文在發言中說，過去的糟糕經歷，讓很多浙江民企老闆和手握資金的投資客心生膽怯，「一是礦產資源型的投資不能做了，像對煤礦的鼓勵投資都可以這樣任意將其剝奪，那投資金礦、內蒙古和新疆的油田等也是一樣的，國家想收回隨時都可以收回，那大家誰還敢去投資」。①

全國政協副主席、全國工商聯主席黃孟複說，國務院應有一個部門和一個領導專門負責牽頭制定「新三十六條」實施細則，而國資委，應該提出一個放開壟斷行業、吸引民間投資的政策意見。新奧集團董事局主席王玉鎖更是說得直接，民資新政，「不能不了了之」。

在此次座談會上散發出的不信任感並非空穴來風，後來的事實證明，「新三十六條」果然如同五年前的那個文件一樣，仍然是收效甚微。

由於經濟復甦得益於大規模的基礎設施投資，從而帶來了兩個伴生性現象。

---

①出自《中國新聞周刊》，〈打破民營准入「玻璃門」，首先是壟斷的退出〉，二〇一〇年六月。

其一是外匯存底的激增，以美元為計算單位的外匯存底，從二〇〇八年底的一兆九千四百億猛增到二〇一〇年底的兩兆八千七百億，兩年間足足增加了將近一兆美元。這一景象引起了西方世界極大的恐懼，他們認為中國正在發動一場貨幣戰爭。《經濟學人》在十月的報導中寫道：「在瀰漫的硝煙背後，世界上目前實際上存在著三場戰爭。其中最大的一場戰爭是圍繞著中國不願意讓人民幣迅速升值展開的。美國和歐盟的官員們已經強硬地指責人民幣低估的匯率導致了『破壞性的災難後果』。上個月，美國眾議院以壓倒性多數通過了一項法案，此法案旨在對低估本幣匯率的國家徵收特別關稅。」①

其二則是房產和農副產品價格的暴漲，後者甚至創造出了一些讓人啼笑皆非的新名詞。五月二十一日，《二十一世紀經濟報導》發表了一篇題為〈大蒜之鄉炒客絡繹不絕，囤蒜商獲利過億元〉的現場報導。記者在山東省濟寧市金鄉縣南店子大蒜交易市場看到，「馬路兩側，停靠著數十輛散發著大蒜氣味的重型卡車」。就在四月中旬，這裡的大蒜價格從每公斤三．九元一舉衝高到六．四元。受炒作影響，北京八里橋批發市場大蒜價格從每公斤八元漲到十二元，大型超市裡的蒜價更是達到每公斤二十元。驚呼於蒜價的暴漲，記者發明了一個新名詞——「蒜你狠」。

「蒜你狠」一點也不孤獨，因為還有「糖高宗」——自五月十八日以來的五個月內，白糖期貨價格上漲了四一．四六%，其間的十月八日到二十八日的短短二十天裡，白糖的價格從每噸五千七百元持續上漲至六千九百元左右，每噸上漲約一千兩百元，漲幅創造了同期合約的最高價；「薑你軍」——生薑價格扶搖直上，在濟南的零售價近十四元／公斤，逼近豬肉價格，創十多年以來新高；「豆你玩」——綠豆價格殺到七元／斤，同比上漲三五%；「玉米瘋」——玉米收購均價達到一千九百九十九元／噸左右，比上年同期上漲逾四百元／噸，漲幅達到二六%；「油它去」——國內食用油零售價明顯上漲，金龍魚、香滿園、胡姬花等品牌食用油平均漲幅在一五%左右；「蘋什麼」——蘋果價格同比漲兩成，去年陝西紅富士批發價一斤二·八元，今年漲到四元一斤……

當大蒜和蘋果的價格都已經如此瘋狂的時候，房價的上漲則似乎更是「題中之義」了。根據中國指數研究院的報告，北京市的平均房價在二〇〇九年一月時是一萬四百零三元／平方公尺，到二〇一〇年底已經衝到兩萬兩千六百九十元／平方公尺，而上海的同比資料是從一萬一千兩百一十二元漲到了兩萬三千一百八十六元，兩年漲幅都超過了一倍。

物價的非理性上漲導致了民眾心態的變化，尤其是剛剛步入社會的「八〇後」年輕族群的極大恐懼，在京滬等大城市出現了一個新名詞，曰「裸婚」，即「無房、無車、無鑽戒、無婚紗、無存款」等諸多「無」的婚姻。

在今年，收視率最高的電視劇是《蝸居》，它描述了一對姊妹來到上海，一心希望可以

①出自《經濟學人》，〈如何停止一場貨幣戰爭〉（How to Stop A Currency War），二〇一〇年十月十四日。

擁有自己的房子卻遭遇無數挫折的無奈故事。其中有個片段，妻子為攢錢買房，天天給丈夫吃麵線，丈夫終於受不了了，要求能不能吃一頓速食麵，妻子對丈夫說：「一畝土地兩頭牛，老婆孩子熱炕頭，但是你得先有土地呀，有了土地有了牛，才能招來老婆才能生孩子呀，連農民都懂的道理。」

十一月十九日，《中國青年報》做了一個關於「幸福和房子的關係」的線上調查，八成調查者認為「幸福和房子有關係」，這部分人中又有六九．九％認為「房子是幸福家庭所必需的」。

二〇一〇年十二月二十四日，《南方人物週刊》按慣例公佈「年度人物」，今年它把這個榮譽給了「微博客」。

儘管微博的興起與娛樂明星的參與密不可分，然而它的大眾化則有賴於各階層的集體捲入。越來越多的年輕人開通了自己的微博，在這裡表達他們對生活中的公共事務的看法，企業在微博上重建自己的品牌陣地。甚至，官辦媒體和各級政府部門都把微博當成新的傳播和政務公開的窗口。全民性的參與，使得微博成為中國最熱烈的輿論廣場。

《南方人物週刊》認為，微博的現實就是中國社會的寫實，「在一個個喊冤求助的帖子背後，是渴求解決問題的心；在一條條帶著強烈情緒發洩的微博後面，是無數壓抑已久的靈魂；在名人的打情罵俏裡面，透露的是名利場的百態。這分明就是一個微型的社會圖景」。

這本雜誌還以編年體的方式記述了本年度內值得記錄的一系列微博事件，與經濟有關的公共事件包括山西疫苗案、王家嶺礦難、南京化工廠爆炸和宜黃血拆事件等。

其中，宜黃血拆是今年新浪微博上最廣為人知的公眾事件：九月十日，在江西撫州市宜黃縣鳳崗鎮，三十一歲的女兒鐘如琴、五十九歲的母親羅志鳳、七十九歲高齡的大伯葉忠誠，為保衛自己的家園不被強拆以自焚抗爭。此後，鐘家女兒鐘如九多方尋求媒體幫助，當地政府卻百般阻撓。網友在微博上展開了救援與愛心接力活動，先是借助微博的多方傳播，使當地政府有所收斂，再是透過微博令鐘家得到了國內一流的燒傷科醫師救助。

到二〇一〇年的十月底，新浪微博的註冊用戶突破五千萬人，在聲望上達到了巔峰時刻。「圍觀改變了中國。」《新週刊》在年底的封面報導中寫道。「一百四十個字的微力（威力）真的有這麼大嗎？中國的網民們驚喜地發現，微博的魅力至少在於兩點：一是它使不會寫文章的人也可以輕而易舉地運用，尤其適合口語、多話和在網上流連忘返的遊蕩者；二是它可以像發送簡訊一樣從手機接入，而圖片也可以用彩信的方式上傳。」

新浪微博創造了一個網際網路上的「公共廣場」，它在過去一年多裡所攪動的輿論潮流，極大地激發了民眾參與公共事務的熱情，同時帶有狂暴和近乎失控的原生態特徵。日後來看，二〇一〇年的微博世界，竟是最後一次的廣場草根狂歡。

風雲人物

「大炮」開博

一隻破球鞋扔向正興致盎然的演講者，擦著臉就過去了。接著，是另外一隻。

事情發生在二〇一〇年五月七日。這天下午，在大連舉辦的一場房地產千人論壇上，當華遠地產董事長任志強上臺的時候，一位二十五歲的年輕人用這樣的方式表達了自己的不滿。他大學畢業後在市內上班，由於房價太高，仍然和父母住在一起，因為買不起房子的緣故，他先後交往的兩個女朋友最後都離開了他。

任志強就這樣被扔出了名。今年還有人在天涯網上評選「全國網民心目中最欠扁的人」，排在第一的是日本首相小泉，第二名是陳水扁，第三名就是任志強。

出生於一九五一年的任志強是一個「紅二代」，其父曾擔任商業部（商務部前身之一）副部長，他的企業華遠地產也是一家國有企業，在風潮湧動的房地產業不顯山不露水，做得並不突出。不過，他卻因言辭坦率而出名。

愛讀書的任志強對中國的房地產市場有自己的看法，並形成了一套足以自圓其說的理論。在他看來，這個畸形行業的所有弊病都是土地國有化造成的，因為國家控制了供給權，從而使得土地具備了類貨幣的性質，成為政府調節總體經濟和財富分配的重要籌碼。因此，在城市化的大週期中，房價將持續上漲，老百姓除了買房、買房、再買房，幾乎沒有任何可以抵抗的能力。當有人認為八五％的中國家庭買不起房時，他很不屑地回答說：「買不起房為什麼不回農村？」①

基於這樣的邏輯，任志強成了房價上漲派的堅定擁護者，這也是他被扔鞋的原因。

任志強原本與網際網路沒有關係，他不懂上網，不會用鍵盤打字，幾乎可以說是一個網盲。用他的好朋友，也是地產商的潘石屹的話說：「他不斷接受媒體採訪，因為每一個人的表達不同，透過記者寫出來總有些出入，所以在我認識他的過去好多年時間，他就天天在發脾氣，說他們斷章取義了，發脾氣。」②但是微博和智慧手機的出現，「解放了任志強」。他突然發現，在手機螢幕上打幾十個字，就能夠把自己的想法直接告訴很多人。

正是在潘石屹的鼓動下，任志強開通了自己的微博，從而愉快地走上了一條老年網紅的道路。他成了一個重度的微博迷，幾乎隨時隨地都在「發微博或在發微博的路上」。在任何場合，他都旁若無人地摘下老花眼鏡，埋頭看微博或寫微博。在短短的五年多時間裡，任志強發了几萬多條微博，平均每天五十條左右。這為他帶來了驚人的三千七百萬名粉絲——儘管微博的粉絲數虛胖程度嚴重，但任志強的影響力卻是真實的。

在微博的世界裡，任志強的真性情和鮮明個性吸引了很多人。他會跟意見不同的人持續

①出自南方網，〈買不起房為什麼不回農村？任志強驚人語錄是怎樣煉成的〉，二〇〇九年十二月十一日。

②出自新浪財經《財經面對面》，〈潘石屹：微博解放了任志強〉，二〇一一年五月十一日。

爭辯乃至結怨，從不隱晦地表達自己的觀點，愛恨分明到讓人愛恨分明，因而有了一個「任大炮」的綽號。

二〇一三年，央視在十一月二十四日的《每週品質報告》中稱「四十五家知名房地產公司欠繳土地增值稅總額超過三．八兆元」，華遠地產也在欠稅房企名單中。與其他房企的沉默不同，任志強在微博上列舉了八大理由進行反駁，認為央視「愚蠢無知」，還聲稱要公開起訴央視。

隨著影響力的擴大，任志強的評論範圍也在擴大。也是在二〇一三年，他在微博上發佈了一張圖片，曝光上市公司攀鋼釩鈦「向長江直排污水，紅色的污水含鐵量超標近百倍」。當日，攀鋼釩鈦股票在盤前緊急臨時停止交易。在這一年的《新週刊》年度評點中，六十二歲的任志強獲評「年度新銳人物」。

任志強、王功權及李開復等人的出現，模糊了企業家與公共意見領袖之間的界線，這似乎是近十年來特別值得關注的現象。

在經典的學術語境中，知識份子與企業家有不同的責任模式，前者供應觀念，後者供應財富。甚至在一些知識份子看來，當代的中國企業家似乎是不堪的一代，資中筠曾表達過這樣的觀點：「我原來寄希望於民營企業家，在上世紀三、四十年代，許多民族資本家都是有理念的，而且他們以實際行動推動中國前進。可是現在我發現情況令我失望。他們要生存，非得跟權力勾結不可。那些勾結不上的，就沒有安全感。」①

而在真實商業世界發生的景象，卻與資中筠的觀點並不完全吻合，反而是隨著知識產生機制、傳播發生機制以及理念表達機制的變化，任志強式的企業家反倒比絕大多數的知識份子，擁有更強的知識供給能力和觀念傳播力。

近二十年間，資訊化革命以前所未見的方式將世界推平，與此同時，網際網路、醫療、新能源、環保等一系列的技術革命，對人類行為及公共治理的影響和滲透越來越深，由此產生大量的專門知識。傳統意義上的知識份子在這些領域的知識存底和獲取能力，都表現得非常落伍。因此，他們對世界的解釋能力被削弱，甚至他們的解釋權也面臨被爭奪的危機。正在發生的這種知識權力的讓渡，在公共領域裡已經引起了極大的混亂和恐慌，知識不是出現了真空，而是呈現為多點爆發的狀態。

任志強的走紅，便是新變化中的一個極端案例。

他對房地產行業有一定的數據和歷史研究能力，同時在行動網路環境下，具有暴力化的、富有個性的表達能力；此外，他透過微博實現了自媒體化。這些特質的加乘，使得這位並不成功的地產商人從一個小丑形象開始，由被嘲笑到被認真聆聽。

二〇一六年初，因言論過激，任志強的微博被關閉。此後他把更多的精力投入公益事務，

---

①出自《經濟觀察報》，〈資中筠：重建知識份子對「道統」的擔當〉，二〇一〇年七月五日。

他擔任阿拉善SEE生態協會會長，在沙漠地區種植小米，四處叫賣用他的名字命名的「任小米」。關於房價，他仍然抱持著自己的觀點，他說：「有生之年我應該看不到房價大幅下降了。」①

①出自任志強在「分答」平臺中的回答，二〇一六年六月二日。

2011 中國要「歇菜」了嗎？①

成功了，就是一道風景，失敗了，就是美好回憶。這世界上總有一些人好像老在做著讓人察覺不到的小事，還總是失敗，還總是不放棄。

——電影《鋼的琴》

十八歲那年，兩個同齡人不約而同地讀到一本叫《矽谷之光》（*The Silicon Boys*）的小書，裡面描述一批在矽谷創業的年輕人，其中最出名的叫賈伯斯，他打算反叛全世界。從此，這兩個人被他的精神和風格，乃至穿著所迷惑。此後的三十年裡，賈伯斯像一個卡夫卡式的存在，他啟迪了一代人，同時也禁錮了一代人。雷軍和張小龍都出生於一九六九年，此時他們分別就讀於武漢大學和華中科技大學。

① 繁中版編注：「歇菜」為中國網路流行語，通常帶有貶意，表示完蛋、垮台、沒戲唱等意思。

在很長的時間裡，這兩個人位居中國最優秀的程式師之列，甚至他們認為自己將一輩子都是程式師。一九九六年，雷軍在北京創辦了最早的ＢＢＳ網站之一「西站」，張小龍則在廣州開發出令人驚豔的電子信箱Foxmail。再後來，雷軍加入金山軟體，張小龍則在二〇〇五年被上市不久的馬化騰收編。他們一度都被認為已經過氣，可是就在二〇一一年，卻因風雲際會，這兩個「賈伯斯信徒」意外地單槍匹馬，從邊緣地帶殺到了時代的中央。

二〇一〇年十月十九日，一款基於手機通訊錄的社交軟體Kik登錄蘋果商店和安卓商店，它可由本地通訊錄直接建立與連絡人的連接，並提供免費短訊聊天，因功能簡捷而具有病毒式傳播性，在短短十五日之內便吸引了百萬使用者。雷軍是中國的第一個仿效者，他僅僅用了一個月的開發時間，在十二月十日發佈了第一款模仿Kik的產品「米聊」。他派人去深圳的騰訊總部打探，看有沒有人也在做類似的產品，傳回的消息讓他放心。「如果騰訊介入這個領域，米聊成功的可能性就會被大大降低，介入得越早，我們成功的難度越大。據內部消息，騰訊給了我們三個月的時間」。

雷軍沒有發現偏居廣州一隅的張小龍。於騰訊主管信箱業務的他，幾乎在同一時間盯上了Kik，他帶著一支不到十人的小團隊，其中兩個還是剛剛就職的大學畢業生，用六十多天的時間完成了第一代研發。二〇一一年一月二十一日產品推出，定名「微信」。

微信的開屏介面是張小龍親自選定的。「我們的設計師給出了好幾個方案，其中一個是月球表面圖，有很浩瀚的宇宙感，我建議改成地球。上面是站一個人、兩個人還是很多人，也討論了一陣，最終決定，只站一個人」。

這就是後來每個人都很熟悉的微信開屏介面：一個孤獨的身影站立在地平線上，面對藍色星球，彷彿在期待來自宇宙同類的呼喚。

接下來的幾個月裡，仰仗騰訊強大的社交資源，張小龍「獵殺」雷軍。就如同所有美國網際網路產品的中國化改造路徑一樣，脫胎於Kik的微信很快迭代進化，分別上線了圖片分享、語音聊天、「搖一搖」、「漂流瓶」等功能，持續的迭代讓人驚喜連連，卻也引來各方的爭議。在某個版本上，張小龍讓同事在啟動頁上加了一句話：「如果你說我是錯的，你要證明你是對的。」到七月，微信推出「查看附近的人」功能，微信的日增用戶數一躍而達到驚人的十萬以上，用張小龍的話說，「這個功能徹底扭轉了戰局」。

微信的意外火爆，讓陷入微博苦戰的馬化騰一下子得到解救。在過去的一年裡，三Q大戰讓他心力交瘁，而新浪微博的狂飆崛起更是讓他感覺到社交話語權旁落的致命危機。他在騰訊微博上投注了巨大的熱情，靦覥的他甚至親自出面拉人開博，可是經驗又告訴他，能夠戰勝微博的一定不是另外一個微博。此時微信的出現，讓他瞭望到一個新戰場，他稱之為「騰訊登上行動網路大船的第一張站臺票」。到年底，微信的用戶量突破六千萬，馬化騰對部屬們說：「微博的戰爭結束了。」

張小龍的「匹馬救主」，不但遏制了新浪微博，同時也終結了他的同齡人雷軍的社交大夢。米聊的落敗一度讓雷軍意興闌珊，不過他很快從網路界「降維」到實體產業。在他看來，賈伯斯已經打開了「潘朵拉的魔盒」，可是在手機製造領域裡，幾乎沒有人真正理解正在被賈伯斯重新定義的未來。

從四月開始，雷軍把全部精力轉移到智慧手機的研發上。他籌建了一支兩百多人的團隊，其中一半來自金山、微軟、摩托羅拉和谷歌，他還四處遊說，得到了四千一百萬美元的融資。晨興資本的劉芹回憶說：「有一次雷軍跟我通了四個小時的電話，口乾舌燥地告訴我，他的手機將複製賈伯斯式的成功。」從一開始，雷軍就試圖用別人從來沒有嘗試過的方式推銷他的手機，他在網際網路上經營一個叫 MIUI 的社群，聚集了數萬名對智慧硬體感興趣的發燒友，他聲稱自己的手機將「為發燒而生」。他把手機的發表會選定在北京七九八藝術園區，場內有四百個座位，其中兩百個留給了 MIUI 的發燒友。

八月十六日，身穿黑色T恤和藍色牛仔長褲的雷軍出現在小米手機的發表會上，現場因為湧進過多的粉絲而擁擠不堪，甚至連凡客的陳年都因遲到而被堵在場外。第二天的媒體報導描述說：「雷軍昨日的出場扮相，像極了賈伯斯，而整個小米手機發表會現場，也與每年蘋果的產品發表會如出一轍。」雷軍用長長的兩個小時，向全國的媒體記者和他的發燒友們描繪了即將誕生的手機。「它是國內首款雙核一．五G手機，全球主頻最快智慧手機」。他介紹說，蘋果 iPhone 4 是單核一G的CPU，小米手機是雙核一．五G的CPU，單是從這個指標方面，小米手機的運算速度是蘋果 iPhone 4 的三倍。「我強烈推薦所有行動網路的同行同時使用 iPhone 和 Android。唯一遺憾是我的 iPhone 沒電了，小米手機還有六〇%電量。」

雷軍的演講不斷被掌聲和笑聲打斷，他十分完美地扮演了賈伯斯的「中國附身者」，後來因此被戲稱為「雷伯斯」。而小米手機則是對蘋果手機的一次精神複製，雷軍把賈伯斯的極簡主義風格完全複製到自己的小米手機上，他甚至在演講中宣稱，「沒有設計是最好的設計」。

整個小米發表會飄散著賈伯斯和蘋果的幽靈，最後當價格公佈的時候，雷軍終於亮出了真正的「中國利斧」：一千九百九十九元的定價，不到蘋果 iPhone 4 的一半。「這是我們的割喉價。」雷軍大聲說。①

雷軍的此次發表會是中國製造史上的一個經典時刻，它堪比一九八四年的海爾張瑞敏砸冰箱。如果說，後者意味著標準化製造和品質意識的甦醒，那麼八月十六日則是網際網路精神對傳統製造業的一次致命突襲，它以十分突兀和另類的方式完成了革命性的融合。

就在雷軍發表小米手機的一週後，八月二十四日，賈伯斯宣佈不再擔任蘋果公司執行長。十月六日，五十六歲的賈伯斯去世，他那道瘦弱的身影仍將籠罩未來十年的網際網路世界。

---

①八三二定律：手機行業的市場專家提出了這個定律。當蘋果這樣的指標企業推出一項產品之後，如果中國的跟進廠商提供的產品能夠做到性能是蘋果產品的八成、價格是前者三分之一的話，那麼後續產品的市場規模將可以達到前者的兩倍。

對他的追慕和仿效，至少在中國，才剛剛真正開始。

在後來的半年裡，小米手機成為最暢銷的手機產品，銷量狂飆般地突破一百萬台，交易全部在網上完成，完全沒有實體通路的支持。這對於所有製造業者來說，幾乎是一個不可能的奇蹟。雷軍提出「專注、極致、口碑、快」的經營七字訣，全面顛覆了製造業的自信和核心價值觀。他還有一個「風口說」，在這個風雲蕩漾的大時代，你必須勇敢地擁抱趨勢，「站在風口上，連豬都會飛起來」。

在剛剛過去的二〇一〇年，中國製造業產出佔全球的比重達到一九．八%，第一次超過美國的一九．四%，把美國保持了一百多年的「製造第一大國」的頭銜攬入自己懷中。可是，也幾乎就在同時，它正面臨「天崩地裂」式的危機。

所謂「天崩」，首先體現為外貿的萎縮。在過去的四年裡，國際貿易增速連續以兩位數的速度下滑，並且看不到回暖的跡象。其次則是製造環節的各項成本的抬升，無論是勞動力、土地還是原物料成本都水漲船高，如一根根繩索勒緊企業主的脖子，僅在珠三角地區，就起碼有超過一千家台資鞋企要壓縮產歇業，要麼將工廠轉移到東南亞。

所謂「地裂」，則是網際網路力量所造成的通路突變。隨著電商的衝擊，年輕的消費者越來越習慣在網上購物，經典意義上的、金字塔式的分銷模式開始崩塌。幾乎所有的過往成功者都突然發現，數以萬計的專賣店或百貨連鎖專櫃，成了少人光臨的「馬奇諾防線」。

在二〇〇八年的八月，曾有一本名為《李寧：冠軍的心》的企業傳記正式出版，在封面上，前世界體操冠軍李寧自信地露出笑容。自一九九〇年創業以來，李寧用二十年時間讓自己從最成功的體育明星，轉型為中國最大體育用品製造商的創建者；二〇〇八年的奧運點火儀式，更是讓他的人氣再度攀升。二〇〇九年，李寧公司實現淨利三十九億七千萬元，同比上漲二三．三％，它在中國市場的銷售額超越愛迪達，僅次於耐吉。李寧公司執行長張志勇宣佈「中國市場的戰爭告一段落」，他買下了西班牙籃球隊的隊衣廣告，並重金簽下美國NBA巨星擔任品牌代言人，開始謀劃進軍歐美市場。

然而，就在此之後，李寧的業績突然發生斷崖式的下跌，二〇一〇年的淨利暴跌至十一億八百萬元，到今年更跳水至三億八千六百萬元，僅相當於兩年前的十分之一，它的股價在短短五個月時間裡被腰斬。

李寧的危機是結構式的，通路能量的萎縮導致庫存激增。同時對新生代消費者而言，李寧的傳奇屬於父執輩，與他們已經沒有任何人格上的共鳴。張志勇試圖再造品牌的內涵，他更改了主打廣告詞，從「一切皆有可能」改為「讓改變發生」（Make the Change）。此外，張志勇還推出全新的運動品牌樂途（Lotto），後者燒掉了兩億卻毫無起色。在一封內部郵件中，張志勇用一種畏懼的口吻告訴他的同事們：「我們現在是一架已經在航行中的飛機，我們並不能馬上降落，因此我們需要在航行中修理，恐懼的產生是每一個人在這個環境中必然的反應。」

李寧在轉型和品牌升級上所遭遇的尷尬，幾乎是所有「中國製造」的一個縮影。在針對李寧產品的調查中發現，如果一雙標價八百元的耐吉鞋和一雙標價七百元的李寧鞋同時擺在消費者面前，消費者會選擇耐吉；如果一雙標價三百三十元的李寧鞋和一雙標價兩百五十元的安踏鞋擺在消費者面前，消費者卻會選擇安踏。

在運動服飾領域，李寧危情顯然不是單一個例，如果你在今年去福建晉江，會看到幾乎類似的一幕。

晉江是一個常住人口只有一百九十多萬的縣級城市，但這裡是中國最大的運動休閒鞋和服裝生產基地，僅陳埭鎮一地就有三千多家企業，一年生產運動鞋五億多雙，占全國運動鞋產量的一半。經歷二十多年的發展，晉江冒出近百個本土品牌，連鎖規模超過三千家店的就有安踏、特步、三六一度、喬丹、匹克、鴻星爾克、德爾惠、康踏、貴人鳥、柒牌、利郎、金萊克等。

它們征戰市場的招數被業內稱為「晉江三板斧」：明星代言和廣告轟炸、搶佔四／五線城鎮、集體上市。晉江品牌幾乎簽遍了中國和港臺明星，業內驚呼「晉江人賺十元，敢拿出六、七元來打廣告」。二〇〇六年世界盃期間，中央電視臺體育頻道ＣＣＴＶ－5每四個廣告中就有一個是晉江品牌，以致有人戲稱該頻道為「晉江頻道」。同時，晉江企業在上市融資方面非常激進，先後有近四十家企業在內地Ａ股及中國香港、新加坡等地上市，數量之多僅次於江蘇省的江陰市。

二〇〇八年奧運之後，運動服飾行業呈爆發式成長，特步、匹克和三六一度相繼上市，六大國產品牌的店面數在二〇一〇年突破五千家，有的更多達八千家。以平均每個品牌開六千家店計算，相當於中國的每個縣城有二十多家運動品牌店，「它們佔領了每一個十字路口」。

晉江企業更是大規模擴產，瘋狂增加廣告播放。在二〇一一年，晉江的GDP首次突破千億元大關，在國內縣級市中首屈一指，然而與此同時，可怕的庫存激增和利潤萎縮的壓力也同期而至。

當地行業協會的一份調查顯示，內貿市場產能過剩，利潤空間縮小，目前最好的企業利潤能到五％，中等企業只有三％，匹克今年已關閉兩千家低效門市，安踏也相繼關閉兩百多家門市。另一邊，外貿市場也受到歐美市場疲軟衝擊，「以前，一個貨櫃能賺五萬元，現在只剩幾千元利潤。以前，同款式的鞋可以做二十萬雙，現在也就兩、三千雙，還要不同顏色的」。①

如果說，二〇〇八年的飛躍危機尚存有相當的外部壓迫因素的話，那麼發生在二〇一一

---

①出自《財新周刊》，〈另類晉江模式〉，二〇一二年十二月第四十九期。

年的李寧及晉江困局，則具有更多的內生特徵，即建立在成本和規模兩大優勢基礎上的「中國製造」，在抵達巔峰的時候，已遭遇轉型的拐點。這將是一個相當長的下行滑坡，危機如雪球，將越滾越大，所有的製造業者都將被裹挾其間。在身不由己中，犧牲者層出不窮，而他們中的相當一部分是過往三十年的志得意滿者。更可怕的是，這個滑坡的終點在哪裡，沒有人知道。

有人開始早早地預言，滑坡通往深淵。前年到訪過中國的保羅．克魯曼，在二〇一一年十二月十九日的《紐約時報》撰文「Will China Break?」，中國要歇菜了嗎？

克魯曼對日本泡沫經濟、美國大蕭條都深有研究，他的文章對比了中國眼下的形勢與日本當年的泡沫經濟，以及美國金融危機前一些地區出現的房地產泡沫情況。他得出的結論是：中國經濟將失去其成長最重要的動力——貿易盈餘。

在過去的很多年裡，中國不停地出口、不停地製造、不停地投資（占GDP的近一半）。但是，這個戰略已經難以為繼。近年來，中國出口增速持續下降，如果考慮出口產品漲價因素，實際增速接近零。而在內需方面，中國的消費在GDP中佔的比例太低，約為三五%，為美國的一半。更要命的是，中國的資金都投向了價格不停上漲的房地產。中國為刺激經濟成長投入的四兆元，經過各地方政府的放大後，投到房地產和基礎建設中去，形成了難以償還的債務。

根據上述的分析，克魯曼認為，美國的日子雖然也很難過，可是「中國要歇菜了」。他甚至預言，這是一個長期的衰退現象，危機將在六年後總爆發，中國將成為全球經濟危機的下一個發源地。他悲觀地寫道：「有了歐洲債務危機，我們真的不必再有一個新的震央。」在國際經濟界，與他持相同觀點的不在少數。「瘋狂博士」魯比尼（Nouriel Roubini）在今年夏天的一場演講中預言，中國經濟將在二〇一三年硬著陸。而彭博社在一則分析報導中披露，已經有十一個省級政府平臺正在延期支付三百零一億元的利息，銀監會開始著手研擬延期還貸細則，一旦細則頒布，等於宣佈繼美債和歐債危機後，中國的債務危機正式爆發。

自一九七八年改革開放之後，幾乎每隔一段時間，中國經濟就被預言要崩盤，譬如在一九八九年、一九九八年、二〇〇一年和二〇〇八年，而此次的克魯曼警告是最新的一次。但是，後來的事實證明，這些預言家都低估了中國經濟的耐受力和可以騰挪的空間。如果僅僅在存量的意義上，也許那些年份的中國都已經有一隻腳滑到了深淵的邊緣，不過讓人意外的是，總是有新的樹枝突然出現。這些樹枝在不同的時期有不同的名稱，比如制度紅利、人口紅利、土地紅利、國際化紅利、貨幣泡沫或者消費升級。在二〇一一年，那根最粗、最醒目的樹枝，叫作網際網路衝擊波。

二〇一一年，對於四十五歲的馬雲來說，可謂百味雜陳。他因為一起股權轉移風波而成為被華爾街懷疑的人，與此同時，因淘寶規則的更改，他遭遇了一次尷尬的「十月圍城」。

此時的阿里巴巴有兩大事業板塊：一是在香港上市的B2B業務，它是中國外貿經濟的晴雨錶；二是正處在爆發期的淘寶業務，它是國內消費產業的新電子商務平臺。從去年起，馬雲開始籌劃新的資本行動，他打算讓香港的上市公司私有化——它的股價較最高點已經跌去五分之四，如同一塊遭人抱怨的「雞肋」，同時啟動以淘寶業務為主體的新上市計畫。在整盤謀劃過程中，一件棘手的事情發生了：如何處置支付寶業務？

作為中國最早的協力廠商支付平臺，支付寶在二〇〇三年上線，僅比淘寶上線遲了一年。不誇張地說，正是有了支付寶，阿里巴巴才闖出了一條與億貝（eBay）完全不同的電商模式。經歷近十年的發展，具有強大資金沉澱能力的支付寶成為阿里巴巴新的核心資產，截至二〇一〇年底，支付寶擁有五億五千萬名註冊用戶，成為全國最大的協力廠商支付工具。

與阿里巴巴的迅猛擴張相映成趣的是，它的第一大股東、持有三九％股份的美國雅虎卻陷入了難以逆轉的困境。受到谷歌、臉書的夾擊，這家曾經的明星公司頹勢盡現，楊致遠兩度復出卻始終無所建樹。二〇一〇年二月，作為入口網站，雅虎被臉書超越。到年底，有人粗略算了一下，雅虎的市值幾乎相當於它在阿里巴巴所持有的股權價值。也就是說，如果剔除阿里巴巴股票，雅虎已經一文不值。馬雲決意在這樣的時刻，把支付寶資產從阿里巴巴體系中剝離出來。

後來披露的事實表明，他的這一決心是一個蓄謀已久的行動。早在二〇〇九年七月召開的一次董事會上，阿里巴巴就討論並確認了支付寶的七〇％股權已轉入一家獨立的馬雲私人公司，到二〇一〇年的八月，全部支付寶股份從阿里巴巴轉出。

今年的五月十二日，雅虎突然發表了一則聲明稱，「阿里巴巴集團將支付寶線上支付業務轉移給其他公司，並未獲得阿里巴巴集團董事會或股東的批准，甚至不知情」。這一消息頓時引發軒然大波。

阿里巴巴在第二天迅速做出解釋，理由是：二〇一〇年六月，中國人民銀行發佈的《非金融機構支付服務管理辦法》規定，支付業務許可證的申請人為「在中華人民共和國境內依法設立的有限責任公司或股份有限公司，且為非金融機構法人」。所以，阿里巴巴的行動是迫不得已，馬雲曾向雅虎提交正式的股票回購提議，但最終遭到拒絕，雙方矛盾因此公開化。

支付寶風波在美國和中國財經界都引起了很大的爭議，在華爾街看來，馬雲的行為近乎「竊賊」，意味著雅虎至少有三十億到五十億美元的資產被「偷」走了，嚴重侵犯了股東的利益。在雅虎發表聲明後，其股票大跌，並遭到小股東們的集體訴訟。

六月十二日，著名財經人胡舒立發表評論〈馬雲為什麼錯了〉。在她看來，「馬雲在集團兩大股東未同意的情況下，擅自將公司核心資產轉入自己名下，且轉讓價格超低顯失公允，嚴重違反了股東之間的契約，也違反了股東與管理層之間的契約。我們贊同多數人的看法，認為馬雲錯了。錯在違背了支撐市場經濟的契約原則，其後果不可小視」。胡舒立還從中國企業的國際化形象角度，表達自己的擔憂，她寫道：「中國企業常有『契約軟肋』，由內部人控制的資產騰挪並不鮮見，而事情發生在國內外深受尊重、被視為中國企業家指標人物的馬雲身上，發生在中國引以為豪的成功企業阿里巴巴，其『負示範作用』就更為顯著，可能直接影響海外投資者對中國公司的信任，形成大範圍的『支付寶折扣』。這也是許多往昔喜愛馬雲、寄望馬雲的識者備覺痛心疾首的原因。」

就在這篇文章發佈的幾個小時後，正在美國斡旋的馬雲與「胡大姐」進行了簡訊溝通，其間多次出現「暈倒」、「呵呵」、「唉！」等字眼，可見他內心的糾結和複雜。馬雲表達了兩層主要的意見。其一，「我討厭民族主義，更反對違背契約精神。對我們來說，企業受人尊重遠比利益重要，因為我們企業的年輕人平均只有二十六歲。他們要走很遠的路」。其二，「支付資料的安全是任何國家不會輕易放棄的，是安全問題而不是民族問題。我的開放主義並不亞於任何人，但我理解未來時代是數據的競爭。我們擁有了國家的經濟數據。在美國，我們會碰上同樣的問題」。

在馬雲看來，他有無法言表的難言之隱。其中涉及中美兩國對契約的不同理解，以及支付資料的「國家安全」，而雅虎不可能不知道過去兩年的運作。它之所以在此時發難，一方面是為了給美國資本市場一個交代，另一方面則是為了爭取利益。後來的事態朝著有利於馬雲的方向發展。七月二十九日，阿里巴巴、雅虎和軟銀簽訂了支付寶股權轉讓的後續補償協議，補償的核心是，剝離後的支付寶公司承諾在未來上市時給予阿里巴巴集團一次性的現金回報，回報額將不低於二十億美元且不超過六十億美元。

如果說，支付寶風波讓馬雲在國際資本市場飽受爭議，那麼，緊接著發生的「十月圍城」

事件則令他更加的被動，因為發難的是他國內的「衣食父母」。

十月十日，淘寶商城發佈了〈二〇一二年度淘寶商城商家招商續簽及規則調整公告〉，核心內容是將技術服務年費從以往的六千元提高至三萬元和六萬元兩個檔次，漲幅為五倍到十倍。同時，商鋪的違約保證金數額全線提高，由以往的一萬元漲至五萬元、十萬元、十五萬元不等，最高漲幅高達十五倍。

這則公告發佈後，立即就在擁有一百五十萬之眾的淘寶賣家中點燃了衝天的憤怒。當天晚上，在ＹＹ語音的一個頻道裡，小賣家們開始聚集，人數從兩百多人迅猛增加，最多的時候居然湧進了七萬多人。在過去的這些年裡，賣家伴隨淘寶成長，是中國乃至世界上第一批試水溫網路販售的生意人。他們中絕大多數是二、三十歲的年輕人，居住在三、四線城鎮，以微薄的資本和二十四小時的服務精神，做著幾萬或者幾百萬的生意；在百萬計的人群中，真正賺到錢的應該不足三成。在ＹＹ頻道裡，不滿、委屈和憤怒像海嘯一樣被喚起，「大家的故事都差不多，說著說著有人對著麥克風就哭了，然後一直哭、一直哭」。

有人提議「以暴易暴」，一個名為「反淘寶聯盟」的民間組織自發成立。十月十一日晚上，一些年銷售過億的大賣家商鋪突然湧進了難以計數的「顧客」，他們拍下幾乎每件貨品，付款或選擇「貨到付款」，當商家們正疑惑要不要發貨時，他們發現剛剛付款的人已經在「申請退款」，一時間，淘寶網天下大亂。

激烈的抗議還發生在真實世界。數以百計的人趕到杭州的淘寶總部，高舉標語、點燃蠟燭、漏夜靜坐，並聲稱要組織抗議大遊行。有十七名淘寶維權人士甚至跑到香港中環廣場搭設「靈堂」，抗議「淘寶馬雲奸商行為」。

「圍城」事件前後持續了一個多月，最後在商務部的介入下，淘寶延後了新規執行時間，並將所有商家二〇一二年的保證金減半，還稱將投入十八億元扶植中小賣家。

二〇一一年的夏秋時節，對於馬雲來說，一定是頗為煎熬的。他一手締造的公司突然之間呈現出「帝國」的特徵，一個對其他企業而言並不特殊的商業政策，對於阿里巴巴來說，卻可能影響上百萬人的生計，甚至動搖整個行業的穩定性。

發生在去年的三Q大戰和今年的「十月圍城」，讓中國最大的兩家網際網路公司相繼陷入始料未及的巨大漩渦之中，甚至讓兩位創始人發生了自我價值的認知懷疑。它們的呈現景象不同，但本質是一樣的，即平臺型企業在完成了對舊體系的革命性破壞之後，自身成了被革命的對象。網際網路經濟天然具有「環境通吃」的特點，平臺主導、流量為王，強者恆強、利益通吃。平臺自身、相關的資本合作方，乃至所服務的使用者，都對急速膨脹的規模和利益無法適應。

事後來看，無論多大的風波都無法阻止這家企業持續做強。就在「十月圍城」的一個月後，第三屆「雙十一光棍節」如期舉辦，當日交易額五十三億元，已是兩年前的一百倍。馬雲把淘寶商城正式更名為「天貓」，並提議把「網購狂歡節」改成「購物狂歡節」，一字之改，表達了電商對零售商業的全面攻擊。在今年，中國網購市場交易規模達七千七百三十五億元，較上年成長六七．八％，占社會消費品零售總額的比重達到四．三％，逼近美國的同比數據。

也是在二〇一一年，網際網路的第三個衝擊波出現了。如果說二〇〇〇年前後的入口網站是第一次，它改變了中國人與資訊的關係，那麼以阿里巴巴和京東為代表的電商是第二次，它改變了中國人與商品的關係。今年，網際網路則開始改變消費者與服務的關係，它被稱為O2O（Online to Offline），從線上到線下的融合。

在美國，以酷朋網站為代表的團購模式正廣受追捧，在過去的兩年裡，它實現了驚人的發展，安德魯．梅森拒絕了谷歌提出的六十億美元的全資收購，轟動整個投資界。《富比世》雜誌把酷朋評為「歷史上成長最快的公司」，[①]《紐約時報》稱它可能是史上最瘋狂的網際網路公司。梅森宣稱要進軍中國市場，雇用一千名以上的員工，並砸下十億美元。受酷朋模式的刺激，王興在去年的三月成立美團網，另外一個叫吳波的連續創業者在半個多月後成立拉手網。

吳波已經創辦過五個公司，並全部成功出售，他有一種矽谷式的理念，即認為「網際網路創業本來就是一場資本遊戲，而在它不是資本遊戲的時候，就需要你把它做成一個資本遊

① 出自《富比世》，〈來瞧史上成長最快的公司〉（Meet the Fastest Growing Company Ever），二〇一〇年八月十二日。

戲」，①當一個趨勢或新模式出現的時候，就應該快速切入，並充分借助資本的力量把規模做大，然後待價而沽。這是一類前所未見的創業者，他們的出現迎合了資本市場的需求。進入二〇一一年之後，中國的私募資本市場急速擴張。據清科研究中心的統計，在今年，中外創投機構於中國大陸市場共新募基金三百八十二支，為二〇一〇年的二·四二倍，募集資金總量兩百八十二億兩百萬美元，為二〇一〇年的二·五三倍。在一年中，共發生一千五百零三起投資交易，所有的風險投資人都在尋找「瘋狂的獵手」。

酷朋在北美的快速成功，儼然創造了一個巨大的「風口」，它的進入門檻很低，只要有三、五個人再創辦一個網站就可以開幹。同時，市場容量則非常大，零售服務業涉及上千細分門類，總值超過五兆元市場規模，並且一盤散沙，效率極低。於是在風險投資人和創業者的雙向推動下，團購領域被急速引爆。

吳波的拉手網在創辦的第二十八天，即獲得了泰山資金一千萬美元的風投資金，成為國內第一個成功融資的團購網站。半年之內，緊接著又完成兩輪、共計一億六千萬美元的融資，估值高達十一億美元，赫然已是一隻「獨角獸」。吳波曾回憶「如拍賣會般的融資盛況」：「最後擠進來的一家基金，透過我的私人關係打了招呼，這輪都沒有新增董事席位。」在拉手網效應的刺激下，到二〇一一年八月，中國居然出現了五千多家團購公司，引發了一場引人矚目的「千團大戰」。

團購模式看上去簡潔輕快，但是隨著加入者的激增，很快演變成一個勞動力和資本的雙密集型戰場。一方面，團購公司需要在數以百計的城市裡雇用員工、設立站點，完成網站與實體店家的合作契約。這是一個比拚體力和速度的過程，幾乎所有號稱全國性的團購企業，都起碼雇用兩千名以上的線下推廣人員。另一方面，為了拉攏店家參與和吸引消費者註冊，團購公司必須進行大規模的補貼，實際上演化為一場慘烈的燒錢大戰。很快，團購便與「共享經濟」無關，成了如假包換的折扣遊戲。

儘管如此，團購模式所可能帶來的入口價值仍然讓人垂涎三尺，除了數以千計的創業者之外，幾乎所有的網際網路平臺公司全數捲入其中。騰訊與酷朋聯手籌建了高朋網，阿里巴巴帶頭、其餘三家跟進，以五千萬美元火線投資；新浪和京東都開通了自己的團購頻道，起步稍遲的百度後來以一億六千萬億美元收購了糯米網。

從二〇一一年到二〇一二年，起碼有上百億的風險投資和數十萬年輕人投入狂熱的「千團大戰」之中，他們中的絕大多數成了「炮灰」。吳波的拉手網在二〇一一年十月底，就早早地向納斯達克遞交了首次公開募股說明書，計劃融資一億美元，連股票交易代碼「LASO」都想好了。然而，它的數據實在太難看了，僅上半年就淨虧損三．九億元，最終上市擱淺，吳波的資本遊戲也隨即破滅。到二〇一二年的中期，九九%的團購公司不復存在，這又是一

---

①出自《財新周刊》，〈團購的遊戲〉，二〇一一年一月第一期。

場「一將功成萬骨枯」的慘戰。

不過，混亂是一切新秩序的前提。「先烈」們的行動還是具有非凡的意義，百億風投資本和無數年輕人的熱情，如一把突如其來的野火，燒掉了傳統消費服務業與網際網路之間的那道「籬笆牆」，數以百萬計的火鍋店、小雜貨鋪和電影院被趕到了網上。濃煙散盡之後，人們透過一地的美元和人民幣紙灰，看到了一個被徹底啟動的O2O市場。

「我們已在二〇一一年二月二十二日停止所有百思買（Best Buy）品牌零售店鋪的經營，我們的客戶服務熱線將繼續開放，為您解答問題及提供客服協助。」

二〇一一年二月二十三日，在上海徐家匯的百思買店門口貼出了一則公告。這意味著百思買——這家全球最大的電器零售連鎖巨頭退出中國市場，它在這一天關閉了全部九家門市及上海零售總部。

在北美，百思買被稱為極富創新精神的企業。它首創「大型家電專業店＋連鎖經營」模式，即便在金融危機爆發的二〇〇九年，百思買也實現了逆勢上揚，創下銷售額四百五十億美元的新高。然而，就是在中國市場，網際網路形成的衝擊波，不但讓本土百貨零售公司暈頭轉向，同樣讓國際企業難以招架。它們發現，中國正在成為全球電子商務變革最為激進的國家，以往所有的經驗都亟待重估。

在今年，除了百思買退出之外，其他四大國際零售企業也都相繼更換了主帥。

三月，英國最大零售商特易購（TESCO）宣佈調整中國區首席執行長；八月，法國最大零售公司家樂福的大中華區帥印易主；十月，德國最大零售商麥德龍任命新的中國區總裁兼首席營運長；同樣也是在十月，全球最大零售公司、美國的沃爾瑪集團宣佈中國區總裁辭職。

即便是那些在過往的三十年裡取得巨大成功的國際品牌，也在新的競爭環境下表現得難以適應。家用化工產業的寶潔進入中國已經二十三年，它一度與可口可樂一起，被視為最成功的跨國消費品企業。寶潔行銷模式和品牌理念是中國公司學習的教科書，它的中高階主管是人才市場上的搶手貨，一度被叫作「黃埔軍校」。可是，在二〇一一年，它同樣發現自己染上了「不適症」。

進入中國的最初十多年，寶潔公司在護膚品、洗護產品、洗滌產品每個品類都高歌猛進，其洗護產品在華的綜合市場佔有率一度突破了五〇%，堪稱驚人。可是隨著本土品牌的崛起，寶潔的地位正遭遇挑戰，歐睿諮詢公佈的相關資料顯示：寶潔在華牙膏市場的佔有率已被本土品牌超越；在洗滌產品系列中，廣州立白和浙江納愛斯兩家本土公司的產品份額已達到二七．六%，寶潔的市場份額則被擠壓至七．六%。在洗髮護膚領域，寶潔在中國只推出了六種新品，但在競爭激烈的市場上，平均每小時就有兩種新品出現。

在很長時間裡，寶潔一直抱持著高高在上的姿態，在它看來，中國的女性消費者理所當然都是紐約或巴黎潮流的跟隨粉絲。作為寶潔全球銷售量第二的核心區域市場，中國區竟然沒有獨立研發新產品的權限。

然而，隨著自信的中產消費族群的出現，中國女性的本土意識開始覺醒，「漢方中國風」成為新的流行趨勢，而寶潔在這一方面幾乎毫無建樹。《二十一世紀經濟報導》在一篇綜述中認為：「寶潔需要迅速直視的一個現實是，其面對的中國市場已經今非昔比。國內幾家新興品牌正從風格、品牌和價格等方面發起全面的攻擊，這批護膚品品牌有別於過去國內大寶、小護士這樣定位較低端的舊模式，而是選擇與寶潔在同一等級上直接展開競爭。」

二〇一一年，在利潤下滑與原物料成本高昂的雙重夾擊之下，寶潔被迫進行了多輪裁員。它的中國區總裁在下一年被迫辭職。寶潔執行長大衛·泰勒（David Taylor）終於開始承認錯誤：「寶潔一直把中國當成一個發展中市場，而實際上中國已成為全世界消費者最挑剔的市場，寶潔公司對消費者需求轉向較高端產品的轉變毫無準備。」①然而，寶潔的頹勢在後來幾年並未被遏制，直到二〇一五年的十一月，寶潔中國才在天貓國際開出它的首家海外旗艦店。

今年二月，鐵道部部長劉志軍落馬。過去幾年，中國的高速鐵路工程得到迅猛發展，從而改變了東南沿海優先發展的局面，推動了整個中部地區的重新崛起。

在二〇〇四年，中國的鐵路投資只有五百一十六億元，②二〇〇六年之後開始大規模啟動高鐵建設，鐵路建設資金年年加碼，其後三年的投資額都在兩千億元到三千億元之間。二〇〇九年，隨著「四兆計畫」的實施，鐵路投資成為主力專案，單次獲得一兆五千億的投資額度，當年度的投資就翻倍至六千多億元，二〇一〇年更達七千零九十一億元，成為「鐵公基」

鐵路、公路、城建基礎設施——中的天字第一號工程。③

由於缺乏核心技術能力，中國的高鐵建設可謂一波三折。

二〇〇七年，在部分民間反日人士的抗議壓力下，鐵道部引入日本川崎重工的E2高速列車，成為「和諧號」動車組CRH2型。日本青年評論家加藤嘉一在一篇專欄中記錄了一段有趣的經歷：他登上列車，發現洗臉盆上貼著塑膠紙，紙上寫著「水」和「洗手液」，他偷偷揭開，洗臉盆上原來的日文說明便露了出來。加藤寫道：「這讓我感到十分親切，洗臉盆畢竟是一個簡單的部件，從這個細節可以猜測，這列火車的國產化率不會很高。」

加藤所描寫的景象，僅僅兩年後就再也找不到了。在高鐵大建設中，鐵道部對全球招標，日本、德國、法國和加拿大公司參與了激烈的競爭，媒體報導稱，「為了取得更多的訂單，日本人、法國人、德國人和加拿大人在夏天的北京互相批鬥，把幾十年來互相搜集的情報提供給了鐵道部，價格越降越低」。④二〇〇九年，鐵道部招標購買時速三百五十公里的高速列車，西門子報出的價格竟比三年前的兩百五十公里列車的價格還低，還承諾以八千萬歐元的價格出售全

---

①出自《時代周報》，〈寶潔的中國困局〉，二〇一六年七月。

②出自《中國產經新聞》，〈中國鐵路投融資：允許民資參與欲砸鐵路鐵飯碗〉，二〇〇五年九月二十六日。

③出自中國經營網綜合報導，〈「高鐵之父」劉志軍與中國高鐵建設的盛衰路〉，二〇〇三年七月十一日。

④出自FT中文網，〈劉志軍的高鐵遺產〉，二〇一一年二月二十三日。

車製造技術。二〇一〇年七月，鐵道部下屬的工廠推出了中國第三代動車組CRH380，被認為是「世界上最快的有輪子的火車」。與前兩代相比，這一動車組的核心技術均由中國掌握專利權或自行研製。

除了列車技術，中國在路基建設上也頗有突破，北京到廣州的高鐵幾乎建在一座從北到南的沒有彎曲的大橋上，CRH列車可以用三百八十公里的速度跑完全程而無須減速，石家莊和太原之間的客專更是用一個隧道穿過了整座太行山。相比之下，日本的「東海線」有許多轉彎，列車必須減速才能通過，它的真實速度只有中國高鐵的一半。

中國在高速鐵路建設上的經驗和技術能力，被視為一種國家能力，在後來的「一帶一路」倡議中發揮了重大的作用，成為中國向其他發展中國家輸出的、最核心的經濟能力之一。

到二〇一一年，全國鐵路營業里程達到九萬一千萬公里，其中高鐵營業里程達到八千三百五十八公里，在建里程一萬七千公里，無論是路網規模還是速度等級，中國高鐵建設都躍居世界第一。在過去的這些年裡，新項目幾乎每個月都在動工，從京津、京滬、武廣到鄭西、滬杭、滬寧線。

自改革開放以來，東南沿海各省受特區及外向型經濟的福澤，獲得了傾斜式的優先發展，廣袤的長江及黃河中游地區一直只承擔勞動力和資源輸出的任務，從而出現了「中部塌陷」的尷尬景象。開啟於二〇〇六年、在二〇〇九年達到高潮的高鐵大建設，徹底改變了物流、人流及企業投資的走向，進而重構了中國城市的格局，鄭州、合肥、武漢、成都及重慶等城市因地處高鐵大動脈的樞紐地位，而獲得歷史性的發展機遇。

在大建設中，負面效應也暴露無遺。首先是巨額債務的壓力，到二〇〇九年末，鐵道部負債總額已達到一兆三千億元，每年僅還本付息就要支出七百三十三億元，政企分開已成必行趨勢。其次是部門腐敗，鐵路被認為是中國「政企不分症」最為嚴重的部門，也是壟斷程度最高的領域之一，高鐵涉及上兆元投入，整體營運極不透明，預算超標是普遍現象卻極少被追究。由於利益巨大，引來各路妖魔鬼怪的明爭暗搶。在這一過程中，十九歲就進入武漢鐵路分局當養路工的鐵道部部長劉志軍，他既是鐵路建設「大躍進」的功臣，同時也成為官商勾結的犧牲品。①

陳桂林是東北一家大型國有企業鑄造分廠的工人，四十多歲那年，工廠難以為繼，被「改革」了，他和同在廠裡幹活的妻子同時「下崗」。②他會拉手風琴，便與幾位同樣下崗的老夥伴籌建了一個草台班子，在人家出殯和商場搞促銷時賺點辛苦錢。他有一個正在讀小學、特別喜歡彈鋼琴的女兒，因為買不起琴，他跟幾位老夥計去偷琴，結果被抓進了派出所。他

---

①高鐵事故：二〇一一　年晚，兩組高鐵列車在距離溫州南站約五公里處的高架橋上發生追撞事故，造成四十人罹難、一百七十二人受傷。是為轟動全中國的「七二三動車事件」。二〇一三年三月，鐵道部被裁撤，分別成立中國鐵路總公司和國家鐵路局，後者納入交通運輸部。

②繁中版編注：下崗為中國的特有名詞，指中國國有企業在機構改革中失去工作的工人。工人仍屬該工廠單位，但沒有工資，實際上等於失業。若自行離職，則得不到勞動補償。

還用木板為女兒「畫」了一架不能發出聲音的「鋼琴」。陳桂林的生活「一敗塗地」。他的妻子離家出走，跟上了一個賣假藥的老闆。兩人開始爭奪女兒的撫養權。女兒倒也現實，提出誰能給她一架鋼琴就跟誰。身無分文的陳桂林就回到破敗不堪的廢棄車間，跟幾位老夥計——他們現在的「身分」是大嫂級歌手、小偷、黑社會幫派的小頭目、打麻將還要賴的賭徒、殺豬專業戶、退休老工程師——一起硬生生地「鑄造」出了一台鋼琴。

這是今年七月一部名叫《鋼的琴》的電影的劇情，它在國內院線放映，被安排在「中國年度大片」《建黨偉業》和「世界年度大片」《變形金剛三》之間上映，最終只獲得六百四十一萬元的可憐票房，像一個「聊勝於無」的插曲。

這個故事發生在一九九八年到二〇〇三年之間，當時中央政府提出「三年搞活國有企業」，除了少數有資源壟斷優勢的大型企業之外，其餘數以十萬計的企業被「關停併轉」，超過兩千萬名的產業工人被要求下崗。當時還沒有建立社會保障體系，實行的是工齡買斷的辦法。他們是這個世界上最好的產業工人，技能高超，否則不可能用手工的方式打造出一台鋼鑄的鋼琴。他們忠於職守，男人個性豪爽，女人溫潤體貼；他們沒有犯過任何錯誤，卻要承擔完全不可能承受的改革代價。

當《鋼的琴》悄悄放映的時候，一切都過去了。一地衰敗的鐵西區過去了，國有企業改革的難關過去了，兩千萬下崗工人的人生也都過去了。只有很小很小的一點憂傷，留在這部叫作《鋼的琴》的小成本電影裡，它讓那些企圖在電影院裡逃避現實的人，有了一次突然與正對面相撞的機會。歷史常常做選擇性的記憶，因而它是不真實的，甚或如卡爾．[illegible]（Karl Popper）所說的，是「沒有意義的」。

這個時代若真有尊嚴，它從來在民間。

風雲人物　凡客陳年

在二〇一〇年如神話般崛起的凡客，到今年年底就陷入了成長的煩惱。它的員工人數在短短的半年時間裡從三千人膨脹到一萬三千人，用陳年自己的話說，「公司大到已經有點看不清楚了」。更糟糕的是，凡客的庫存居然高達十四億四千萬元，總虧損近六億元，而年初制定的百億銷售目標也只完成了三分之一。

陳年第一次發現自己的問題，是有一次去跑倉庫，他看到了五花八門的各類商品，據說品項竟多達十九萬種，其中包括菜刀和拖把。「有誰會來我們網站買拖把？」他問年輕的下屬們。

凡客是一家靠廣告和行銷話題砸出來的企業，二〇一一年，陳年投放了十億元的廣告費，佔實際營業收入的三分之一。在凡客的考核指標中，最重要的三項是銷售額、新用戶成長、老用戶回購。這是最為典型的網際網路流量邏輯，似乎把水塘弄大，魚自然就會增多和長大。

隨著員工數的暴增，凡客早早地患上了大公司病，僅襯衫部門就有兩百多人，「一個大學剛畢業的小孩，進入公司半年就能以老員工的姿態對後進員工指手畫腳，一年下三千萬元的訂單」。

凡客的背後站有十多家著名的風險投資機構，對它們來說，把規模做大，然後敲鑼打鼓地上市，是至為緊要的事情。陳年曾經為了達到百億目標，倒推需要擴張多少品類、多少庫存量單位（Stock Keeping Unit），需要有多少人去承擔這樣的業務量，「按照一個人管七個人的原則，公司就要有幾十位副總，兩、三百位總監」。根據董事會既定的目標，公司應在二○一一年十二月八日赴美上市，遺憾的是，下半年納斯達克股市暴跌，加上馬雲的支付寶股權糾紛，凡客錯過了「最好的上市窗口期」。

日後來看，凡客引爆了流行，卻迷失於常識。

在創業的前三年，凡客符合麥爾坎·葛拉威爾（Malcolm Gladwell）在《引爆趨勢：小改變如何引發大流行》（*The Tipping Point*）一書中提出的所有原理：由專家、網路技客和粉絲共同推動概念的誕生（個別人物法則），以精準的消費者定位撬動市場的熱情（附著力因素法則），透過明星效應引發非理性和圍觀式購物（環境威力法則）。

接下來的三年，陳年面臨的問題是，在流行被引爆之後，一家引領了潮流的企業如何讓自己成為「正常的營利性組織」。

網際網路行銷就本質而言，它是一種工具，而非目的本身。流行，如同字面呈現所示，[illegible]行」，是不確定的，是運動中的，而且未必按預想的方向衍生及變異。因此，引爆者如何將流行控制住，導向為一種可以被量化和可持續營運的商業能力，便成為一個更實際，也是最終具有價值的過程。

從這一角度考察凡客，可以發現陳年的四個「迷失」。

第一，在流行被引爆之後，凡客突然在品類上迷失，其產品從主打的襯衫、T恤和帆布鞋迅速擴展，似乎想要涵蓋所有的年輕人商品；第二，在品牌銷售和平臺銷售之間出現模式抉擇的迷失，由一家專業垂直的電商模式向平臺猛烈轉型，公司定位飄移模糊；第三，在規模和產業鏈上迷失，為了一步邁入「百億俱樂部」而不惜製造泡沫，營收、業務鏈及人員規模無限度擴大；第四，在實業經營和公司上市之間迷失，急於套現和製造神話的風險投資以它的貪婪吞噬了成長的理性和耐心。

事實上，凡客並沒有犯下什麼獨特的錯誤。回望四十年的公司史，在不同的階段和行業，出現過很多在極短的時間內引爆了流行的企業和品牌，譬如飲料業裡的腦黃金、昂立一號和三株，電子業裡的愛多、波導和廈新（後改名夏新），白酒業裡的秦池、酒鬼，服裝業裡的杉杉、美特斯邦威等，它們中的大多數均沒有闖過「引爆流行之後」那道坎。而在網際網路領域，也可以列出一大排正在經受考驗的年輕企業。

在後來的幾年裡，陳年展開了艱難的自救。

他把公司總部從北京西二環的高級商務中心搬到了偏遠的亦莊，員工裁掉了九八％，只剩下三百人，銷售品類從十多萬減少到三百個。

陳年的老朋友兼凡客投資人的雷軍，熱心地為陳年下「指導棋」。在雷軍看來，不夠專注、不夠極致是凡客遇到問題的原因。「雷軍和我有過七、八次長談，每次七、八個小時，他開出了『去毛利率、去組織架構、去KPI（關鍵績效指標）』的三個改造方向。雷軍問我，你能不能先專注地只做好一件最基本的產品？我想，襯衫最基礎，也能展現技術，而襯衫中最基礎的是白襯衫。」

二〇一四年，凡客完成第七次融資，金額超過一億美元，絕大多數的早期投資人都「成功」退出。八月，陳年舉辦了名為「一件襯衫」的產品發表會，陳年像雷軍那樣，站在偌大的舞臺中央，用一個多小時解答了一件好襯衫是怎麼設計和製造出來的，他宣佈這是全世界最好的襯衫，只售一百二十九元。

但是，白襯衫和小米模式似乎並沒能拯救凡客，成功很難被複製，何況小米也在接下來的幾年裡陷入困境。

二〇一六年春節，陳年對外界表示，歷時兩年多，曾經十九億的庫存包袱終於清掉了。在一次創業者論壇上，陳年對台下的數百名年輕人說：「庫存！庫存！記住，庫存、周轉對於一個品牌來說，真的是唯一的生死線。在考慮這個大的風險前提之下再考慮其他的問題。記住，庫存是個大問題。」

從二〇〇八年起，凡客先後融資四億美元，估值一度高達三十億美元。

商業是一場持久戰，一開始比的是靈感、勇猛和運氣，接下來拚的是堅忍、格局和理性

2012 落幕上半場

「人生總有起落，精神終可傳承。」

——褚橙廣告詞

三十四歲的丁志健是北京一家出版公司的編輯部主任，北大研究生畢業後留京，然後結婚、購房、買車，每一天的生活都看上去忙碌而舒適，儼然已是這座擁有一千九百萬人口的大都市中的一個中產人士。二〇一二年七月二十一日清晨，他出門去談業務。妻子提醒他，昨天氣象局發了預報，今天有暴雨，雨量可能達四十到八十毫米。

下午，果然有暴雨，可是雨量居然是兩百一十五毫米，創了一九五一年以來的最高紀錄。傾盆大雨之下，北京徹底淪陷，城區至少六十三處路段嚴重積水，交通大面積癱瘓。丁志健駕著黑色現代途勝休旅車，在東二環廣渠門橋西側約三百公尺的鐵路橋下陷入大水之中，因車門無法打開，他在束手無策的消防隊員、大哭趕至的妻子和十多位圍觀市民的目睹下窒息而死。這一天，全北京死亡七十九人。①

和平年代，泱泱首都，一場大雨居然造成數十人溺亡，新聞震驚世界。排水專家告訴記者，北京的排水系統在全國各大城市中已屬先進，但與東京、巴黎、紐約等國際大都市相比，其實遠不在一個層次上，「建築交通發展很快，但是地下落後得很遠」。②

「下水道是一座城市的良心。」整個七月，全國媒體都一再地引用雨果的這句名言。一場暴雨洗刷出了兩個殘酷的事實——鮮亮的城市建設也許僅僅是表面的繁榮，而每一個中產階層人士的生命居然是那麼脆弱。

就在丁志健溺亡的兩個月後，在距離廣渠門不到四公里的地方，一根地下樁在雷鳴般的掌聲中被響亮地打下。北京市宣佈將建造一座五百二十八公尺高的摩天大樓，總投資兩百四十億元，該建案將創造八項世界之最和十五項國內紀錄。建成之後，這座定名為「中國尊」的建築物將成為新的北京第一高度。

很顯然，與複雜而隱蔽的排水系統相比，摩天大樓更容易令人興奮。就在二〇一二年，中國的各個城市正在展開一場以摩天大樓為主題的競賽。此時，全國最高樓是建成於二〇〇八年的上海環球金融中心，樓高四百九十二公尺，幾乎所有的新大樓都以它為趕超目標。上海宣佈將建造六百三十二公尺的上海中心，深圳的平安中心則很「巧妙」地把高度設定在六百四十六公尺，武漢綠地中心的高度原定為六百零六公尺，在得知上海和深圳的消息後，隨即宣佈將「拔高」到六百六十六公尺。

就在各個城市吵得不可開交的時候，十一月，一則來自湖南長沙的新聞，讓大家都不好意思再開口，它宣佈將興建「天空城市」，高度為八百三十八公尺，一舉超過八百二十八公尺的世界第一高樓哈里發塔。

有媒體計算了一下，未來十年內，中國將建設一千三百座摩天大樓，已經投入的在建資金為五千一百億元，即將投入的約一兆一千億元，占商品房投資的三三％，約為鐵路投資的二．七倍。③到二〇一八年前後，若那些宣佈的專案全數落成，排名全球前十的摩天大樓中，有九座屬於中國。

如果城市下水道與摩天大樓構成一對隱喻，那麼它體現了中國經濟的極致兩面性。在悲觀論者看來，中國的迅猛發展只是一個空洞的泡沫，無論多麼的炫目或膨脹，都無法掩蓋內在的空虛，甚至其成長模式本身就是一個悖論。在樂觀論者看來，成長從來是脆弱的，而且有必須支付的代價，外延與內在的不匹配，正為制度創新提供可能性。

關於中國問題的此類爭論，三十多年來，似乎從來沒有停歇過，只是在今年，它呈現出了一些與以往不同的主題和特質。

---

①出自中國天氣網，〈城市之殤──七二一北京特大暴雨〉，二〇一二年八月二十日。

②出自《新世紀》周刊，〈北京逝者〉，二〇一二年第三十期。

③出自摩天城市網，〈中國摩天城市報告〉，二〇一二年。

二〇一二年四月，中共中央宣佈對政治局委員、重慶市委書記薄熙來立案調查，一場歷時五年的「唱紅打黑」政治鬧劇結束。

十一月，中共第十八次全國代表大會在北京召開，全會選舉習近平為黨的總書記。在新的政治時代到來的時候，中國的經濟局面也展開了新的一幕。

路透社在二〇一二年十一月的一篇總結性報導中，羅列了關於「胡溫十年」的成績單：「中國GDP平均每年都保持近兩位數的成長，總額翻了近四倍，相繼超越德國、日本成為世界第二大經濟體。二〇一一年中國貨物貿易進出口總額躍居世界第二位，連續三年成為世界最大出口國和第二大進口國。在改革開放的短短三十多年時間裡，中國已經成為全球第一大外匯存底國，十年間成長超過十倍。中國由一個原先接受援助與貸款的國家，開始變為向外輸出貸款和援助的國家。」

同時，它也指出了困擾中國經濟局勢的種種難題：「『國進民退』的模式讓本應最具活力的民營中小型企業融資困難，沉重的稅務壓力讓它們在嚴峻的經濟形勢下更難生存，資本紛紛外逃，弊端凸顯。經濟產業結構畸形，不得不進行調整，但要實現產業優化升級困難重重，前途未卜。中國的經濟結構過分依賴出口，作為拉動經濟發展的三駕馬車中的一支重要力量——消費，還未起到真正拉動內需的作用。地方政府追求巨額投資而大規模舉債，危機四伏。城市化進程快速推進，但土地利用效率低下、建設規劃混亂、環境惡化等一系列問題也接踵而至。」

也是從今年開始，《經濟學人》雜誌做了一個不動聲色的改版，它把關於中國的專題報導從「亞洲」板塊中剝離出來，做成一個獨立的門類，在該刊歷史上，只有「美國」享受這一待遇。主編解釋說：「自從一九四二年對美國進行這樣的詳細報導之後，這還是我們第一次為一個國家開設類似欄目。主要原因是中國已經成為一個超級經濟大國。」

的確，此時的中國，你已經很難用「發展中國家」這樣的視角來描述和觀察。

在經濟體形上，它已經十分龐大和健壯，在成長模式上，它陷入苦惱的制度瓶頸和路徑依賴，「下水道」式的結構性難題層出不窮。一些原本支持經濟成長的基本性要素，如勞動力和土地成本優勢、環境可持續的代價、「中國製造」的國際空間等，都開始次第消失。某些重大指標出現峰值，一些戰略級能力發生不可逆的改變，而人們對某些事物的價值判斷也出現了變化。

種種跡象表明，改革開放的上半場結束了——儘管經濟學界要到兩年後才意識到這一點。

在今年，一個叫卡森．布洛克（Carson Block）的美國人，突然成了資本圈的「隱形明星」，幾乎所有人都沒有見過他，可是都能夠感受到他帶來的陣陣寒意。

如果說英國人胡潤在中國的賺錢故事屬於二十世紀九〇年代的話，卡森．布洛克的故事則更加新鮮和刺激。據《華爾街日報》報導，布洛克從十二歲起就夢想著到中國淘金，於是在二〇〇五年，二十八歲的他來到上海，做了一年律師，還與人合夥開辦了一家自助倉庫公司，其間也幫一些避險基金和他的父親做調研，他甚至還寫過一本《傻瓜也能在中國賺錢》的書。可是，在五年時間裡，他並沒有如願以償地成為那個「傻瓜」，反而是幾乎賠光了所有的錢。但也是在這五年裡，學法律出身的他，發現了一個秘密。

二〇一〇年，布洛克成立渾水公司（Muddy Waters），它的主頁上沒有披露任何註冊和聯絡資訊，只有一段頗有禪意的簡介：「中國成語有云，渾水摸魚，它也可以解讀為——不透明亦可產生賺錢的機會。」《經濟學人》雜誌形容他：「布洛克並不是那種耀眼到可以做財務長的角色，也不像華爾街擁有數十億資產的基金經理。看上去並不出眾的布洛克，卻深諳中國市場之道。」

渾水是一家專門針對在海外上市的中國企業的做空機構，布洛克發現的秘密是，「在美國和中國有不少人勾結起來，合夥將一些空殼上市公司帶到美國」。①所謂的做空機構，就是先借股票賣掉，然後宣佈一些利空消息，等股價大跌之後再買回來還掉。跟股票市場的其他賣空者一樣，渾水公司透過調查報告引起投資者對一家公司生存發展能力的懷疑與不信任，致使該公司的投資量減少、股價下跌，然後渾水公司便從中獲利。

渾水的第一個狙擊對象是東方紙業。布洛克透過電話溝通及客戶官網披露的經營資訊，逐一核對各個客戶對東方紙業的實際採購量，最終判斷出東方紙業虛報收入。虛報的方法其實很簡單，即擬定假合約和開假發票，這也是國內上市公司造假的慣用手法。布洛克派出的調查員發現工廠破爛不堪，機器設備是二十世紀九〇年代的舊設備，辦公環境潮濕，不符造紙廠的生產條件，而工廠的庫存基本是一堆廢紙。布洛克在報告中驚呼：「如果這堆廢紙值四百九十萬美元，那這個世界絕對比我想像的要富裕得多得多。」

渾水的報告導致東方紙業股價大跌，渾水也因此一戰成名。

布洛克的調查手法並沒有出奇之處。據他自述，這家公司只有他一個全職員工，其餘都是臨時聘用的合約調查員。渾水所依據的資料全數來自公開資料以及實地調研，令人嘆息的是，幾乎所有被調查的中概股公司的遮羞布都是用紙糊的，稍稍一扯立刻脫落。在調查多元環球水務時，渾水去會計師事務所查閱了原版的審計報告，證實上市公司篡改了數據，把收入至少誇大了一百倍。然後，調查員根據多元環球水務公佈的經銷商名單，一一打電話，結果發現所謂的八十多個經銷商的電話基本打不通，能打通的公司，也從未聽說過多元環球水務。渾水的狙擊，最終導致這家公司黯然退市。布洛克式的狙擊再次證明，中國的商業世界是一個多麼不認真的世界——連作假也欠缺技術水準。

渾水一次又一次得手，讓中概股在北美資本市場基本上失去了信用。東方紙業事件後，美國證券交易委員會開始調查反向收購和ＩＰＯ類中國企業的會計審計等問題，一度頗受追捧的中概股從而陷入長期的集體低迷。

①出自《巴倫周刊》，〈如何做空在美借殼上市的中國股票獲利〉，二〇一一年三月十七日。

在這一年七月，布洛克再發神威，此次的對象是赫赫有名的新東方。

七月十一日，新東方宣佈簡化北京新東方的股權結構，清理了其他十位股東的股份，透過無對價協議將北京新東方的股權百分之百轉移到創始人俞敏洪控制的實體下。六天後，美國證券交易委員會對新東方發出調查函，調查事項為其可變利益實體（Variable Interest Entity）的股權變更，當日股價暴跌三四．三二%。

又過了一天，渾水發佈一份近百頁的報告，強烈建議投資者賣出新東方股票。它所質疑的內容包括：新東方將特許加盟學校算作自辦的學校，報告了不實的學校數目和總收入；指控新東方的財務報表沒有準確反映北京海淀學校繳納的企業所得稅；指控新東方不適當地將不同利益實體及其子公司的財務資料併入公司的報表等。在卡森．布洛克看來，新東方是一個造假者，他在接受採訪時暗示，新東方存在的缺陷無法改正：「斑馬無法改變自己身上的條紋，也許私募投資者認為他們可以做到，但我不這麼認為。」①在渾水報告的刺激下，新東方股價當日再跌三五．〇二%，連續兩日跌幅累計五七．三二%，市值縮水十四億美元。

渾水報告發佈的時候，俞敏洪正坐在開往西藏的列車上，火車途經沱沱河時，他還在新浪微博上發了一張搶拍的照片。他是一個擁有八百六十三萬粉絲的網紅人物，被很多年輕學生視為「勵志大哥」，暴跌的股價把他一下子摔進沱沱河的激流漩渦之中。「我聽到這個消息的第一時間，就想買進公司股票，可是公司法律顧問勸阻了我，說現在買會引起懷疑，在法律上有風險。」俞敏洪後來回憶說，在熬了四天後，他實在忍不住了，「除非美國有明確的法律證明我不能買，否則我一定要買」。七月二十日，新東方宣佈，董事會將在公開市場購買新東方總計五千萬美元的美國存托股票，並保證六個月內不會賣出。

與此同時，新東方接受了美國證交會長達兩個半月的「徹底體檢」。調查員近十次飛到北京，將新東方歷年來涉及股權的幾千份合約全部翻譯成英文；拆走了高階主管的電腦硬碟，將檔案全部拷出來；信箱裡的電子郵件全部列印出來，哪怕是已刪除的郵件，也要用特殊的手段恢復。調查人員還細讀了俞敏洪個人信箱裡的三萬多封郵件，他跟美方人士開玩笑：「我女朋友的信你們可不能亂看。」為應付此次調查，新東方投入的資金高達數百萬美元，創下了一個紀錄。

後來的事實證明，新東方是少數沒有被渾水擊倒的中國公司之一，然而事件前後的火藥味，顯示出美國投資人對中概股的極端不信任。俞敏洪對記者抱怨說：「因為美國市場對中國公司形成了一種不信任的情緒，所以渾水弄哪家公司，哪家公司股票就跌，它就能賺錢。」二〇一二年是二〇〇八年以來中國企業赴美首次公開募股數量最少的一年，有長達八個月的時間裡，沒有一家公司獲准上市。

在嚴厲的審查和渾水式的做空下，因財務造假而被停牌和退市的中概股達六十家之多，

---

①出自《中國企業家》，〈誰能看住俞敏洪：上帝還是SEC？〉，二〇一二年十二月。

依然掛牌的八十多家中概股股價，在過去一年中蒸發了一半的市值。

在已經到來的二〇一二年，無論是外貿還是內貿，都讓人憂心忡忡。啟動於三年前的那場「四兆計畫」，在隨後的幾年裡形成了炙熱的投資熱浪，但是因為內需消費無論從品類還是商業模式創新上，始終沒有尋找到突破口，到今年已如強弩之末，甚至揮發出若干負面效應，成長再次停滯。

如果在今年，你沿著海岸線駕車從南到北，一行數千里，經過的每一個產業園、開發區、碼頭或工地，都可以看到冷清不振的場景和忐忑不安的人們。在媒體上，越來越多的人開始討論轉型升級，可如何轉、怎麼升，卻讓人莫衷一是，有些企業主更是歎息「不轉型是等死，轉型是找死」。

服裝產業的擴張後遺症正在爆發中。在今年，六大運動品牌共關店近五千家，其中匹克和李寧創造了關店最多的尷尬紀錄：前者的據點淨減少一千三百二十三家，相當於平均每天關三家，後者淨減少一千八百二十一家，相當於平均每天關五家。① 公開資料顯示，僅上半年，全國四十二家上市服裝企業存貨總量就高達四百八十三億元。②

今年的春、秋兩季廣州交易會，都出現了訂單大幅下滑的景象。其中，在十一月的第一百一十二屆秋季廣交會上，境外採購商人數同比減少一〇．二%，出口成交額同比下降九．三%，都創下歷史紀錄。更讓人擔憂的是，在所有的外商訂單中，中短期訂單的比例占八成以上，這充分表明國際市場的需求和信心不足。而廣交會的日趨清淡僅僅是一個開始，在未來的五年裡，成交額將繼續同比下滑。

相較於消費品市場，能源和重工業領域的景象更為蕭條。隨著基礎建設投資的相繼完成，鋼鐵、煤炭出現嚴重的產能過剩，其痛苦時期將長達五年之久。局面的反覆跌宕，體現在一些具體的企業人物身上，又是那麼的步步驚心。

在胡潤公佈的二〇一一年富豪榜上，一個陌生的名字出人意料地出現在榜單的第一名：梁穩根。他是三一重工董事長，來自長沙，個人資產達到七百億元。

這是一位出生於一九五六年的草根創業者，早年販酒、做玻璃纖維，到一九八六年，湊了六萬元創辦了一家焊接材料廠。二十世紀九〇年代中期，中國進入城市化建設週期，梁穩根開始生產混凝土拖泵，他從北京自動化研究所挖角液壓技術的專家，著力於核心技術的突

---

①匹克年報：「據匹克體育近期發布的二〇一二年業績報告顯示，其零售據點數目由二〇一一年年底的七千八百零六家，減少至二〇一二年年底的六千四百八十三家，淨減少一千三百二十三家。」李寧年報：「截至二〇一二年年末，李寧品牌常規店、旗艦店、工廠店及折扣店的店鋪總數為六千四百三十四家，較二〇一一年報告期末淨減少一千八百二十一家，幅度達二二・〇六%，平均每天關店五家。」

②出自《北京晨報》，〈四十二家服裝企業存貨達四百八十三億元，足夠在市面賣三年〉，二〇一二年十一月二十六日。

破。一九九五年前後，在混凝土輸送泵行業，國外產品佔據了中國市場九五%以上的份額，在三一重工等中國企業的努力下，以不到十年的時間完成逆襲。二〇〇二年九月，在香港國際金融大樓施工現場，三一混凝土泵將混凝土送上了四百零六公尺高的施工面，把世界紀錄提高了將近一百公尺。二〇〇三年九月，在三峽三期工程中，三一的三級配混凝土輸送泵試打成功，填補了國內外工程機械領域的又一項空白。

不誇張地說，正是因為中國城市化建設的空前容量，為與此相關的很多中國企業創造了成長和超越國際同行的世紀性機遇，每一項百億工程、每一棟摩天大樓，都意味著新的製造和技術突破的可能性。三一重工創造了諸多的紀錄，包括中國第一台擁有自主智慧財產權的三十七公尺泵車、全球臂架最長的八十六公尺泵車、亞洲第一台千噸級全路面起重機、全球重量最大的三千六百噸級履帶起重機等，梁穩根被稱為「世界泵王」。

在二〇〇九年的「四兆計畫」中，三一重工成了最大的受益者之一。很多年後，三一的幹部回憶當時的景象都還用「震驚」兩字來形容，「當年，一台泵車還在生產線上，客戶就已在外面焦急等待，並且主動要求不需要測試，有問題自己承擔，只求儘快交貨。有一次，當產品出廠後，一位客戶拿了塊磚頭立馬衝過去，朝著窗戶『哐』的一聲把玻璃砸碎，然後宣佈這台出廠價高達百萬元的『有品質問題』的攪拌車是自己的，誰也別想搶，誰也沒法搶」。①

在隨後的兩年裡，三一的各項業績指標連續同步成長超過七〇%，營業收入突破八百億元，股價連創新高，一度達到一千三百七十億元，梁穩根因此以超級黑馬的姿態，登頂中國富豪榜。在剛剛過去的二〇一一年，梁穩根無疑是最引人注目的企業家，他還宣佈將投資八十六億元建設北京總部。

可是就在二〇一二年，隨著基建投資的降溫，工程機械行業陡然進入「最為困難的一年」。三一重工在今年上半年的營業利潤下滑一八．六%，負債水準更是急劇增加，其流動負債合計達到三百零七億元，種種關於資金鏈斷裂的消息令人揪心。中國工程機械工業協會資料顯示，在二〇一二年，國內十三家主要企業利潤下滑三四%。

從日後來看，這僅僅是產業拐點出現的時刻，在今後的幾年裡，工程機械行業一直掙扎在停滯的低谷。到二〇一六年中期，三一重工的員工由鼎盛時的六萬多，裁到不足三萬，營業收入只有五年前的五分之一左右。梁穩根後來對記者說：「調了五年，調得很深，國內市場調低了七五%，真的沒有想到。」

與曇花一現的「景氣首富」梁穩根相比，另外一位首富級人物則更為悲慘，他在二〇一二年直接陷入了破產的困局。

九月底，在無錫至上海的高鐵上，四十九歲的施正榮接到了《中國企業家》記者的電話。在連珠炮般的提問之後，他沉默了很久，然後幽幽地說：「在現在這段時間，你要我說什麼？

---

①出自《中國企業家》，〈曾經的中國首富，這五年幾乎被人忘記了，沒想到，他在做這件事〉，二〇一七年八月。

我自己也不知道明天在哪裡。」

施正榮一度被看成是海歸科學家創業的模範。二〇〇〇年，他揹著一個雙肩包從澳大利亞來到家鄉江蘇揚中附近的無錫市，包裡只有一台筆記型電腦和幾頁商業計畫書。僅僅六年後，他就以三十二億美元的個人資產成為新晉的「中國首富」；又過了六年，神話回到起點。

在個人秉性上，施正榮是一位科學家，他師從「太陽能之父」馬丁・格林（Martin Green）教授，留學期間就握有十多項太陽能發明專利，他歸國創辦尚德電力，正趕上中國大力發展光伏產業。《中國企業家》雜誌曾以《首富，政府造》為題，分析了「尚德模式」的崛起秘密，即一個開明的政府與一位具有商業精神的科技人才攜起手來，對後者注入各種資源，包括政策、資本、技術、市場等，在企業發展起來後，政府「功成身退」。無疑，這是蘇南模式的進化版本。

施正榮在無錫創業，從第一天起就得到了政府的全力支持。無錫市政府出資六百五十萬美元作為啟動資本，同時在土地和稅收政策上予以全面偏袒，市政府甚至派出剛剛退休的經貿委主任擔任尚德的首任董事長，為施正榮協調各種公共關係。而在企業走上正軌、即將赴美上市前夕，政府又「適時」地令國有股退出，並安排董事長退位。在本部企業史上，澳大利亞籍的施正榮是罕見的、在股權改制上吃到了全部紅利，而且沒有遭到任何質疑的民營創業家。

在中央及地方政府的政策刺激下，中國的太陽能光伏產業（Photovoltaic Industry）經歷了長達十年的大躍進，全國有六百多個城市把光伏作為戰略性新興產業，①多晶矽爐像大煉鋼鐵一樣遍地開花，僅浙江省就有光伏企業兩百零五家，②它們大多得到了中央政府的產業補貼和地方財政的扶持。曾有媒體感慨：「過去十年來，如果有一個行業籠罩的光環能與網際網路相媲美，一定是光伏；如果有一個行業的造富能力能與網際網路相媲美，一定是光伏；如果有一個行業吸引資本的能力能與網際網路相媲美，一定是光伏；而如果有一個產業激發地方政府的追逐熱情超過房地產，一定還是光伏。」③

除了無錫尚德，隔壁的江西省則如法炮製地支持了一家叫賽維的民營企業，其創辦人彭小峰的名字，曾在二〇〇八年與施正榮一起出現在胡潤富豪榜的前十位名單上。到二〇一〇年前後，中國光伏產業從無到有，產能占全球一半以上，全球前十大光伏元件生產商中，中國包攬了前五名。

尚德式的成功，被認為是「地方政府公司主義」的勝利，它體現了中國式產業發展的獨特性。在無錫，施正榮成了城市的名片，他的巨幅照片被樹立在高速公路入口處，所有進入這個城市的來客第一眼望見的便是他的標準式微笑。市政府甚至還為他塑了一座寬三公尺、

①出自新華網，〈中國多地熱衷顯示產業，或將再釀光伏悲劇〉，二〇一四年五月三日。
②出自《界面》，〈億萬黃粱夢碎：七年賠光一百八十六億，從中國首富到身無分文〉，二〇一七年九月二十七日。
③出自《中國企業家》，〈雙雄早衰〉，二〇一二年十月。

高兩公尺的巨幅半身人像。一位地方官員分析，對無錫來說，尚德產值的政治意義遠大於經濟意義。「你要是比其他工業，無錫在全國不一定是數一數二的，而若比光伏，尚德世界第一。這大大滿足了無錫市政府的虛榮心。」

在產業膨脹和「首富」的光環之下，科學家施正榮也成了時髦的企業家，原本內向訥言的他學會了滔滔不絕地「佈道」，還能夠在幾千人的論壇上，有板有眼地獨唱一段錫劇。他曾經花二十萬美元包一架公務機去瑞士達沃斯參加世界經濟論壇，同美國副總統高爾共進午餐，與英國查爾斯王子談合作，他還給自己買了近十輛豪華名車，見不同人時會開不同的車。二〇〇五年底，尚德上市當天，施正榮對友人說：「從此以後，我再也不會去掙一分錢，我就花錢。」

然而可怕的是，中國的光伏產業是一座建造在沙灘上的漂亮城堡，它九〇%的原料依靠進口，而九〇%的產品則全數出口。最重要的原物料多晶矽，也基本上掌握在國外廠商手中，價格最高時甚至達到四百美元／每千克以上，占整個光伏產業鏈利潤的七〇%。二〇一一年，受歐洲債務危機影響，美國和歐洲開始對中國光伏產業展開反傾銷、反補貼的「雙反調查」，直接導致全行業的大雪崩。

在經營行為中，施正榮似乎比「單純而無私」的無錫市政府要精明得多。他在尚德體系之外，成立了亞洲矽業和三家都以榮德命名的公司，它們都獨立於上市公司之外，是施正榮的私人家族企業，其業務是向無錫尚德提供矽料和元件，因此形成了利益關聯鏈條。三家榮德系公司在兩年時間裡，獲得了近二十五億元的業務收入，亞洲矽業則在二〇一〇年與無錫尚德簽署了總額十五億美元、為期七年的長期供貨合約。更誇張的是，這些家族企業還同時得到了尚德的二十億元擔保資金。

二〇一一年，尚德淨虧損十億美元，到第二年的第二季，情況繼續惡化，電池工廠停產，公司大規模裁員，其總欠債額高達二十多億美元，紐約證交所的股價從最高的九八美元跌到一美元。美國投資者對施正榮提起集體訴訟，指控他藉亞洲矽業掏空上市公司，並挪用公司十六億八千萬美元為自己的個人公司提供無息貸款。

在最危難的時刻，施正榮拒絕拿出個人資產拯救尚德，他的「科學家理性」似乎戰勝了企業家倫理與血性。

豎在高速公路入口處的施正榮巨幅宣傳照，是在二〇一二年八月被悄悄撤下來的，在這個月，他辭任尚德執行長。十二月，董事會宣佈罷免他的董事長職務，施正榮發聲明認為此舉「違規」。又過了三個月，尚德被當地法院宣佈破產重整，無錫的地方國企（國聯集團）成為政府指定的「接盤俠」。在後來的幾年裡，施正榮的名字在無錫成了一個尷尬的禁忌。

「漲潮的時候趕海，你很難得到大海的饋贈；退潮的時候，哪怕在海灘信步，也能撿到美麗的貝殼。商機也是這個理。」信奉這個「商理」的人叫張志熔，他在二〇一〇年的《富比世》內地富豪榜上排名第十。

張志熔是最近幾年最激進的「造船大王」，他的熔盛重工在短短六年時間裡迅速成長為中國第一大民營船企。張志熔的發跡與施正榮頗有相似的地方，即得到了地方政府的大力扶持。二〇〇四年，他與江蘇如皋市政府簽訂合作協議，準備建一個年產三百五十萬載重噸的造船廠，當時中國最大船企中船集團的產能也不過三百五十七萬噸。

到二〇〇九年底，隨著「四兆計畫」的推出和銀行大規模放閘，重資產、高產值的造船產業被赫然列入「十大振興產業」之一，受到地方政府和金融機構的強烈青睞，上千億資本瘋狂湧入，中國的造船熱浪平地捲起。工信部的資料顯示，在整個二〇一〇年，全國造船完工量六千五百六十萬載重噸，同比成長五四．六%，新承接船舶訂單量七千五百二十三萬載重噸，是去年同期新接訂單量的二．九倍。正是在這一年，中國造船完工量、新承接船舶訂單量、手持船舶訂單量三大指標均超越韓國，成為世界造船第一大國。

在這股造船運動中，沿海的江蘇、上海、浙江、山東、廣東等省展開了一場大競賽，其中以江蘇省遙遙領先。二〇一〇年，全國造船完工量超過百萬載重噸的十一家企業中，江蘇省占九家，新承接船舶訂單量占世界份額高達二二．六%。

而在江蘇省，如皋的張志熔又是最兇猛和高調的一位。熔盛重工在二〇〇九年的最後兩個月，一舉拿下十二艘船舶訂單，在二〇一〇年更是接獲四十六艘船舶訂單，實現銷售收入一百二十六億元，淨利十七億一千九百萬元。十一月，熔盛重工成功在香港掛牌上市，募集資金一百四十億港幣，是當年香港市場非金融企業中的「募資王」。據媒體報導，「在熔盛鼎旺的二〇一〇年，下班高峰時，在江蘇如皋長青沙島中央的疏港公路上，數不清的助動車和摩托車會匯成一條鋼鐵洪流」。

然而，日後查閱當年的報導，可以清晰地看到，即便在最狂熱的時候，局內人士都對這一景象憂心忡忡。二〇一一年一月，《第一財經日報》發文〈中國造船業全球成第一，五省市爭霸〉，在彈冠相慶超越韓國的同時，幾乎所有的專家都表示擔憂：「總體來說，未來的國際國內環境都比較艱難。」、「影響造船業未來的因素，首先要看需求是否跟得上。目前外部環境、整體環境存在不確定性，未來可能會需求不足，產能過剩顯現，競爭殘酷化，進而價格降低，打擊行業整體利潤。」

可是，這樣的聲音被夾雜在歡呼聲中，似乎不被看成是警告。在張志熔們看來，「現在先狠賺一筆，將來船市不好的時候，再轉做鋼結構或其他業務」。而在國企看來，它們更有不怕死的理由，一位中船集團的高階主管對記者說：「產能過剩是將來的事，至少目前訂單多得都接不完，當然要加大造船力度。即使將來有了風險，央企也不會受到太大影響。」①

誰也沒有料到，局勢的反轉會來得那麼猛烈。

二〇一二年二月，有「溫州船王」之稱的陳通突然失去聯繫。去年八月，他的東方造船

---

①出自《中國經營報》，〈船企大躍進：把握現在不管未來〉，二〇〇七年十一月二十四日。

集團剛剛在倫敦證交所的另類投資市場（Alternative Investment Market）掛牌交易，可是僅僅幾個月後，就被曝出十一億元的巨額負債無法償還。

陳通跑路是造船業危機的第一張骨牌：三月，江蘇南通啟東的惠港造船公司宣佈破產；五月，浙江台州規模最大的出口船舶企業金港船業向法院申請破產；六月，大連東方精工船舶配套有限公司宣告破產，廠房徹底停工。中國船舶工業行業協會的資料顯示，在二〇一二年到二〇一三年，全國三千四百家造船企業全數陷入資金緊繃、訂單銳減和交船難的困境，倒閉歇業企業超過兩千家，成為製造產業的重災區。在二〇一二年底的國務院會議上，造船業從「十大振興產業」名單中滑出，被明確定義為「過剩產能」。

即便在這樣的時刻，張志熔看上去仍然「大而不倒」。從二〇一〇年到二〇一二年的三年間，熔盛重工的手持訂單穩居全國第一，直到二〇一五年，熔盛的秘密才被財新記者揭露出來。

事實上，沒有一位超人可以抵抗潮漲潮落的規律。張志熔的財務技倆來自兩個方面。一是融資能力和政商關係，在金融機構的支持下，熔盛重工的銀行貸款水漲船高，到二〇一一年已達兩百五十四億三千萬元，實際上是一個被銀行硬撐起來的稻草巨人。同時，熔盛每年從如皋市取得巨額退稅和補貼，在二〇一〇年到二〇一二年的三年中，金額共計三十三億八千萬元，超過其利潤總額。

二是「自己給自己下訂單」。財新記者的調查顯示，一位叫關雄的掮客在香港成立了十二家單船公司，專門向熔盛重工下訂單，「這些訂單實際上是張志熔透過個人通路，將錢轉給關雄的香港公司，然後關雄的香港公司再到熔盛重工下單造船。接單後，只有一部分船會繼續造完，並由關雄的公司出租賺取租金或乾脆轉讓」。在熔盛重工的歷史訂單中，與關雄有關的有三十艘船之多。

從「世界泵王」、「光伏之王」到「造船大王」，他們的旋起旋落在世界工業史上都堪稱經典，並似乎不可複製。

在一個由強勢政府主導的市場經濟環境中，資源的配置模式十分極致，它既足以在最短的時間內聚合能量，拉動經濟的復甦，對任何一個產業造成戰略性的調整，同時，也因「看得見的手」的干預，無法避免資源錯配和浪費的後果。如史迪格里茲（Joseph Stiglitz）所揭示，「勢不可當的政府活動之後，便是反方向的劇烈變動」。①

如果我們把二〇〇八年底到二〇一二年視為一個經濟週期的話，可以看到四個重要的新特徵。

其一，中央政府對產業經濟的主導能力非常強悍，而其政策的傳導性則更會層層加碼。

① 出自《政府為什麼干預經濟》（The Economic Role of the State），約瑟夫・史迪格里茲著。

無論是機械裝備、光伏還是造船業，在四年時間裡的規模擴張均非頂層設計時所預想，而出現了倍級的擴張效應。它非常容易形成GDP意義上的大勝利，然後又會在下一輪週期調整中發生嚴重的失控。

其二，中國政府始終沒有擺脫對投資的路徑依賴。相比於內需消費的喚醒，以大規模貨幣投放為基礎的基礎設施投資，無疑是一劑立見成效的猛藥，但它所造成的後遺症則不可避免。在這一過程中，國有資本控制的銀行系統扮演了「白馬騎士」和後果承擔者的雙重角色，金融系統和地方債務平臺的高風險，成為長期存在的隱形危機。

其三，隨著人口紅利的消失和城市化運動進入中期，外延式發展的邊界漸漸出現，陡然增加的製造能力很容易在週期波動中出現戰略性過剩，終而造成企業的危機和社會資源的巨大消耗，以效率提升和技術創新為主題的轉型升級已經勢在必行。

其四，作為全球第一的人口大國和製造大國，中國產業經濟的波動直接影響國際能源的價格和產業格局重構，甚至足以影響一些能源輸出國的政局穩定。摩根大通的研究顯示，當中國的成長率下降一％，新興市場就會相應下降〇．七％。「中國效應」的傳導性變得越來越強，也越來越可怕，它成了全球經濟復甦的中樞地區，也是最不確定的因素之一。

這些新特徵的出現，意味著中國經濟進入了新的發展階段，它既不是一個經典意義上的市場經濟國家，也不再是一個經典意義上的發展中國家，它需要被重新審視和定義。

七月十七日，愛迪達的中國公司發佈了兩條看上去讓人有點疑惑的消息。

其一，它宣稱在過去的一年裡，在中國新開了一千一百七十五家分店，目前擁有六千七百個銷售點，是全球成長最快的區域市場。其二，它宣佈將關閉位於蘇州工業區的唯一一家自有工廠，把生產線遷移到東南亞的緬甸。

這兩個看似衝突的消息背後，體現出了二〇一二年中國產業經濟的一個新的基本特點：在消費能力不斷抬升的同時，製造業的成本優勢即將消失殆盡。所有的全球化企業都開始小心翼翼地重估中國市場的價值。

作為勞動密集型產業的指標，服裝鞋革業是中國改革開放之後第一批被引入的全球化產能，它們天然具有「漂移」的屬性。愛迪達的生產基地最早設立在歐洲，隨後轉戰至相比生產成本較低的日本，接著是韓國和臺灣，然後又是中國，數十年間經歷了候鳥般的遷徙路徑。就在今年的早些時候，英國媒體爆料，愛迪達提供給倫敦奧運的特約商品均出產於柬埔寨服裝廠。在那裡，工人月平均工資為一百三十美元（約合人民幣八百二十八元），而在愛迪達的蘇州工廠，其對外招工的人均月工資不低於三千元。①

愛迪達的撤廠，被認為是一個「遲早要做的決定」。早在三年前，愛迪達「永遠的競爭

①出自《每日電訊報》，〈柬埔寨工人以週薪十歐元製造奧運商品〉（Cambodian Workers pm € 10 a Week Making Olympics 'Fanwear'），二〇一二年七月十三日。

對手」耐吉就做出了一模一樣的決定。二〇〇九年三月，耐吉關閉了公司位於中國太倉市的唯一一家鞋類生產工廠，遣散中國員工一千四百人，當時由於補償方案未能與工人達成協議，還引發了大規模的工人罷工。自金融危機爆發後，耐吉明顯加速調整全球生產佈局：二〇〇一年時，中國生產了其四〇%的鞋，在各國中排名第一，而越南只占一三%的份額；到了二〇〇五年，中國的份額降至三六%，越南升到二六%；到了二〇一〇年，越南超過了中國，占三七%，中國退居第二，占三四%。①

全球運動鞋品牌商的遷移行動，在後來的幾年裡將引發連鎖效應。愛迪達在中國有三百家代工廠，雇用員工總數超過三十萬人，隨著品牌自營廠的遷徙，很多代工廠受到產品工藝流程完整性的影響，就必須跟著一起轉戰東南亞。

一位台商在接受《南方週末》記者採訪時，算了一筆帳：「我們一九九〇年從臺灣將工廠全部遷移到廣東，當時珠三角的工人月薪只需兩百元左右，而如今漲了十多倍，尤其是金融危機後，工資成本上升更加迅猛。目前的工廠工人月薪大約是五百美元，而印尼的大約三百美元，越南的是兩百五十美元左右，差距由前幾年的五十美元擴大到兩百美元以上。如果耐吉的採購商能用十美元買一雙鞋子，絕不會掏十一美元來購買，因此工廠流失了一些低價訂單。」

這位台商所描述的景象顯然並不僅僅出現在鞋革業。日本貿易振興機構（JETRO）統計顯示，二〇一二年，廣東深圳工廠員工的人事費（包括社會保障費等）為每人六千五百六十三美元，比二〇〇八年成長了七〇%。富士康董事長，也是大陸最重要的台商郭台銘在一次論壇上抱怨說：「中國的年輕一代不願意在工廠裡工作，他們希望從事服務業、網際網路行業或者其他一些更輕鬆的工作。」

對於富士康，大陸的政府和輿論界充滿了矛盾的心態。一方面，「十三跳」事件讓人們看到了這家巨型工廠的原始血腥，它以效率和效益的名義把中國勞動力的紅利吃到了人倫的邊緣。另一方面，它不但提供了數百萬的就業機會，更是正在下滑中的外貿經濟的支柱。從二〇〇九年開始，中國對外貿易的前二十強企業中，便有八家與富士康體系有直接關係，其業務額占了全國進出口總額的四．一%。「富士康不能走」，幾乎成了一個不得不接受的事實。

在過去的幾年裡，郭台銘一直在重構富士康的產業佈局，深圳園區將打造專注於科技研發和電子商務的「五中心一基地」，長三角地區形成了精密連接器、無線通訊元件、液晶顯示器、網通設備機構件、半導體設備和軟體技術開發等產業鏈及供應鏈聚合體系，環渤海地區以無線通訊、消費電子、雲運算、奈米科技等為骨幹產業。智慧手機、平板電腦、汽車零件、精密磨具等業務則轉移至了中西部地區。

在這一佈局之下，富士康於二〇〇〇年投資山西太原，二〇〇九年建廠重慶和成都，二〇

---

①出自《第一財經日報》，〈耐克工廠工人五年縮減七成〉，二〇一三年二月二十六日。

一〇年進入河南鄭州，二〇一二年簽約貴州貴陽。郭台銘還宣佈將在未來的十年內，用一百萬台機器人替代生產線上五〇%的勞動工序。

與製造業所發生的種種危情相比，中國的網路經濟仍以輕快的步伐在前行，內需消費和文化產業則正在發生新的變化，而所有的創新都建立在行動網際網路的井噴風口上。在二〇一二年，全球智慧手機出貨量達七億一千七百萬支，比去年成長四五%，中國的出貨量達一億八千兩百萬支，居全球之首。一個更值得關注的資料是，三、四線市鎮的手機銷售首度超過了一、二線城市。

三月二十九日凌晨四點，馬化騰在騰訊微博發了一個六字帖：「終於，突破一億！」此時，距離微信上線僅四百三十三天，在網際網路史上，微信是迄今為止增速最快的線上通信工具。QQ同時線上用戶數突破一億，花了將近十年，臉書用了六年半，推特用了整整四年。四月十九日，微信推出「朋友圈」，它意味著這款通信工具朝向社交平臺無縫升級，由此一個建立於手機上的熟人社交圈正式出現。

八月二十三日，微信公眾號平臺上線。這是張小龍團隊的一個「發明」，它兼具媒體和電商的雙重屬性，從而革命性地改變了中國網際網路以及媒體產業的既有生態。

在公眾號誕生之前，博客及微博已經對中國的輿論傳播業構成了巨大的衝擊，民眾掌握了輿論的發佈權和選擇權，金字塔式的精英傳播模式遭到顛覆。儘管如此，由於博客和微博的草根及碎片化的特徵，主流輿論的勢力其實並沒有被徹底瓦解。公眾號推出後，擁有持續創作能力的精英寫作者敏銳地發現，這一模式更適合沉浸式創作，而其傳播的路徑由熟人朋友圈發動，且在通信和社交環境中實現，因此具有更為強大和有效的輿論效率。同時，經由訂閱而產生的粉絲（訂戶）有更強的忠誠度，並易於管理互動。

很快，越來越多的寫作者開通了自己的公眾號，它們被稱為「自媒體」，這是一個由中國人獨立創造出來的新概念。傳統媒體的傳播壁壘被擊穿，以專業能力為基礎的人格體能量開始爆發。在後來的幾年裡，報紙、雜誌等媒體出現雪崩式的倒塌——中國傳媒業的式微速度遠遠大於所有歐美國家，一個全新的輿論生態在微信平臺上赫然出現。

羅振宇自稱「羅胖」，原本是中央電視臺《對話》節目的製片人，他同時也是策劃專家，三Q大戰後曾被馬化騰請去給全體高階主管培訓「輿論管理」。他在公眾號平臺出現不久就開通了「羅輯思維」，每天講述六十秒的音訊咬緊用戶，他的訂戶在一年後超過了一百萬。後來幾年裡，他成了自媒體和知識付費的風向標。

對於企業而言，公眾號也開拓出一片陌生而新穎的商業天地，商家以最低的成本和最快的速度發佈資訊，精準獲得了用戶，無論在服務互動還是商品販售，都具有新的可能性。由於公眾號內建於社交環境，導流和呈現的成本大大低於傳統意義上的ＡＰＰ，因而產生了對後者的替代效應。幾乎每一家中國公司都必須認真思考一個問題：「我與微信有什麼關係？」

在二〇一二年，微信的迭代和擴張幾乎吸引了所有人的目光，不過也有其他一些創業者的表現值得記錄。小米手機在今年實現了一百二十六億元的銷售額，雷軍在製造業中造成的恐怖效應正在急速地發酵。王興的美團和張濤的大眾點評從「千團大戰」中浴血殺出，逐漸形成對峙之勢。

今年夏天，兩個出生於一九八三年的人做出了一生中最重要的產品。

張一鳴是一位連續創業者，他在八月推出了一款基於資料探勘技術的新聞推薦引擎產品「今日頭條」。這位從來沒有新聞從業經驗的理工男，決定用演算法替代編輯，把使用者喜歡的資訊「餵送」到他們的嘴前。今日頭條的口號是，「你關心的，才是頭條」。他拒絕設立總編輯的崗位，立志要當一個「新聞的搬運工」。在當時，新浪、騰訊和網易的手機新聞用戶端已經鋪天蓋地，誰也沒有料到，小個子的張一鳴有可能殺出一條血路。

九月九日，前阿里巴巴員工程維推出滴滴打車ＡＰＰ。他花了八萬元開發出的這款產品非常粗糙，當日全北京的一百八十九家計程車公司中，只有十六個司機使用了這個毫不起眼的小軟體。在程維的記憶中，這一年北京的冬天非常寒冷，他和三個小夥伴在北京西客站的計程車停靠點推銷，「那個地方是個過道，過堂風很強，司機停留時間又很短」，他們硬是讓一萬個司機裝上了滴滴ＡＰＰ。十一月三日，北京城下了第一場大雪，很多人上班招不到車，就開始嘗試叫車軟體；這一天，滴滴打車首次單日訂單超過一千筆。

在今年，保時捷在中國賣出了三萬三千五百九十輛跑車，雅詩蘭黛的銷售額成長了三〇％，巴寶莉在北京開出了面積達一千兩百平方公尺的亞洲最大旗艦店。據彭博社的報導，中國消費者的花費占該集團銷售額的四〇％。

根據貝恩諮詢的資料，二〇一二年，中國首次超越美國，成為全球最大的奢侈品消費國，中國內地、香港和澳門的消費者占全球奢侈品銷售份額的四分之一，而美國消費者僅占五分之一。在一九九五年，中國消費者僅占全球奢侈品市場份額的一％，而美國消費者占二七％。二〇一〇年《胡潤百富》報告指出，中國富豪的平均年齡比西方富豪小十五歲，「跑車買家的平均年齡是三十出頭，豪華轎車買家的平均年齡大約是四十歲」。根據胡潤的計算，上海有十四萬個家庭的資產達到了一千萬元，不過七成是因為炒股和不動產的增值，這座城市裡大約有兩百五十位富豪的個人財富在二十億元左右。

十月，山東作家莫言擊敗日本作家村上春樹，獲得了今年的諾貝爾文學獎，他以農村題材為主的小說其實在「八〇後」主流讀者那裡幾乎沒有市場。年輕人更喜歡輕快而淺薄的八卦娛樂，由浙江衛視製作、開播於七月的《中國好聲音》一炮走紅，成為繼二〇〇四年《超級女聲》之後的另外一個爆紅綜藝節目，它的節目原型來自荷蘭，甚至連評委所坐的四把轉動椅子都是從荷蘭原版空運引進。

隨著網絡文化的繁榮，一些新的流行詞開始出現。其中之一是「屌絲」，它最早出現在百度貼吧，繼而風行於微博和微信。在經典的漢字語境裡，屌絲指的是生殖器附近的恥毛，可是在網際網路詞彙裡，它成為社會底層族群的自稱，而且無論男女，皆為屌絲。這一部分人群而大量廣，對現狀不滿，更是網際網路上最樂於及敢於表達的人群——在中國網路界，

「得屌絲者得天下」一度被認定為鐵律。

在這一流行詞的背後，潛伏著一個事實，即網際網路的紅利爆發，在相當長的時間裡是去權威化和去精英化的過程。草根階層的崛起，就本質而言，是對既有秩序——從產業秩序、財富秩序，乃至知識和語言秩序——的全面否定和顛覆，它既有進步的意義，也明顯帶有敗壞的跡象。對這一屌絲化潮流的再否定，是二〇一六年之後的事情。

中國電影的票房在今年首次突破一百億，這必須歸功於一部屌絲電影《泰囧》，它取得了十二·六七億元的空前票房。電影講述三個年輕人在泰國旅行時的種種搞笑遭遇，人們在影院裡笑得眼角流淚而忘卻了世間的所有煩惱。其實，在今年真正應該被記憶的是馮小剛拍攝的《一九四二》，它取材自劉震雲寫於一九九二年的一部調查體小說，記錄了一九四二年河南因旱災、蝗災糧食顆粒無收，三千萬民眾離鄉背井去陝西逃荒的真實歷史。馮小剛從二十年前發願把它拍成電影：「這篇小說在我的心裡開始發酵，逢人便說，念念不忘。」①在經歷了劇組的三聚三散後，影片終於在今年成片播出，結果虧損五千萬元，導致華誼兄弟公司的股價暴跌。

十月國慶期間，中央電視臺記者扛著攝影機到街頭隨機採訪路人，問的是同一個問題：「你幸福嗎？」一位行色匆匆的中年人茫然地對著鏡頭說：「我姓曾。」

到二〇一二年，改革的上半場即將落幕了。斗轉星移之間，一切都變得越來越陌生。那些在歷史舞臺上曾經叱吒一時、留下過身影的人們，也相繼步入了生命中最後的時光。

出生於一九八二年的吳仁寶住進了醫院；出生於一九三九年的李經緯在廣州的醫院已經被「雙規」了整整十年；出生於一九三四年的步鑫生被查出罹患絕症，他打算回到二十四年未曾回去的傷心之地——老家海鹽縣；出生於一九三九年的馬勝利關掉了自己的包子鋪，杜門謝客。

在這些人中，年紀最大的是出生於一九二八年的褚時健，他正在遠離塵囂的雲南哀牢山上種柳丁。

已經很少有人記得褚時健了。這位當年的「中國煙王」，於一九九六年因貪獲罪入獄。其間，他的妻子、妻妹、妻弟、外甥均被收審，女兒在獄中自殺身亡，兒子遠避國外，名副其實的「妻離子散，家破人亡」。褚案在當年經濟界引起了極大的同情浪潮，在一九九八年初的北京兩會上，十多位人大代表與政協委員聯名為褚時健「喊冤」，呼籲「槍下留人」。一九九九年一月，褚時健「因為有坦白立功表現」被判處無期徒刑，兩年後，以身體有病的理由獲准保外就醫。

出獄後的褚時健與妻子在哀牢山上承包了兩千四百畝荒涼山地，種植甜橙。

①出自《溫故一九四二》，劉震云著。

此後十餘年間，偏遠寂寥的哀牢山突然成為很多民營企業家的奔赴之地，有的獨自前往，有的結群拜訪。對褚時健的同情和致意，超出了對其案情的法律意義上的辯護，而實質是一個財富階層對自我境況的某種投影式認知。德國哲學家雅斯貝斯（Karl Jaspers）曾提出「極限情境」的概念，在這一情境中，通常遮蔽我們的「存在」的雲翳消散了，我們驀然面臨生命的基本命題，尤其是死亡。雅斯貝斯描述了人們面對這一情境時的焦慮和罪惡感，與此同時，也讓人們以自由而果敢的態度正視這一切，開始思考真正的命運主題。

褚時健與老妻兩人獨上哀牢山，並沒有想過柳丁的商業模式，他對所受遭遇毫無反抗和辯駁，亦不打算與過往的生活有任何的交集。自上山那日起，他的生命已與哀牢山上的枯木同朽，其行為本身是一種典型的自我放逐。也正因此，在公共同情與刻意沉默之間，無形中營造出一個巨大的悲劇性效果。

在某種意義上，褚時健在哀牢山上「圈地自困」，帶有極濃烈的意象特徵，宛如一代在扭曲的市場環境中掙扎成長的企業家們的「極限情境」。面對這一場景，他們會不由自主地喚起同理心，構成集體心理的強烈回應，人人心中都好像有一座雲纏霧繞的「哀牢山」。

二〇〇三年，剛剛登完雲南哈巴雪山的王石順道去看望褚時健。在哀牢山的一個小山坳裡，他看見七十多歲的老人蹲在路邊，與一個鋪設水管的工人討價還價；工人開價八十元，老人還價六十元。

站在一塊荒地前，王石指著一尺多高的果苗問褚時健：「什麼時候能掛上果？」褚答：

「五、六年後吧。」王石在自己的書中寫道：「他那時已經快七十五歲了。你想像一下，一個年近七十五歲的老人，戴一個大墨鏡，穿著破圓領衫，興致勃勃地跟我談論柳丁掛果是什麼情景。雖然他境況不佳，但他作為企業家的胸懷呼之欲出。我當時就想，如果我遇到他那樣的挫折、到了他那個年紀，我會想什麼？我知道，我一定不會像他那樣勇敢。」①

到二〇〇八年，褚時健的柳丁結果了，他起名叫「雲冠」，但當地人卻順口地管它們叫「褚橙」。到二〇一二年，褚橙的產量達到一萬噸，銷售突然成了一個新的難題。

十月，一家叫「本來生活」的農產品電商網站突然找到了褚時健，希望包銷二十噸褚橙在北京賣一賣。褚時健是一個從不上網的老人，但他下意識地覺得可以試試。

二〇一二年十一月五日，褚橙上線，五分鐘內售出八百箱，把本來生活網的伺服器弄當機了。三天內，二十噸售罄；網站緊急訂貨，十天內賣掉了兩百噸。褚橙很快成為所有柳丁品類中的「網路爆品」，沒有人會料到，行動網際網路時代的人格化品牌，會由一位「囚困」於哀牢山的八十五歲老人來引爆。

「人生總有起落，精神終可傳承。」這是網站的幾個年輕人為褚橙想出來的廣告詞，幾個簡單的漢字裡浸透了這個時代的所有曲折與頑強。

① 出自《王石說：我的成功是別人不再需要我》，王石口述。

在危機四伏的二〇一二年，八旬老人褚時健以網際網路的方式重新創業，無疑在年末讓人們心生敬意和勇氣。本部中國企業史從本質上而言，就是一部關於人的精神史，每一個產業的顛覆及重構背後，都起伏著無數個體生命的悲欣交集。時間之針會在終止之前一直前行，它裹挾一切，向不確定性宣戰。

風雲人物 賽道投手

沈南鵬說自己最大的優點是「不夠聰明」。凡是敢於這樣自評的人，往往比較可怕。

二〇〇五年九月，沈南鵬與張帆，以及紅杉資本（Sequoia Capital）一起創立了紅杉資本中國基金，首期募集兩億美元；兩年後，再籌七億五千萬美元。這在當時是一個大數字，同年百度的市值為三十六億美元。

一九六七年出生的沈南鵬畢業於上海交通大學，後赴美在哥倫比亞數學系和耶魯大學讀MBA（工商管理碩士）。在此之前的十二年裡，沈南鵬在雷曼兄弟證券、花旗銀行和德意志銀行有過七年的投資經歷，接著與梁建章等人創辦攜程網，還個人投資了如家和易居中國。這兩份閱歷讓他從一開始就顯得與眾不同。

紅杉是矽谷最傑出的風險投資機構之一，以賽道式投資著稱，即看中未來的大勢，密集投注領跑者，在它的投資名單上有蘋果、谷歌、YouTube、思科等。沈南鵬回憶，他入夥紅杉時，美國合夥人們並沒有分享發現蘋果和谷歌的心得，而是將四十年的投資經歷總結為一頁紙，其中羅列著三十九個過往的重大錯誤，「有兩個錯誤，是我之前就犯下過的：投資早期企業時股權太少，以及投資在早期就被估值很高的公司」。①

沈南鵬投資的第一個企業是奇虎三六〇。周鴻禕評價說，沈南鵬是一個饑餓的人，看到項目就像聞到了血腥味的狼，或者像鯊魚聞到血腥味，他聽到一點風聲就會去拚搶、去追蹤，是一個非常積極的人，表現得特別符合賈伯斯所說的保持饑餓感（stay hungry）。

在一開始，沈南鵬的投資顯得小心翼翼。紅杉中國創辦的前兩年，只投出了五千萬美元，而很多項目都憑直覺和偶然性。二〇〇七年，紅杉的一個合夥人去重慶考察，喝咖啡時發現對面有家餐廳人滿為患。他帶著好奇，也排隊買了份餐，覺得味道不錯。然後紅杉投資了這家名為「鄉村基」的速食連鎖企業，三年後它在紐約證交所上市。

二〇〇九年，沈南鵬終於找到了一條無比重要的賽道。

這一年開春，紅杉中國在京郊的長城公社召開年會，沈南鵬把主題定為「Mobile Only」。「這個主題我不知道怎麼翻譯合適，我們就是想給大家一個警醒，新的行動網路時代要到來了。」

---

①出自《環球企業家》，〈沈南鵬是如何煉成的〉，二〇〇八年七月。

紅杉中國是最早全力押注行動網際網路的風投機構。沈南鵬和團隊整理了一份行動網際網路「產業地圖」，上面有營運商、電信增值服務供應商（Service Provider）、電商、遊戲公司等產業鏈環節，並標明各個環節的關係。對著這張圖，紅杉中國開始研究有哪些點應該去看一看，有哪些點可能會有機會。「紅杉在後來的投資中沿著這個圖解不斷深入和補充，因此能捕捉到一批今天從競爭中脫穎而出的網際網路公司。都是因為那時的這張地圖，讓我們提早佈局。」①

中國的行動網際網路投資熱潮，肇始於二〇〇七年的 iPhone 面世，大風湧動於二〇一一年的智慧手機大爆發和微信誕生，終於二〇一六年的共享單車。十年之間，賽道遼闊、細軌縱橫，奇才異能之人蜂起，紅杉中國無疑是其間最活躍的大贏家。美團的王興曾感慨：「只要你還在創業，只要你還在這個大的行業裡面，我相信大家繞來繞去都會遇到紅杉，因為紅杉總在那裡，而且總是衝在最前面。」而唯品會的沈亞更認為：「沈南鵬至少透過在電商的佈局，已把整條賽道都買了。」

特別是在O2O一役，沈南鵬幾乎投進了所有的獨角獸，甚至還投資了整條產業鏈，包括採購、物流、資料調研等公司，這些企業犬牙交錯，接連成壁。二〇一五年，行業進入最後的洗牌併購期，紅杉中國是美團、大眾點評、趕集網、滴滴的投資人，沈南鵬又是攜程的創始人，因此在這幾起艱難的巨型合併的幕後，始終隱現著他合縱連橫的身影。

到二〇一七年，紅杉中國共計投資兩百多家企業，所投企業總市值高達兩兆六千億元，沈南鵬被戲稱擁有一個「兩兆的朋友圈」。自一九九八年，風險投資（Venture Capital）、私募股權投資（Private Equity）這兩個概念進入中國之後，風險投資人成為新興產業發展的重要推進力量。他們有的時候被視為「門口的野蠻人」，有的時候還要承擔「脫實入虛」的罪名，不過最終他們以自己超凡的勤勉和智慧，成為產業的推動者和利益分享人。

沈南鵬說：「我會嘗試去尋找好的機會，但通常我不是第一個嘗試的人。我會觀察一下，看自己是否適合。」[②]因為總是覺得自己「不夠聰明」，所以他能夠保持一份對職業的敬畏。如王爾德所言，「『傻瓜』創造了世界，聰明人不得不生活於其中」。

①出自《中國企業家》，〈沈南鵬買下賽道〉，二〇一四年四月。

②出自《新京報》，〈沈南鵬：創業要有純真願望〉，二〇一五月七月二日。

2013 金錢永不眠

我們依然在大大的絕望裡小小地努力著。這種不想放棄的心情，它們變成無邊黑暗的小小星辰。我們都是小小的星。

——電影《小時代》

湖北鄂州人孟凱，可能是全中國第一個意識到風向突變的企業家；不是因為他有獨特的政策嗅覺，而是他的酒館突然門庭冷落。這一切都來得那麼突然，卻又難以逆轉。

孟凱的「湘鄂情」開在北京市海澱區定慧寺的路邊，位置雖然不起眼，卻是中央八大部委密集的地方，平日裡車水馬龍、日日爆滿，菜價也是全北京最昂貴的，而且是「越貴越有人買單」。他的這個酒館甚至被人視為經濟景氣的風向標，只要「跑部錢進」的人多了，投資肯定就要加大了。孟凱原本是一個下崗工人，一九九五年在深圳蛇口開了一家只有四張桌面的小店，他有一位能幹的湖南媳婦，湘鄂情的店名，更像是一對貧賤男女的愛情故事。一九九九年，孟凱夫婦進京，本能地摸到了公款消費的門道。在後來的十多年裡，他們的生意越做越大，陸陸續續開出了三十四家分店。與官員們接觸得頻繁了，八面玲瓏的孟凱自然還學會了資本經營的新本領，二〇〇九年十一月，湘鄂情在深交所正式掛牌上市，成為中國第一家上市的民營餐飲企業，孟凱身價三十六億元，儼然是餐飲界的首富了。

然而，就是從二〇一三年一月開始，湘鄂情的生意陡然一落千丈。在去年的十二月四日，中央下達關於改進工作作風、密切聯繫群眾的「八項規定」，提倡精簡節約，嚴令禁止官員出入高檔消費場所。此後，各地紀委厲行嚴查，高檔場所及高價煙酒的消費頓時蕭條，杭州西湖邊的三十家高檔會所被全數關停，其中包括馬雲的「江南會」。在二〇一三年，全國白酒行業創下二〇〇九年以來的最低增幅，十四家白酒上市企業的市值縮水超過兩千五百億元。

「不要再抱任何幻想，不會再好起來了。」一位相熟的官員私下裡對孟凱說，「八項規定」不是一陣風，而是體現了執政者的新決心。在這一年，湘鄂情相繼關閉了八家門市，上市公司巨虧五億六千四百萬元。孟凱開始嘗試轉型，他先是投資環保項目，緊接著進軍房地產和影視業，然後又在新媒體大數據使力，後來索性把公司名稱也改為「中科雲網」，宣佈要與中科院合作，募資數十億元成為一家雲端服務企業。在接受記者採訪時，曾經的「京城第一大廚」孟凱說：「別和我談餐飲，談大數據。」

到二〇一四年十二月，幾經轉型的湘鄂情終於轉進了死胡同，孟凱因涉嫌違反證券法律法規，遭證監會立案調查，所持股份被凍結，他辭任公司董事長，避居海外。在發給《新聞晨報》記者的一條微信中，他說：「在各種壓力下，我的精神瀕臨崩潰，無力回天。」

進入二〇一三年之後，所有的人都呼吸到了別樣的空氣，感覺風向正在發生強勁而微妙的變化。

在政治上，中共中央加大了反腐的力度，習近平提出「『老虎』、『蒼蠅』一起打」。六月，曾長期任職中石油的時任國資委主任蔣潔敏被雙規，八月，石油系統的腐敗窩案被曝光，四位中石油高階主管遭紀委部門調查，據《南方週末》的統計，「在整個二〇一三年，央企反腐浪潮是最受輿論矚目的事件，至少已有十餘位央企中高層管理者涉案被查」。

在經濟上，新任總理李克強展現出了新的執政風格，他不同於前任，曾當政於工業大省遼寧和農業大省河南，對地方經濟情況更為嫻熟，而本人又是經濟學博士出身，還獲得過中國經濟學的最高獎——孫治方經濟科學獎。今年的九月九日，李克強在英國《金融時報》署名發表文章〈中國將給世界傳遞持續發展的訊息〉，明確提出「中國已經不可能沿襲高消耗、高投入的老舊模式，而是必須統籌『穩成長、調結構、促改革』」。

國際輿論開始用它們的方式揣測這位「博士總理」的新作風。

《經濟學人》雜誌提出了「克強指數」，據它的觀察，李克強在主政遼寧省時，「不會把各級官員上報給他的資料太當回事」。①他有自己評估經濟的三個數據：該省的鐵路貨運量、用電量和銀行發放的貸款額。

英國巴克萊銀行更直接，它在今年創造出一個新名詞「克強經濟學」，用來代稱這位新任總理為中國制訂的經濟成長計畫。巴克萊認為，「克強經濟學」有三個重要「支柱」：不須布刺激措施、去槓桿化和結構性改革。「除非經濟和市場面臨迫在眉睫的崩潰風險，我們預計中國決策者不會採取激進的財政和貨幣擴張政策。」②據此，巴克萊預測「克強經濟學」可能導致中國經濟「臨時硬著陸」，即未來三年中國經濟增速會顯著下降，但經歷短痛之後，中國經濟應能在未來十年內保持六％到八％的增速。

巴克萊的這個新名詞從來沒有得到官方的正式認可，不過卻在今年被《人民日報》、新華社一再引用，更是引起了學界廣泛的討論。隨著新領導人的上任，一度消沉的經濟學界似乎又活躍了起來，人們開始就改革的頂層設計，提出了各種版本的路線圖。

有人認為，改革的突破口應該是國有企業改革，混合所有制改革的方案在今年的兩會上被再次提出。在四月的博鰲論壇上，北大教授張維迎說，「過去十年中國的國有企業越來越強大，如果不能改變這種國企主導的經濟模式，中國將無法實現七％的年成長率。所以我希望新一屆政府繼續進行市場化改革，並且重新啟動被打斷的國有企業私有化進程」。

有人提出，收入分配的改革才是中國經濟調整、拉動內需的核心問題，當務之急是縮小日益擴大的貧富懸殊，把社會保障體制改革當成重中之重。

①出自《經濟學人》，〈克強收銀機鏗鏘響〉（Keqiang Ker-ching），二〇一〇年十二月九日。
②出自華爾街日報中文網，〈李克強經濟學的三大重要支柱〉，二〇一三年六月二十八日。

還有人則把結構性減稅視為未來改革的主戰場，認為應進一步加大對小微企業技術創新和改造的財稅支援力度，加快增值稅擴圍改革試點，解決現行營業稅重複徵稅問題。其中，是否立即徵收房產稅成為一個熱烈討論的焦點。

一些中生代經濟學者組成了一個新供給五十人論壇，他們的主張是把改革重心從需求端向供給端轉移，全面推動產業領域的創新和資源配置機制。

當然，也有一些頗為激進的觀點再次出現，有人提出應取消發改委，徹底廢除政府審批投資項目，在民營企業投資行為中，政府需要做的是「放手、放手、再放手」。中歐商學院的許小年教授更是建議「將幾十兆的國有資產分給十三億民眾以刺激消費」。①他的這個主張讓很多人在茶餘飯後開始「認真」地算帳，萬一真的分了，落到自己錢袋裡的會有幾萬元。

學者們提出的改革領域，個個都是「當務之急」，可是每一項都「剪一刀而動全身」。

中國的改革從來有多目標治理的特徵，就如同很多年前中國高級官員向米爾頓·傅利曼（Milton Friedman）提問的：「這隻老鼠有很多條尾巴，到底應該先剪哪一條？」當年傅利曼給出的藥方是「一次全部剪掉，長痛不如短痛」。事後看來，這種「休克式療法」似乎並不符合中國的現實國情，有些尾巴不是被剪掉的，而是自我萎縮掉的，比如物價改革和糧食體制改革；有些尾巴則好像是這隻老鼠的「命根子」，比如獨特的國有經濟體系；而更多的尾巴則血脈互通，動一條則波及其餘。糟糕的問題是，你甚至不知道波及的是哪幾條，而它們又會發生怎樣的狀況。

這種複雜而危險，且需要極大耐受力的「剪尾巴遊戲」一直在進行中，到今天仍然是中國的決策者們所亟待處理的。在二〇一三年，李克強的剪刀伸向了兩處，一是政府的權力清單，二是金融體系的證券化再造。這兩處手術均屬「內科」，動之艱難，事關長效。

在三月十七日的兩會記者會上，李克強第一次「亮相」，他提出的首項執政改革就是簡政放權，宣佈將國務院各部門行政審批事項削減三分之一。到年底，國務院召開九次常務會議，先後分三批取消、下放三百三十四項行政審批等事項。八月二十二日，國務院正式批准設立中國（上海）自由貿易試驗區。一個月後，自貿區就公佈了「權力負面清單」，共計十八大類，在這個清單之外的領域，外商投資項目核准均改為備案制。這種與國際慣例接軌的審批制度的確立，是改革開放以來的第一次。

金融體系的證券化再造，則比簡政放權更為複雜。中央政府在今年的種種作為，帶來了金融業的巨大變化，在某種意義上，可謂是「變天之年」。

接下來的記錄將有點枯燥，涉及一系列的法規政策名詞和它們頒佈的時間點，讀上去會讓人昏昏欲睡。不過，即便是把它們簡單地堆砌在一起，你也可以清晰地看到一個新金融時

---

①出自《新京報》，〈經濟學家許小年：幾十萬億國有資產應分給十三億民眾〉，二〇一〇年十一月六日。

代到來的清晰軌跡。如果說，在改革開放的上半場，中國解決了勞動力的自由流動，那麼，在下半場的一開始，決策層就試圖從最堅硬的地帶突破，解決資本的自由流動。這是一個令人興奮卻又充滿了種種焦慮、動盪和博弈的開始。

金融產業是市場化改革的最後一塊堡壘，在很長時間裡，這一產業有兩個基本特點，一是銀行主導一切，二是民間資本滴水不進。對現狀的突破，正是從這兩個方向次第展開的。

〈大資管時代到來〉——在今年一月三十一日的財新網上，出現了這樣的一篇專題評論。敏感的人們已經意識到，中國式的治亂大景觀將出現在一向風平浪靜的金融領域，從此往後，金錢永不眠。

切變化的開始，都從二〇一二年下半年以來的一系列新法律、法規的頒佈開始。

證監會

八月，證監會發文，明確鼓勵證券公司開展資產託管、結算、代理等業務，為專業投資機構提供後臺管理增值服務，一舉突破長期以來私募證投基金綜合託管業務由商業銀行壟斷的格局。①

九月二十六日，證監會修訂頒佈《基金管理公司特定客戶資產管理業務試點辦法》，首次允許基金公司進入私募股權投資領域。

十月，證監會連續發佈三個細則，對券商資管業務大鬆綁，券商資產管理從無到有，到二〇一三年一月，規模就突破了兩兆元大關。②

也是在十月，證監會還發佈《關於進一步完善證券公司直接投資業務監管的通知》，確立了直投基金的備案制度，首次明確了直投子公司和直投基金可以參與股權相關的債權投資。

十二月二十八日，全國人大表決通過了修訂後的《中華人民共和國證券投資基金法》，此法最大亮點是，首次將非公開募集證投基金（即私募證投基金）納入了調整範圍，意味著通常所指的「陽光私募基金」終於獲得合法地位。在接下來的一年，一大批公募基金裡的明星基金經理紛紛離職，創建自己的私募基金。

保監會

七月十六日，保監會發佈《保險資金委託投資管理暫行辦法》，同意保險公司將保險資金委託給符合條件的投資管理人，開展定向資產管理、專項資產管理或者特定客戶資產管理等投資業務，從此打開了「保險委託投資」的業務大閘。

十月，保監會又相繼發出通知，大大擴大了保險資產管理的業務範圍，也為保險資金與

①出自《關於推進證券公司改革開放、創新發展的思路與措施》。
②出自《證券公司客戶資產管理業務管理辦法》、《證券公司集合資產管理業務實施細則》和《證券公司定向資產管理業務實施細則。》

其他非保險資產管理機構的合作提供了依據。在這一系列新政的刺激下，諸多業外資本紛紛進入保險市場。①

央行和銀監會

八月三日，中國銀行間交易商協會首次允許設有基礎資產現金流質押的證券化產品的發行，當月，一些地方政府的城建公司及信託集團即先後發行資產支援票據。②

十二月，經國務院批准，放寬了商業銀行設立證投基金管理公司的門檻，推動數十兆級的儲蓄資金向資本市場的有序轉化。

這些令人眼花繚亂的新政的頒布，其核心目標就是兩條：放鬆監管力度，鼓勵混業經營。自一九九二年以來，朱鎔基時代所形成的金融嚴管思路一直被堅決執行，其間雖然也出現過若干的反復和糾結，但是垂直監管、分業經營的主導思想從未動搖。二〇一二年的金融新政，實質上終結了二十年的既有格局，證券、期貨、基金、銀行、保險、信託之間的競爭壁壘被打破，金融市場進入了一個全新卻注定更加混亂的大資管時代。

進入二〇一三年之後，一些重大的金融業改革措施繼續密集頒布。

月，全國中小企業股份轉讓系統（簡稱新三板）在北京金融街正式揭牌，這意味著繼上海和深圳兩大交易所之後，又出現了第三個全國性的證券交易場所。

實際上，這個新三板早在二〇〇六年就已經開始試營運，被掛在深交所下面，當初是為了扶持北京中關村的高科技企業。然而在六年時間裡，先後只掛牌了一百多家公司，定向增資總額不到十八億元，幾乎微不足道。此次的揭幕，是一次全面的功能和定位升級，它從深交所獨立出來，面向全國的中小企業開放，上市門檻大大降低，幾乎已接近註冊制。在未來的幾年內，新三板的上市公司數量迅速突破萬家，成為資本市場的新一極。

今年的七月六日，一場名為「吳英『民告官』研討會」的小型會議在北京舉行。在過去的幾年裡，圍繞這位「東陽小姑娘」的爭論一直沒有停歇，而且發生了出人意料的轉機。吳英在二〇〇九年十二月被一審判處死刑，二〇一二年一月，二審維持原判。然而在四個月後的五月二十一日，吳英案終審改判死緩。

吳英案的峰迴路轉，很難僅僅從法律的層面來解讀。在這個罪與罰的寬嚴尺度帶有濃厚政治意味的國度裡，吳英式的「幸運」是一個特殊時期的戲劇性投影。

就在北京那場小型研討會的前一天，七月五日，國務院發佈《關於金融支援經濟結構調整和轉型升級的指導意見》，提出「嘗試由民間資本發起設立自擔風險的民營銀行」——長遠而言，這也許是本年度最重要的經濟事件，中央政府開閘銀行業，首次表態允許民營資本

---

①出自《關於保險資產管理公司有關事項的通知》和《關於保險資金投資有關金融產品的通知》。

②出自《銀行間債券市場非金融企業資產支持票據指引》。

合法進入。

九月初，有消息稱，全國首份地方版《試點民營銀行監督管理辦法（討論稿）》已完成報至銀監會。

九月二十九日，銀監會發佈《中國銀監會關於中國（上海）自由貿易試驗區銀行業監管有關問題的通知》，提出「支持符合條件的民營資本在區內設立自擔風險的民營銀行、金融租賃公司和消費金融公司等金融機構」。

「民資銀行呼之欲出」——這樣的政策動向引起市場巨大的震動。

從百年中國現代化史的角度，銀行業一直是政權與民間爭奪主導權的核心戰場，孫中山的「節制資本」主張被國民黨政權奉為圭臬，在一九三五年的「孔祥熙變法」之後，國家資本就開始全面控制金融資本市場。一九四九年之後，民營資本被全數清理出局，銀行產業已無一分錢民間資本，一直到改革開放的整個上半場時期，銀行業從來是被禁止染指的「天字第一號雷區」。據渣打銀行的一份報告顯示，在過去的很多年裡，存在著兩個「六〇％」現象，即有六〇％的民營企業從來沒有從銀行貸到款，而獲得貸款服務的企業中，又有六〇％是一年期短貸。這一事實造成了資本市場的體制歧視，種種後遺症和併發症層出不窮，以吳英為代表的地下金融業者的長期存在，正是制度性的產物。曾有民間業者感慨：「千開放，萬開放，不如讓我辦銀行。」

政府對銀行業的開閘，如同在市場上投下了一大把興奮劑，在接下來的幾個月裡，各地關於民營企業申請銀行的消息此起彼伏，溫商銀行、蘇寧銀行、蘇南銀行、荊州銀行、渝商銀行等銀行名稱也頻頻曝光，江蘇一家老牌的紡織企業紅豆集團宣佈將申請成立蘇商銀行，結果在一個多月的時間裡，它的股票漲了四〇％。

在銀行開辦熱潮中，網路人當然不甘落後。騰訊主導發起前海微眾銀行，阿里巴巴籌備網商銀行，它們都成為銀監會批覆的首批五家民營銀行之一；百度則與中信銀行合資成立直銷銀行——百信銀行。①

在BAT中，動作最大的是阿里巴巴。天然的電商屬性，以及強大的協力廠商支付工具，讓馬雲有更靈活的創新空間。早在二〇〇八年的一次企業家峰會上，他就直言不諱地喊道：「我聽過很多的銀行講，我們給中小型企業貸款，我聽了五年了，但是有多少銀行真正腳踏實地在做呢？很少。如果銀行不改變，我們改變銀行。」

這句被銀行業者嘲笑了五年的狂妄之言，在今年終於兌現。六月十三日，一款名為「餘額寶」的類存款產品悄悄上線，所有的支付寶用戶都可以十分便捷地把零錢存入這個帳戶，其七天的年化收益率接近七％，秒殺所有銀行存款利率。到十二月底，餘額寶的用戶數達到四千三百零三萬人，資金規模一千八百五十三億元。支援這一產品的天弘基金原本是一支微

①前海微眾銀行於二〇一四年七月被正式批准籌建，網商銀行和百信銀行的成立時間分別為二〇一五年六月和十一月。

不足道的小基金，在三年後將成為全球最大的貨幣市場基金。

對官員的紀律整肅、央企反腐以及金融業的大震盪，生動地體現出了二〇一三年的不同尋常。在本質的意義上，它預示著利益重構的開始，這是一個新的大棋局，玲瓏初開，百子待落。歷史從來有自己的邏輯，你不可否認它的偶然性，否則歷史將非常無趣，不過你又必須尊重它的必然性。種種跡象表明，市場化是不可逆的方向，而與此同時，一個更強勢的中央政權也正在回歸，所有的局中之人都在謀劃和重新確立自己的新角色。

在今年的春夏之交，北京和香港的財經圈裡，關於長江實業拋售內地及港島資產的傳聞不絕於耳。一個頗有點敏感的話題在小圈子裡被不斷地提及：李嘉誠是不是要跑路了？

九月四日，長江實業發佈公告，宣佈將北京朝陽區的一塊土地以二十一億元的價格轉讓出手。王石在自己的微博中轉發了這條新聞，並配了一條耐人尋味的評論：「精明的李嘉誠先生在賣北京、上海的物業，這是一個信號，小心了！」

很快，媒體列出了一張李氏拋售清單：八月，李嘉誠為旗下創立了四十年的百佳超市尋找買家，其估值約三百一十億港幣；同時，計劃以七十五億港幣的底價叫賣上海陸家嘴的東方匯金中心OFC寫字樓（辦公大樓）；此外，還以三十二億六千八百萬億港幣的價格出售了廣州西城都薈廣場和停車場。這幾個項目加起來，涉及金額約為四百一十億港幣。此外，他還同步出售了價值七十一億港幣的香港物業資產，連一直作為公司穩定「現金奶牛」的香港電燈也被分拆上市。

與持續變賣內地資產對應的是，李嘉誠近年頻頻投資歐洲市場，僅二〇一三年上半年就完成四宗海外併購，共耗資兩百四十八億七千萬港幣。就在九月，和記黃埔又斥資十一億美元，收購了西班牙電信在愛爾蘭的子公司。據不完全統計，自二〇一〇年以來，長江實業與和記黃埔系總共在香港和中國內地以外完成了十一筆收購，涉及金額約一千八百六十八億港幣，其中歐洲地區佔比高達九七％。有英國媒體驚呼，李嘉誠要併購「整個英國」。

李嘉誠的撤資動向，迅速引起了多角度的解讀和猜測，你很難把一位八十五歲首富的行為當成一種衝動。在很多酒席之上，企業家們都在互相詢問：「你怎麼看李嘉誠跑路的事？」

在很多年裡，李嘉誠是一個象徵性的存在。這位潮汕人由逃港難民成長為華人首富，被看成是香港奇蹟的代名詞，但是在過去的十多年裡，以李嘉誠為首的地產富豪把持香港幾乎所有的命脈性產業，成為凌駕於平民社會之上的超級階層。在香港經濟低迷徘徊的同時，他們的財富卻實現了倍數成長，有人甚至諷刺性地把香港更名為「李家城」。①他的此次撤資，被視為看衰內地經濟的標誌性行為，有人甚至把它視為一種「示威」，在去年的特首選舉中，

① 根據彭博億萬富翁指數和國際貨幣基本組織（IMF）的測算（二〇一六年），香港前十大億萬富翁的淨資產總和，佔香港GDP的三五％，為全球佔比最高的地區。二〇一一年，香港基尼係數超過〇．五，成為發達國家和地區中，貧富懸殊情況最嚴重的地方。對香港富豪的發展史研究，參見喬．史塔威爾（Joe Studwell）所著的《亞洲教父》（Asian Godfathers）。

李嘉誠等富豪力挺的唐英年敗給得到中央政府支持的梁振英。

許知遠是這幾年中國最好的政經作家之一，他曾參與李嘉誠傳記的創作，在他看來：「李嘉誠對此刻中國的政治制度與社會情緒，都有自己的看法。他是一個有高度風險意識的人，他特別敏感於一個市場的政治與法治上的不確定性。他與內地的關係，也多少象徵著中國與海外華人社會的關係，他們之間的關係在發生戲劇性的轉變。在改革開放最初時，海外華人是改變中國的重要力量，他們也受到特別的禮遇。如今，情況在發生改變。」

十一月二十二日，李嘉誠罕見地在他位於香港中環的長江集團辦公室接待了幾位來自內地媒體的記者。在過去的大半年裡，關於「李嘉誠要跑路了」的新聞正甚囂塵上。

李嘉誠在此時接受採訪，顯然是一個刻意的安排，而且時間點選在北京召開十八屆三中全會的十天之後，更是別具深意。他對記者說，「撤資」是天方夜譚的笑話，「我感覺在經濟全球化的大環境下，『撤資』這兩個字是用來打擊商界、扣人帽子的一種說法，不合時宜，對政府和營商者都是不健康的」。

在記者的追問之下，老辣的華人首富還是真誠地表述了自己的某些真實觀點，他說：「世界上的投資機會和選擇，實在令我們應接不暇；集團可以挑選有法治、政策公平的環境投資；在政策不公平、營商環境不佳、政府選擇性行使權力之下，投資意欲便一定相對下降。」①

今年四月的最後一天，柳傳志去協和醫院例行檢查。醫生仔細地看了他的胸片，告訴他：

「你的肺出問題了，應該是肺癌。」在場的人都大驚失色，只有柳傳志看上去挺平靜的。

一九四四年出生的他馬上要七十歲了，按南方人的習慣「過九不過十」，他的朋友們都在張羅著為他開一個小型的祝壽會。在過去的幾年裡，老柳過得並不安寧。二〇〇九年，聯想巨虧兩億兩千萬美元，他被迫重新出山擔任董事長。時任執行長楊元慶將戰略重心回歸於中國市場，花了三年時間，總算穩住了陣腳。二〇一一年，柳傳志把聯想集團董事長的職務傳給了楊元慶，二〇一二年，又讓朱立南擔任聯想控股總裁的職務。按柳傳志自己的話說，算是把團隊交出去了。

在得知自己罹患了肺癌之後，柳傳志表現得比所有人都要鎮定一些。他後來回憶說：「當時在場的人裡，我大概是最鎮靜的人。為什麼這麼鎮靜呢？因為我覺得我這輩子很幸福。我四十歲的時候，趕上改革開放能讓我辦公司，事情呢，做得不錯，家人也對我不錯，還有很多的朋友，我覺得我這輩子值了。應該講，人生無非是匆匆一個過客，活多長都是活，反正酸甜苦辣都嚐過，我覺得很幸福，也覺得很平淡。」②

---

①出自《南方人物周刊》，〈做一個有價值的國民——對話李嘉誠〉，二〇一三年十一月。另，在後來的幾年裡，李氏一直在堅定地出售內地及香港資產。中環中心是李嘉誠家族在香港的標誌性物業，二〇一七年十月，長實集團以四百零二億港元的價格出售中環中心七五%的權益。

②出自柳傳志在二〇一五年中國企業家俱樂部十週年活動上的講話。

在朋友們的安排下，柳傳志去長白山度假，希冀用那裡的空氣好好洗一下自己的肺。六月中旬，他回到北京參加正和島的一次企業家茶敘，席間他說：「從現在起我們要在商言商，以後的聚會我們只講商業不談政治，在當前的政經環境下做好商業是我們的本分。」

誰也沒有料到，他的這番話在企業家群體中掀起軒然大波，構成本年度最具爭議性的話題之一。

正和島是一個企業家組織，由《中國企業家》前社長劉東華創辦，「島內」聚集了兩萬多名民營企業家。柳傳志的講話被曝光後，一位叫王瑛的女投資人當即發佈「退島聲明」——「我不屬於不談政治的企業家，也不相信中國企業家跪下就可以活下去……為了不牽連正和島，我正式宣佈退出正和島。」

到二〇一三年，中國的民營企業家數量從無到有，已經突破一千兩百五十三萬人，是中國商業世界裡最活躍，也具有財富能力的族群，他們對政治和公民社會的態度是中國進步的一個重要指標。

作為多年來最具影響力的「企業界教父」，柳傳志的「在商言商」，自然引起極大的爭議，也體現出企業家群體在公共立場上的分野。王瑛的「退島聲明」發佈後，在企業家群體內，迅速分化為「挺柳派」和「挺王派」，爭論持續了大半年。

在過去的十多年裡，企業家參與政治的熱情幾經波折，在二〇〇〇年前後，隨著中國加入ＷＴＯ，企業家對公共事務的參與和討論達到沸點。然而二〇〇四年的宏觀調控，「國進民退」的事實令很多人沮喪；在二〇〇九年的「四兆計畫」中，民營企業家被邊緣化，央企能力被進一步強化，失望情緒持續放大，從而引發了移民潮，民間投資熱情下降。二〇一一年到二〇一二年之間，企業家的焦慮達到了頂點，很多人開始選擇自己的立場。萬達的王健林宣稱自己的做法是「遠離政治，靠近政府」，三一重工的梁穩根則在一次公開訪談中稱，「我是黨的人，隨時準備為黨奉獻一切，只要黨願意，三一也可以隨時奉獻給黨」。

在過去的很多年裡，柳傳志從來不憚於談論政治，甚至他可能是討論政治最多的人之一。在二〇一二年，一向出言謹慎的他公開表達了自己的焦慮：「如果環境好了，就多做一點；環境不好，就少做點；環境真不好了，比如不能如憲法所說保護私有財產，企業家就會選擇用腳投票。」在接受《財經》的專訪時，他更對企業家階層在中國社會的參與能力闡述了自己的擔憂。在他看來，「中國企業家是很軟弱的階層，不太可能成為改革的中堅力量……面對政府部門的不當行為，企業家沒有勇氣，也沒有能力與政府抗衡，只能盡量少受損失。我們只想把企業做好，能夠做多少事做多少事，沒有『以天下為己任』的精神」。①

很顯然，這樣的「大白話」充滿了綏靖的氣質，理所當然地被一些企業家和公共知識份子視為懦弱。不過如果在二〇一三年的企業家群體中做一個調查，恐怕大多數人會認同柳傳

---

①出自《財經》，〈柳傳志：我希望改革反對暴力革命〉，二〇一二年十月。

志的觀點。在一個強勢政府和法治尚不完備的商業社會中，企業家在公共事務上的進取能力十分孱弱，甚至在某些時候連合法權益的自保都岌岌可危。他們更多的是新環境的適應者，而非創造者，寄希望於他們成為體制突破的先鋒力量，是一種過度的妄想。

圍繞柳傳志的「在商言商」風波，實際上體現出中國商業世界複雜的真實景象，其最重要的特點是多層面的「共識瓦解」。

其一，以「發展是硬道理」為主題的改革共識，已然破局，政府與有產階層在利益上的協調出現了裂痕，改革需要被重新定義；其二，企業家階層內部，出現了價值觀分野，很多人開始思考從事商業活動的終極目標，從而做出了各自的現實選擇；其三，企業家階層與公共知識份子階層之間的隔閡，不是在縮小而是在持續擴大，後者顯然缺乏對真實中國的解釋能力和設計能力。

這一「共識瓦解」的景象，將深刻影響中國改革的進程，並在未來的前行中浮現更多的不確定性。

在今年四月的漢諾威工業博覽會上，德國經濟技術部第一次提出了工業四・〇的全新概念，這意味著製造業的一場進化革命開始了。在德國人看來，過去的一百多年，工業革命經歷了蒸汽機的應用、規模化生產和電氣自動化的三大階段，而眼下，隨著智慧化技術和網際網路技術的滲透，生產線的新革命正在發生。

工業四．〇的提出，不是一個孤立性事件，它幾乎是所有製造大國的共同選擇。

也是在這幾年，美國的歐巴馬政府一直在推行「再工業化」戰略，並試圖實現「製造業的回歸」。而日本的安倍內閣，則在今年六月正式通過了「日本再振興戰略」，其內容涉及以促進民間投資為中心的緊急結構改革、推進以爭奪科技制高點為目標的科學技術創新等六大行動計畫。

作為全球製造業的第一大國，中國政府的高層正在組織擬訂新的工業化戰略，它將在一年後以「中國製造二〇二五」為主題發佈。而在當下，中國的製造界卻正陷在恐慌之中。在過去的兩、三年裡，他們先是被馬雲的電商弄得暈頭轉向，又讓雷軍在銷售模式上搞得眼花繚亂，幾乎到了人人唱衰、自信全失的地步。這時候，真的需要有人挺身而出。

十二月十三日，中央電視臺如期舉辦年度經濟人物的頒獎晚會，在所有的獲獎者中，雷軍無疑是風頭最健的一位。小米手機在今年賣出了一千八百七十萬台，成長一．六倍，就在一個多月前的天貓雙十一購物節上，小米手機僅在三分鐘裡就賣出一億元，這些神話般的數據，對於所有的製造業者都如同天方夜譚。

出乎雷軍預料的是，就在當晚的頒獎典禮上，他突然被人嗆了一聲，對方是做了二十三年製造業的「董小姐」。

董明珠不是一個一夜爆紅的人，而且在很長時間裡習慣在鎂光燈外生活。一九五四年出生的她，畢業於安徽省蕪湖幹部教育學院統計學專業，一九七五年在南京一家化工研究所做行政管理工作。兒子兩歲時，丈夫病逝。一九九〇年，董明珠辭去以前的工作，孤身一人來到珠海，加入格力的前身海利空調器廠，成了一名業務銷售員，那一年，董明珠已經三十六歲。

格力是一家地方國企，大股東是珠海市國資委，它的崛起歸功於朱江洪，一位低調而有決斷力的機械工程師。正是他慧眼識珠，發現了最基層的董明珠。一九九三年，董明珠帶領的一支銷售團隊，做了五千萬元的銷售額，占格力總銷量的六分之一，朱江洪一把將她提拔為經營部長。朱問董明珠，妳有什麼要求？董說，讓我管經營可以，我還要管財務。幾乎所有的格力幹部都覺得這位董小姐有點「過分」了，朱江洪卻一口答應下來。

常年在一線鏖戰的董明珠，以固執己見和不怕得罪人著稱。二〇〇四年，國美、蘇寧以連鎖大賣場模式衝擊家電產業，幾乎所有品牌都屈從於通路商的威力，唯有董明珠堅持走專賣店路線，打死不進國美、蘇寧的大賣場。在全國空調市場上，格力與順德的「美的」是一時瑜亮，打得不可開交，董明珠認定美的在技術上「抄襲」了格力，在公開場合多次炮轟對方是「小偷」，弄得美的董事長方洪波哭笑不得，只好調侃自己是「秀才遇到兵，有理說不清」。

從一九九三年到二〇一三年的二十年裡，「朱董配」是中國家電界的一個傳說。在這段激盪歲月中，各路豪傑潮起潮落，品牌變幻如南國雲天，而幾乎所有有國資背景的家電企業都相繼凋零，偏居珠海的格力卻如一個「異數」，穩健做大。就在去年五月，朱江洪退休，董明珠順理成章地接班董事長。這一年，格力以一個空調單品，銷售額居然突破一千億元。

在十二月十三日的頒獎晚會上，主辦方有意無意地讓雷軍與董明珠同台獲獎。在主持人陳偉鴻的「挑逗」下，雷布斯與董小姐突然擦槍走火了。

陳偉鴻先是在螢幕上放出了小米與格力的區別：從工廠的數量來說，小米是零，格力是九；員工數量小米是七千，格力是七萬以上；專賣店小米是零，格力是三萬以上；營業總收入小米是三百億，格力是一千零七億。陳偉鴻說：「我突然發現，其實你們兩人之間也許也會有一個世紀之爭，也就是你們兩人所代表的生產模式，對中國的企業，對我們的轉型升級來說，到底誰的後勁更足。」

董明珠當即接受挑戰，在她看來，小米的成功僅僅是行銷意義上的勝利，而企業的可持續發展，必須有賴於技術和製造的能力，「我覺得做企業，最重要的事情是必須問一下，枝繁葉茂的底下根在哪裡。綠葉可能生長三、五年，但是能不能永久，還是要引起思考」。

在陳偉鴻的攛掇下，兩人設下「十億賭局」：五年後，小米的銷售額能否超過格力。董、雷兩人的「賭局」既是一個即興的玩笑橋段，又是一場嚴肅的路徑之爭。董明珠的挺身而出，讓所有的製造業者在最苦惱和迷茫的時候，看到了新的希望，好好地為他們爭了一口氣。「賭局」之後，董明珠的知名度大大提高，儼然成了中國製造的新旗幟性人物。到第二年，這位任性的董小姐索性撤下所有的明星，親自拍廣告為產品代言。在她的示範下，包括ＴＣＬ的李東生、京東的劉強東，以及她的「死對頭」——美的集團的方洪波——紛紛效仿，大家都愉快地省下了一筆明星代言費。

在北京的頒獎典禮上，三百多億銷售額的雷軍敢於挑戰千億銷售額的董明珠，並不是一時的意氣。在二〇一三年，全球智慧手機出貨量首次突破十億支，同比成長三八．四％，而中國的智慧手機更是同比成長了八四％，達到三億五千萬支。作為叱吒風雲的品牌商，雷軍對自己的預期當然會有點優越。

但是此時的競爭態勢，卻好像要複雜得多。智慧手機銷量的井噴，迅速吸引了大量的新入局者，其中有功能手機的製造商，有試圖把手機當成行動網際網路入口的網際網路人，也有一位口才極好的前英語培訓教師羅永浩。

雷軍很快發現，自己陷入了撲朔迷離的混戰之中。二〇一三年七月，雷軍推出了售價七百九十九元的紅米手機，試圖用「割喉」的方式殺死所有的「山寨機」，可是，他的對手們立即將價格殺到六百九十九元、五百九十九元，甚至在雷軍反擊性地再次降價到四百九十九元時，同樣是網際網路界出身的周鴻禕推出了三六〇手機，把售價定調在令人絕望的三百九十九元。

如果說羅永浩、周鴻禕等人的攪局，只是讓雷軍有點頭疼的話，那麼在二〇一三年，他的真正對手卻是一家從來不參與口水論戰的沉默巨頭：華為。

在中國的企業界，華為是一個不完整的存在，它的知名度非常之高，但是與公眾之間似乎一直隔著一層薄薄的面紗。關於它的種種新聞，總是以出人意料的方式突然出現，比如任正非寫的某一封信或某一次內部講話、美國對華為的反壟斷調查、高階主管的跳槽與口水戰，乃至華為員工的「過勞死」等，它們都因為這家公司的神秘性而引發更多的猜測與窺視。華為創始人任正非是中國企業界最不願意見媒體的人，而華為歷史上幾乎沒有召開過正式的新聞發表會。早在二〇〇四年，一部名為《華為真相》的圖書曾暢銷百萬冊，但作者程東升的所有資料均來自公開報導及對離職員工的採訪。

在過去的二〇一一年，有兩件事情的發生讓華為不得不「浮出水面」。一件事情是它的銷售額超過易利信，成為全球最大的電信設備供應商，根據內部的資料顯示，任正非一直遲遲不願意公佈這個事實，原因是「華為還沒有做好當第一名」的準備。在一次戰略會上，他出題讓高階主管們討論華為的未來方向，題目是「下一個倒下的會不會是華為」。

另一件事情是華為決定把智慧手機當成下一個戰略級產品，這意味著它在成立二十五年之後，必須進入陌生的消費零售市場。

事實上，華為早在二〇〇五年就已生產手機，不過在很長的時期裡，是以客製化形式為營運商生產手機，與其他3G網路設備一起捆綁式地銷售給營運商，不直接賣給消費者，業內俗稱白牌機或貼牌機。

到二〇一二年，隨著電信設備業務超越易利信，這一產業也陷入了成長飽和的窘境，華為必須要尋找到下一個兆級的市場，否則將徹底失去成長的空間。在這一時刻，任正非選中了智慧手機，華為籌建新的終端業務部門，由一九六九年出生的餘承東掛帥。

這一次進擊，對華為而言是一個全新而陌生的挑戰。在過去的二十多年裡，它從來沒有面對個體消費者出售過商品。餘承東回憶說：「當華為從白牌廠商向自有品牌轉型，很多人就說華為手機要死掉了，一個歐洲營運商砍掉了華為所有的訂單。」

與全中國所有的智慧手機品牌商相比，華為的核心優勢是擁有自主開發晶片的能力，早在二〇〇八年，華為就發佈了首款手機晶片 K3V1，二〇一三年則發佈了麒麟九一〇晶片。在某種意義上，任正非在手機市場上，替董明珠的反擊做出了自己的詮釋。

儘管如此，華為手機的成長之路也並不順暢，在二〇一二年，餘承東完成了七十五億美元的銷售額，比任正非給他的任務少了五個億，因此被扣掉了全部的年終獎金，還差點被勒令「下課」。在二〇一三年，華為新面世的旗艦機Ｐ６在全球突破四百萬支的銷量，成為售價在兩千五百元以上價格區間的高端機型中最成功的中國品牌。

餘承東終於暫時坐穩了手機事業群執行長的位置，他告訴《第一財經日報》的記者：「華為手機活下來了。」也是在過去的兩年裡，餘承東學到了之前在華為從來沒有掌握過的技能，他自嘲是華為的ＣＨＯ——首席吹牛長，「我學會了吹牛、打賭和應付口水戰」。

在一次新聞發表會上，他舉著即將上市的新手機，十分熱情地招呼記者「用刀劃一劃」，來驗證下是否會產生劃痕。現場沒有刀，於是他大聲說：「那有戴金錶的沒有，可以試試。」

在二〇一三年，恐怕沒有一個商業界人士的經歷像李開復那樣的戲劇性。在年初，他與奮地謀劃如何讓自己的微博粉絲數盡快突破三千萬，而到年底，他躺在臺北的一張病床上，聽醫生教他該怎樣「放空自己」。

今年五月，《時代》雜誌票選二〇一三年全球百大影響力人物，中國國家主席習近平、韓國總統朴槿惠、三星電子執行長權五鉉等政治界、商業界領袖入選名單，而與他們並列的，還有創新工廠董事長、網路紅人李開復。

作為一位軟體工程師出身的職業經理人，臺灣人李開復大概從來沒有想到，他會成為中國大陸最受歡迎的「人生導師」。

常常被暱稱為「開復老師」的李開復，一九六一年出生於臺灣的新北市，他就讀於美國卡內基梅隆大學，獲電腦學博士學位。一九九〇年，李開復入職蘋果電腦，歷任語音組經理、多媒體實驗室主任。一九九八年，他加入微軟並在中國創建微軟中國研究院。二〇〇五年，他又跳槽到谷歌，出任全球副總裁兼大中華區總裁，「谷歌」這個中文名，便出自他的創意。

這一連串的職業經理人閱歷儘管頗為顯赫，但並不足以讓他廣為人知。真正讓他受歡迎的，是他對輔導青年人成長的無限熱衷。在二〇〇〇年，李開復陸續發表了七封《給中國學生的信》，分別從做人講誠信、如何從優秀到卓越、選擇的智慧及新世紀的人才觀等方面，給予了細緻的指導。二〇〇四年，李開復創立「我學網」，致力於幫助青年學生成長。

二〇〇五年，他的系列勵志文章以《做最好的自己》為書名出版，迅速成為當年度最暢銷的青年人讀物。後來的幾年裡，他又連續出版《與未來同行》、《世界因你不同：李開復從心選擇的人生》等圖書，一舉奠定了人生導師的社會角色。二〇〇九年九月，李開復創辦創新工廠，轉型為一位天使投資人。

幾乎就在同時，新浪微博出現了，李開復以全部的熱情投注於這個新生的社交類媒體。他對臺灣《商業周刊》的記者說：「很多人玩微博只是當成休閒，我是把它當成『事業』，幾乎是用百分之百的心力在經營。未來世界一定是虛擬圖譜與現實世界重疊整合，提早經營非常重要！」

作為一位軟體科學家，他用十分「職業」的方式經營自己的微博：每天在早上六到七點及晚上八到九點兩個時段，再搭配其他零碎時間，閱讀、撰寫約十五則資訊，交由工具自動在黃金時段內，依照時效性強弱，每半小時發一則，不僅讓每則貼文達到最高曝光度，半小時的輪播間隔，也不會讓聽眾有被「洗版」的反感。

李開復為人溫文謙和，對年輕人的指導具體而不偏激，因此很快成為最受歡迎的博主之一。二〇一一年，就在微博最火熱、幾乎主宰網路輿論市場的時候，李開復出版了《一百四十字的驚人力量：李開復談微博改變一切》。在他看來，微博已經對人們的生活方式、社交方式和商業模式產生了深刻改變，情況在朝不可逆的方向奔跑。

在很多人看來，李開復這本新書的書名就是一種宣言，它預示著網際網路推倒一切的勇氣和可能性——在幾年後看來，這似乎是一個玩笑。也是在那一段時期，一些具有公共意識的微博博主開始廣泛地參與，或發起社會事件的討論，他們被稱為「大V」——在他們的微博上有新浪官方的V形認證。到二〇一三年，在新浪和騰訊微博中，擁有百萬以上粉絲的大V超過三千三百個，千萬以上粉絲的大V超過兩百個。中國人民大學輿情研究所根據監測結果認為：「關於公共事件的微博，一旦達到轉發次數超過一萬，或是評論數超過三千的臨界值，就可能會從微博場域『溢出』到社會話語場域，從網路影響到現實。」大V對公共輿論的影響力，在二〇一二年前後達到頂峰。在這期間，李開復也不時地參與到社會事件的轉發和評論之中。

二〇一三年二月十四日中午，李開復的微博粉絲數突破了三千萬，成為新浪微博第二大的男性公眾號，僅次於影視明星陳坤，也是世界上最大的、非娛樂性個人社交帳號。他在三個月後入選《時代》的全球百大影響力人物，應該是基於這一事實。

富有戲劇性的是，新浪微博的公共影響力轉折也是在這一時刻發生了。

二〇一三年八月，網路推手「秦火火」等人因傳播謠言而遭到逮捕，微博紅人、在公共事件討論中表現得非常積極的薛蠻子因涉嫌嫖娼被拘留，網際網路隨之掀起一場「打謠」風潮並引發連鎖效應。新華社刊登《人民日報》評論〈謹防大V變大謠〉，呼籲大V們要「發出『好聲音』」，切勿「給謠言插上隱形的翅膀」；《求是》雜誌子刊《紅旗文稿》發表評論：「整治網路謠言必須出重拳，要敢於打『老虎』、管網站。」

陷入「傳謠質疑」風波的李開復，認真地搜索了自己的一萬三千餘條微博，又請了兩家微博爬蟲公司（Crawler），檢測是否曾轉發造謠者「秦火火」的微博。《南方週末》在一篇題為〈大V近黃昏？〉的報導中，描述了暴風眼中的李開復。私下裡，他這樣表達內心的荒誕感：「對這樣一個小混混，也要這樣認真對待？」但接受媒體採訪時，他又不忘定義自己，以求被公正對待，「我就是一株無害植物嘛」。

九月五日晚間，李開復在微博中發佈消息，暗示自己患有淋巴癌。

九月九日，最高人民法院和最高人民檢察院公佈一則司法解釋，規定「利用資訊網路誹謗他人，同一誹謗資訊實際被點擊、瀏覽次數達到五千次以上，或者被轉發次數達到五百次以上的，可構成誹謗罪」。

十月底，李開復離開北京，返回臺北治病，他熱烈的微博生涯暫時告一段落。

二〇一五年二月，李開復再次回到北京，管理他的創新工廠。在過去的一年多裡，曾經與他一起在微博世界裡非常活躍的大V們，幾乎已經銷聲匿跡。此時，主宰微博的是「九〇後」的「小鮮肉」吳亦凡、加油男孩（TFBOYS），以及天天直播賣裙子的網購達人張大奕們。

李開復的微博粉絲似乎還在成長，二〇一七年七月達到了五千零五十五萬，他仍然是那個受人歡迎、溫和謙遜的「開復老師」。他不再評論或轉發任何社會新聞，發博熱情也大大降低，有時候會連續半個月沒有更新。在他的微博上，人們讀到的內容全數是關於人生勵志和人工智慧，偶爾也會推薦一家好吃的米其林餐廳。

對於很多外國人來說，今年最讓他們印象深刻的是「中國大媽」。

到中國各地旅遊的時候，他們驚奇地發現，在幾乎所有城市的中心廣場、花園或社區的空地上，到了晚上都將聚集起十多個乃至上百位大媽。她們放起震耳欲聾、節奏強烈的音樂，舒暢地扭動起並不苗條的身體。

在她們中間偶爾也會出現幾個年輕人的身影，這都是附近二手房交易店的員工或保險業務員，他們在這裡隨機搭訕，販售自己的產品。

在除了中國的其他任何國家，都看不到這樣的廣場舞。它是城市化運動的產物。這些大媽原本住在鄰里親近的胡同，或者雞犬相聞的農村，當她們搬進了鋼鐵森林般的大樓後，寂寞和無人交流成了一種「城市病」。如果說西方人把教堂當成最大的社交場所，那麼「中國大媽」們的選擇就是廣場舞。有報導稱，廣場舞已經驚動了大洋彼岸的美國。一支華人老年舞蹈隊在紐約一處公園排練時，遭到附近居民多次報警，獲報前來的警員給領隊開出傳票，最後在法庭上，法官念其初犯做出了銷案處理。

另外一個令人吃驚的事實是，這些大媽其實是中國最具消費衝動的族群。今年四月十五日，全球黃金價格一天下跌二〇%，數以十萬計的「中國大媽」衝進最近的店鋪搶購黃金製品，一買就是幾公斤，她們成為落底黃金市場的最強買手。

有人猜測，今年全球最紅的詞將是「中國大媽」。華爾街大鱷在聯準會的授意下舉起了做空黃金的屠刀，不料半路殺出一群「中國大媽」，一千億人民幣瞬間掃掉三百噸黃金，華爾街賣出多少，大媽們照單全收，她們的強勁購買力導致國際金價創下本年內最大單日漲幅。① 多空大戰中，世界五百強之一的高盛集團率先舉手投降。一場金融大鱷與「中國大媽」之間的黃金狙擊戰，以後者的完勝告終。《華爾街日報》在一篇報導中，甚至專創英文單詞「dama」來形容勇猛無比的「中國大媽」。

「最近你買黃金了嗎？」這可能是中國百姓今年「五一節」假日的新問候語。廣州友誼商場黃金櫃檯的售貨員說，一週前黃金價格跌到每克三百五十多元，真的是一金難求。

二〇一三年，改革開放進入第三十五個年頭。

有兩個總體資料證明，這已經是「另外一個國家」。在今年，中國產業結構調整取得歷史性變化：第三產業增加值占國內生產總值的比重提高到四六．一%，首次超過第二產業。中國的人均GDP，從一九七八年的三百八十四美元，全球倒數第七，飆升到六千九百零五美元，進入中等收入國家行列。很多人開始討論，中國能否跳出「中等收入陷阱」。②

三十五年，這幾乎是整整一代人的歲月長度。建設與破壞，同樣具有深遠的意義，對於有些人，時間剛剛開始，對於另外一些人，青春只剩下一個惆悵的背影。

今年最受關注的電影是《小時代》，它的導演是身高不足一六〇的暢銷書作家郭敬明。這是一部由一群「八〇後」小女生統治一切的電影，在各種奢侈品牌的包圍下，她們嗲聲嗲氣地打鬧和爭吵，流下來的淚水可以直接釀造成蜜。郭敬明用「小時代」來定義自己這一代人所處的時代，可謂是天才般的精準。他借用主人公的嘴巴宣告說：「我們依然在大大的絕望裡小小地努力著。這種不想放棄的心情，它們變成無邊黑暗的小小星辰。我們都是小小的星。」

在這個「小時代」裡，百年以來的第一批沒有饑餓感和缺乏苦難意識的中產階級子女成長起來了。他們是天生的網路世代，是無可厚非的、精緻的利己主義者，他們的消費價值觀將主導商業的潮流。中國的公共社會，將進入一段漫長、繁華喧囂又無比平庸的中產崛起時期，在這一進程中，有些東西確實已經死去很久了，比如搖滾和它所代表的反叛精神。

也是在今年，「一無所有」的崔健拍出了一部文藝電影《藍色骨頭》，它講述一個地下搖滾歌手兼網路駭客的年輕人遇到默默無聞的小歌手，在陷入愛情的過程中偶然發現父輩一段藏在「文革」歲月中的淒婉愛情故事。這部電影在十一月的第八屆羅馬國際電影節上首映並獲得組委會特別提及獎，可是它的國內票房只有區區的三百三十萬元，是《小時代》票房的〇．七％。

---

①出自中國廣播網，〈黃金多空大戰：「中國大媽」，搶金完勝華爾街做空大鱷〉，二〇一三年五月一日。

②中等收入陷阱：這一概念最早由世界銀行在二〇〇六年提出。一個經濟體在人均GDP達到七千美元後，經濟增速會明顯下降。由於難以實現發展方式的轉變，往往導致經濟增長動力不足，陷入經濟發展的停滯期，出現貧富差距擴大、腐敗突發、就業困難等一系列社會問題。目前亞洲地區只有「亞洲四小龍」和日本沒有掉入「中等收入陷阱」。

今年十二月，比崔健年輕一輩的搖滾人張楚在上海舉辦了一場演唱會，「孤獨的人是可恥的」，這是演唱會的主題。冒著寒風趕來的幾百個中年聽眾，氣喘吁吁地跟著他唱完了這首二十年前的老歌，有人叫喊著讓他唱《無地自容》，張楚害羞地笑了一下，沒有開口。

「不再相信，相信什麼道理，人們已是如此冷漠，不再回憶，回憶什麼過去，現在不是從前的我，曾感到過寂寞，也曾被別人冷落，卻從未有感覺，我無地自容。」

商業文明擴大了這個國家的物質疆域，同時，也讓很多人變得不知所措，甚至無地自容。在這個轉型的時代，每一個人都讓自己變得面目全非，而人被時代改變的部分，似乎大於他對時代的改變，因此，所謂進步的意義，也在不同的人生中得到迥異的評判。正如易卜生（Henrik Ibsen）所歎息的，「每個人對於他所屬於的社會都負有責任，那個社會的弊病他也有一份」。

風雲人物 錘子老羅

二〇一三年，中國賣出三億五千萬支智慧手機，同比成長八四%，手機市場是成長最快的一個領域。三月，四十一歲的前英語教師羅永浩發佈了自己的手機作業系統，並得到了七千萬元的風險投資。

羅永浩出過一本自傳《我的奮鬥》。出生於吉林省的他是朝鮮族人，繼承了東北人善於講段子和製造格言的傳統，他自謂「從小就是個性格狷介的人」，初三留級一年，高二下學期退學，「在家裡待著，讀了三、四年閒書，吃了睡，睡了讀，不愛運動，讀成了體重兩百斤的大胖子」。

走上社會後，羅永浩做過很多生意，倒走私車、倒藥材、做期貨、賣電腦零件。二〇〇一年，他成了北京新東方學校的GRE（美國研究生入學考試）輔導老師，因為上課時盡扯些富有「啟迪性的題外話」，被學生偷錄整理傳到網上，冠以「老羅語錄」，意外成了網路名人。他最出名的一句格言是「剽悍的人生不需要解釋」，像極了他的體重和行事風格。

二〇〇六年，老羅創辦牛博網，兩年後關掉了，其間他募集了十六萬元給二十三位黑磚窯工家庭發過年紅包。他接著辦了一家英語培訓學校，幾年下來也很不景氣，他似乎並不享受創業的過程。

在做手機之前，羅永浩還幹過一件很任性的事情。二〇一一年十一月二十日，他來到北京西門子總部門前，手舉鐵錘，將三台西門子冰箱砸成一地碎片，理由是「冰箱門不易關閉」。一個月後，他又包下海澱劇院的一個舞臺，一口氣砸掉了二十台冰箱。

手揮大錘的挑戰者姿態是最迷人的。後來，他把自己的手機就叫作錘子手機。

羅永浩應該是一個很有天賦的行為藝術家，堪比安迪·沃荷（Andy Warhol）、凱斯·哈林（Keith Haring）或草間彌生，可惜他生錯時代、入錯行。事實上，當他宣佈做手機的時候，這裡已經不再是一個屬於牛仔的處女地，所有與口碑和創意有關的遊戲都被賈伯斯和雷軍玩壞了，競爭回到了基本面：晶片速度、鏡頭技術、電池續航力、供應鏈和行銷通路。

羅永浩將自己定義為「理想主義者的逆襲」。有一張流傳很廣的畫作，在一間掛滿了各種手作工具的作坊裡，他坐在一縷中世紀的微弱陽光下，埋頭打磨手中的產品。似乎從誕生的第一天起，錘子手機唯一的核心競爭力就是「情懷」。

二〇一四年五月二十日，羅永浩發表了他的第一款手機，一萬名「羅粉」從全國各地趕到北京國家會議中心捧場，據說前排的座位票被黃牛炒到了上千元。老羅講了足足三個小時，妙語四濺，贏得掌聲五十餘次，一句「我不是為了輸贏，我就是認真」流行天下，最後，他宣佈自己的手機是「東半球最好用的智慧手機」，售價三千九百元。有數百萬人津津有味地線上收看了直播，一位同樣很幽默的羅粉寫道：「即使昨天因為其他工作忙到很晚，回來還堅持熬夜看了一遍羅永浩的演講，我被老羅做事的每個細節感動著。我都已經把錢準備好了，等錘子手機一上市，就買個 iPhone 6。」

智慧手機盈握一掌，卻由六十多個精密零件構成，從來沒有過製造經驗的羅永浩顯然低估了難度。「認真」的錘子手機在品質上狀況百出，專業測評人王自如吐槽它硬傷多多，羅永浩憤而與他在優酷直播辯論，又是引來百萬關注。可惜的是，關注度並沒有轉化為銷量，很多人抱怨價格太高了，羅永浩很生氣地回覆：「如果低於兩千五百元，我是你孫子。」到十月，錘子手機的價格下調到一千九百八十元，羅胖子「更名」羅孫子。

儘管銷售慘澹，但是羅永浩永遠不缺炒作的話題。他仍然保持了自己的毒舌風格，惋惜現在的蘋果公司已淪為一家鄉鎮企業，嘲笑小米手機的雷軍「土」、魅族手機的黃章「笨」。在他看來，「在消費品領域裡，全世界範圍內最成功的企業都是講情懷，而不是產品」。

在後來的幾年裡，羅永浩相繼推出了錘子手機的後續機種，每次的發表會都人潮湧動，被稱為「科技界的春晚」，可是在銷量上仍然乏善可陳。二〇一五年，錘子科技全年虧損四億六千兩百萬元；二〇一六年，全年營收八億九百萬元，淨虧損四億兩千七百萬元，淨資產為負的兩億四千萬元。其間，公司還經歷了嚴重的人事動盪，首席營運長、技術長、財務長、銷售總監離職的消息紛紛被曝出，羅永浩承認「高層管理者有一半的換血，硬體部門經歷了三分之二的整頓」。①

二〇一五年八月，羅永浩舉辦「也許是史上最傷感的發表會」，一改之前的「高端」路線，推出八百九十九元的錘子堅果手機，其主色系為鮮嫩的水粉色。之前他曾堅定地認為「水粉色系是臭土鱉喜歡的顏色，有文化的人不會喜歡粉色」，他公開向雷軍道歉，承認之前的嘲諷沒過腦。

事實上，羅永浩是在巔峰時刻衝進了一個喧囂的行業。他的運氣似乎不太好，自二〇一四年之後，智慧手機的增幅就開始劇烈下降，二〇一五年中國市場的出貨量只成長了二．

①出自《第一財經》，〈羅永浩「賣身」錘子的背水一戰〉，二〇一七年五月十日。

五%，二〇一六年更是只有〇．六%，誘人的藍海瞬間成慘烈的紅海。缺乏資本、技術和通路支援的羅永浩，像一隻被群狼環伺的活潑大黑兔。

二〇一七年五月，錘子科技發表第五款手機堅果PRO，發表會現場仍然混亂不堪，開場時間一拖再拖，原先精心準備的簡報檔居然放不出來，羅永浩在演示「以圖搜圖」功能的時候還出現狀況，無奈只好換了個備用機。他調侃自己，「感覺自己終於要成了，但又一想這種感覺已經出現過四次了」。他說把手機起一個「錘子」的名字，簡直是作死。他哽咽流淚：「你知道我這五年是怎麼挺過來的嗎？每次就是厚著臉皮再堅持一下。」

企業家是一個嚴肅的職業，它被資料拷問、靠理性堅持，所有言行俱有因果報應。個性散淡狷介的羅永浩顯然在重新「組裝」另外一個羅永浩，他有沒有成為那個他喜歡的自己，是只有他才能回答的問題。

在一次接受記者訪談時，羅永浩談到了一個細節：「過去，我要是在機場看到一個衣冠楚楚的傢伙拿著一本傑克．威爾許（Jack Welch）在封面上『獰笑』的《致勝：威爾許給經理人的二十個建言》（*Winning*），就會覺得這個笨蛋沒救了，但現在我也會拿著這樣的書硬著頭皮看完。

「這種角色轉變的代價，是我必須面對一個倒楣的問題：應該從此認為那些笨蛋還有救呢，還是應該相信自己也成了一個不可救藥的笨蛋呢？」

2014 捲土重來的泡沫

越過山丘，才發現無人等候
喋喋不休，再也喚不回溫柔

——李宗盛，《山丘》

宋衛平身材魁梧，走在工地上遠遠望過去，的確很像一個工頭。他是讀歷史出身的，在黨校教過書，一九九四年他借了十五萬元，開始在杭州做房地產，公司叫綠城。一九九八年地產熱之後，拜溫州炒房團所賜，杭州是全國第一個房價上漲的城市，綠城的發展很快，幾年時間裡做到了杭州第一，繼而是浙江第一。

宋衛平造房子，一是會做廣告，二是嚴守品質，在購房客那裡的口碑特別好。他的部下最怕他驗房，常常發生這樣的事情：明天要交房了，宋衛平趕在前一天晚上來驗收，左手一指，這棵樹長得不好看，右腳跺一下地，這片地磚太滑了，統統要換掉。宋衛平的業餘愛好是玩牌，從麻將、圍棋到紙牌，據稱圍棋水準足以與專業選手對弈，有的時候招一個副總，先要陪他打一圈牌，因為「牌品即人品」。

凡是善下圍棋的人，都有很好的格局觀，但是商業似乎比下棋要複雜，因為黑白棋子只有一種秉性，而商業是由不同類型的細節構成的。宋衛平很會造房子，然而不太懂取地，更要命的是，他對會計報表沒有太大的興趣。綠城的財務槓桿一向用得很足，每次宏觀調控都被弄得很狼狽，二〇〇四年、二〇〇八年和二〇一一年的幾次銀根緊縮，都爆出綠城資金即將斷裂、被銀行列入「黑名單」的傳聞。宋衛平對宏觀調控和地產政策很不以為然，曾公開直言批評，「以前的住建部非常的不靠譜，前住建部長下臺應該放鞭炮」。①

二〇一三年新政府「去槓桿」，對房地產行業實行嚴厲的限購政策，地產界對未來局勢有不同的判斷，萬科的鬱亮認為進入了「白銀時代」，而宋衛平則認定「現在是房地產最低谷的時候」。今年的五月，綠城再次喘不過氣來，宋衛平試圖透過降價來回籠資金，可是杭州市政府迅速頒布了「限降令」。意興闌珊之下，宋衛平決定把公司賣給孫宏斌的融創。

孫宏斌的故事我在《激盪三十年》的二〇〇四年講過，這是一個比宋衛平激進得多的「瘋子」。在順馳危機後，他東山再起，把融創打理得風生水起，二〇一〇年十月，融創在香港聯交所上市。在取地和財務運作上，沒有打牌天賦的孫宏斌比宋衛平高出好幾個層次，不過在造房子這件事情上，卻很是佩服老宋。在喝了好幾頓大酒之後，兩人宣佈「聯姻」，融創中國以六十三億港幣價格收購宋衛平等人所持的綠城中國二四·三一三%的股票，成為第一大股東。

在五月的發表會上，宋孫二人表現得如同連體兄弟，幾乎把江湖豪言一次都講完了。孫宏斌說：「我們很像，都是性情中人，每次喝酒都喝多，都有理想主義情懷，為理想寧可頭破血流；都有英雄浪漫主義，這種浪漫雖然代價大，但銷魂蝕骨。」宋衛平講得稍稍平和一些，他說：「天下本一家，有德者掌之。」

後來的事實是，天下是不是一家，未必在德，卻一定在利，商業世界從來被馬基維利主義者統治。在聯姻達成的半年後，十一月十二日，宋衛平突然公開反悔，融創收購綠城案破局，而在此前的七月七日，融創已經支付了全部六十三億港幣的收購款項。

宋、孫風波，是二〇一四年中國財經界最熱鬧的羅生門事件。在媒體地毯式的報導中，各方都找到了捍衛自己的理由。在宋衛平看來，是他看錯了孫宏斌，在融創接手綠城的一段時間裡，頻頻出現品質問題，一些地方的業主打出了「孫宏斌滾出綠城」、「保衛宋衛平、保衛綠城」的口號。而在孫宏斌及其部下看來，這是無稽之談，在過去的半年裡，融創一直忙著消化綠城的庫存，根本沒來得及造房子。

在法律細節層面上，似乎是喝多了酒的江湖豪氣「害」了孫宏斌，在融創收購綠城的協議書裡，居然沒有違約懲罰性條款！江湖義氣與契約精神狹路相逢，前者開了一個惡作劇式的玩笑。

---

①出自宋衛平在綠城融創聯合新聞發布會上的講話。

宋衛平搶回了綠城，卻遭到背信棄義的指責，在接受《中國企業家》記者採訪時，他最關心的問題之一是：「杭州的計程車司機是怎麼看的？」

如果將綠城融創風波放到二〇一四年的整體環境下來看，我們似乎能夠理解得更為透徹一些。

自從黨的十八大之後，新一屆領導人一直試圖消化四兆的貨幣超發後果，在銀根上秉持從緊政策，基礎建設投資大幅減少，樓市和股市這兩個流動性池子交易低迷。在產業經濟層面，實體企業的轉型升級步履維艱，其難度遠超想像，四月的總體經濟資料顯示，固定資產投資和房地產投資增速分別降至一七%和一六%。在內需刺激乏力的情況下，外貿形勢同時嚴峻，今年二月出現了罕見的貿易逆差，東南沿海一帶的中小民營企業屢傳倒閉歇業消息。

上游的能源產業更是令人擔憂。中國是世界第一鋼鐵生產大國，各類鋼材的產量佔據世界一半，但鋼鐵產能出現嚴重過剩，粗鋼產量的產能過剩量超過兩億噸。二〇一三年十一月，河北省政府統一部署，在一天時間裡就拆掉了相當於南非或者荷蘭一年鋼鐵產量的鋼廠。受中國因素的影響，三月十日，全球資源價格全線大跌，發往中國的基準鐵礦石價格下跌了八．三%，至十八個月最低價，創下有紀錄以來第二大單日跌幅，鐵礦石價格自去年年底以來已經下跌二五%。

總體而言，轉型艱難、活力不足，下行壓力巨大，在很多觀察家看來，中國經濟已經處在「硬著陸」的危險邊緣。

在這樣的經濟局勢和政策背景下，每一個人都在做出自己的解讀。宋衛平在五月的出售行為，既是被迫於企業資金的現實層面，似乎也更有對長期政策環境的判斷。

然而，到第三季，政策方向盤突然發生重大的轉變。被刻意抑制了一年多的泡沫終於捲土重來。

九月三十日，央行、銀監會發佈一則重大通知，提出對擁有一套住房並已結清相應購房貸款的家庭，適用首套房貸款政策，有機會享受「首付三成、貸款利率七折」的優惠。同時，住建部、財政部又頒布配套性新政，提高首套自住住房公積金貸款額度，並允許異地貸款、取消住房公積金個人住房貸款保險等收費項目。

這意味著新一輪的樓市鬆綁週期突然到來。

到十二月底，除北上廣深和三亞之外，全國所有城市都正式取消或變相放鬆了限購。在這期間，地方政府再次掀起賣地熱浪，僅北上廣深四個城市的土地出讓金就逼近五千億元，平均樓面單價比去年同期大漲五三％，樓市交易迅速恢復，很多省會城市相繼創下二〇〇九年以來的交易最高紀錄，包括宋衛平所在的杭州市。

在資本市場上，同樣的寬鬆性政策也密集頒布。

六月底，股市IPO重新開閘，七月七日，證監會發佈修訂後的《上市公司重大資產重組管理辦法》，規定除借殼上市和發行股份之外，上市公司的重大資產重組不再需要經過證監會的行政許可。這一政策直接打開了上市公司併購重組的大門，僅僅在此後的半年裡，各家上市公司發佈的股權併購事件就達一千三百零七起，即平均每兩家公司就有一家涉足併購，幾近瘋狂。十一月十七日，上海證券交易所開通「滬港通」業務，第一次將中國資本市場和海外市場連接。

十一月二十一日，出乎絕大多數觀察家的預料，央行突然宣佈自二十八個月以來的第一次降息，其中貸款基準利率下調〇．四％，是自二〇〇八年以來最大的一次降幅。萎靡日久的資本市場狂飆陡起。

一個接一個的「利多」，如煙花照耀夜空，在政策鬆綁和流動性寬鬆的雙重刺激下，股市呼嘯飛天，十一月二十八日，深滬兩市居然放出七千一百億元的交易天量，創造了全球股市的一個歷史性紀錄，中國股市的交易市值更是一舉超過日本。十二月五日，滬深兩市的股票交易繼續放大，突破一兆元大關。

一個叫任澤平的總體經濟分析師似乎看見了「未來」，他在年底的分析報告中激情高呼：「如果總結即將過去一年的市場走勢，就一個字：牛；兩個字：任性；八個字：黨給我智慧給我膽。」①他把此次的股市行情定義為「國家牛市」。

到十二月底，上證指數全年大漲五二．八七％，成為全球股市之「牛冠」。

如果說，樓市、股市是兩把「冬天裡的火」，真正的「火山」則是基礎設施投資的再度啟動。到年底，國務院批覆投資總額達一兆五千六百億元的機場、鐵路和公路建設項目。全國有三十六個城市的軌道交通動工項目，共完成投資兩千八百五十七億元，日均超過七億八千萬億元，比上一年大幅成長三三%。

在上海自貿區效應的啟發下，沿海各省紛紛申報自己的自貿區工程。福建向國務院上報三千五百二十個專案清單，涉及投資總額約七兆元，其中，規劃中的自貿區面積為上海自貿區的十九倍。

林林總總的跡象表明，二〇一四年的冬季是一個躁動不安的季節，年初所設定的「去槓桿、調結構」調控目標似乎已無人再提，一個新的「泡沫週期」正如期而至。與五年前大張旗鼓的「四兆計畫」相比，這一次的「泡沫製造計畫」在輿論造勢上非常之低調。

面對總體經濟局面的戲劇性波動，似乎可以得出兩個這樣的結論：第一，中國經濟的基本面充滿了彈性，它既沒有某些人想像的那麼糟，也沒有另外一些人想像的那麼好，它仍然在一個內生式的成長通道裡徘徊運行。第二，產業結構調整的複雜性和艱鉅性畢現無疑，現實以無比直接的方式告訴執政者和理論界，在轉型任務艱鉅的中國，貨幣的去槓桿化與產業的結構性調整，似乎是兩個難以同時達成的目標，市場化力量的激發以及其對壟斷體制的衝擊仍需假以時日。

①出自任澤平在二〇一四年十二月舉辦的網易經濟學家年會上的發言。

在很多人的記憶中，十月之前是一個二〇一四年，之後則是另外一個二〇一四年。而宋衛平的戲劇性反悔，正發生在這一政策的轉軌時刻。

二〇一四年五月，中央政府提出「新常態」，認為中國GDP增速從二〇一二年起開始回落，是經濟成長階段的根本性轉換，中國已經告別過去三十多年平均一〇%左右的高速成長，因此需要「改變一切向錢看的成長方式」，「從中國經濟發展的階段性特徵出發，適應新常態，保持戰略上的平常心態」。

關於新常態，一百個人恐怕有一百種角度的解讀。

在願景的意義上，它意味著最高層對下半場改革的戰略性判斷，即高速成長週期已經結束，中國經濟必須在中速條件下，繼續生產要素的優化和結構性調整。這一時間區間的長短，取決於實體經濟的轉型速度、新技術變革的洗禮，以及城市化和人民幣的紅利空間。

在行政績效層面上，它宣告了GDP主義的終結。二〇一三年十二月，中央組織部印發《關於改進地方黨政領導班子和領導幹部政績考核工作的通知》，第一次明確提出「不能僅僅把地區生產總值及成長率作為考核評價政績的主要指標，不能搞地區生產總值及成長率排名」。

此後，各地紛紛頒布新政，福建省取消了三十四個縣（市）的GDP考核，實行農業優先和生態保護優先的績效考評方式，南京市全面取消街道GDP考核和四個主城區的招商引資任務考核。到今年年底，全國有超過一千個縣市不再將GDP作為硬性考核指標，占全國縣市總數的三分之一左右。

與此同時，各地政府開始加大環境保護的力度。

在過去的三十多年裡，中國經濟的發展在很大程度上是在漠視乃至犧牲環境的前提下完成的。曾擔任中國疾病預防控制中心副主任的楊功煥認為，中國五〇％左右的地表水和地下水已經被污染。

楊功煥帶領一支團隊歷時八年進行淮河流域癌症的研究，結論是，淮河流域嚴重的水污染，與這一地區居民消化道腫瘤（主要為肝癌、胃癌、食道癌）的嚴重頻發，二者之間存在「時間和空間上的一致性」，且兩者有「相關關係」。他繪製了一張淮河流域水質污染程度地圖，其中深紅、淺紅色的嚴重和次嚴重污染區，覆蓋河南、安徽、山東三省的四十餘個縣。在淮河沿線，出現了一些觸目驚心的「癌症村」。

即便在沿海發達地區，水污染仍然非常嚴重。在「魚米之鄉」的蘇錫常和杭嘉湖平原，有些地方的地下水已經兩百年不能飲用。據全國國土資源公報（二〇一三年）顯示，全國四千七百七十八個地下水水質監測點中，水質較差的占四三．九％，水質極差的占一五．七％。從今年開始，這些地域的政府按照企業的用工、產值、納稅及耗能值，列出了一份「負面名單」，以末位淘汰的方式，將那些高污染且效益低下的企業實行強制性的關閉和外遷。

今年四月十七日，環保部、國土資源部共同發佈了《全國土壤污染狀況調查公報》，公報顯示，中國耕地點位超標率為一九．四％，即有五分之一的耕地——約三．五億畝到三．九億畝——遭到不同程度的污染。其中，重金屬鎘是土壤的首要污染物，人體長期食用含鎘食物會引起慢性鎘中毒病症，二〇一三年五月，廣州市的一次餐飲抽檢顯示，大米及米製品中的鎘含量超標率高達四四．四％，由此引發了一場「反鎘米風波」。

另外一個污染重點是空氣污染。越來越多的人開始討論所居住城市的細懸浮微粒（PM2.5）——一種直徑小於等於二．五公釐的顆粒物，能負載大量有害物質穿過鼻腔，直接進入肺部，甚至滲進血液，是導致黑肺和霧霾的主要兇手。

早在二〇〇八年，一些前來參加北京奧運的歐美運動員戴著口罩上街，遭到了人們極大的嘲笑。可是到二〇一一年，北京居民開始對日益惡化的霧霾天氣越來越難以忍受，在社交媒體上，每天的「帝都 PM2.5 值」——它的發佈者居然是美國駐華大使館——成了最受關注的熱門話題之一。但是，有關部門似乎還是三緘其口，《京華時報》刊載過一則對北京市環保局副局長的採訪，記者問：「為什麼北京市政府不公佈 PM2.5 指數？」副局長答：「通俗來講，我打個比方，打掃庭院，大石頭沒搬完，就不要先急著打掃灰塵。」

二〇一三年，我國中東部地區頻繁陷入霧霾之中。尤其是十二月的一場大霧霾，幾乎使國土「淪陷」，霧霾波及二十五個省分、一百多個大中型城市，全國平均霧霾天數達二九．九天，創五十二年來之最，就連以藍天白雲、空氣品質優良而著稱的「聖城」拉薩都出現了浮塵天氣。

「抗霾治霾」終於成了一場全民戰爭。在今年的地方兩會上，很多省市把治霾列為重點政績工程之一，北京、河北、陝西首次把PM2.5治理寫入了政府工作報告。國務院發佈《大氣污染防治行動計畫》，明確要求：到二〇一七年，北京市細顆粒物年均濃度控制在六〇微克／立方公尺。北京市長王安順簽下了責任狀，「二〇一七年實現不了空氣治理就『提頭來見』」。①

對於新常態，企業界——尤其是那些老資格的企業家的體會也許更為複雜和真切。今年五月，《中國企業家》雜誌專門做了一期「一九八四VS二〇一四：第一代大老能否引領新時代？」的封面報導，記者在報導中設問：「他們的時代是否已經結束？」

回望三十年前的一九八四年，柳傳志創辦聯想、張瑞敏創辦海爾、王石創辦萬科、牟其中創辦南德、南存輝創辦正泰、潘寧創辦科龍，他們的集體出現，如群星閃耀中國，堪稱「企業元年」。三十年後的今天，他們中有的人已泯然眾生，有的人深陷牢獄，另外一些則在困頓中堅守。商業世界裡，人們更津津樂道的是那些年輕的後來者，甚至出生於一九八四年的馬克．祖克柏（Mark Zuckerberg）儼然已成為新的世界級偶像。

①出自《京華時報》，〈二〇一七年不能實現空氣治理就提頭來見〉，二〇一四年一月十九日。

在今年，六十五歲的張瑞敏寫了一篇〈海爾是雲〉的短文：「三十年，既輕如塵芥彈指可揮去，三十年，又重如山丘難以割捨。其區別在於，你是生產產品的企業還是生產創客的平臺。海爾選擇的是，從一個封閉的官僚制組織轉型為一個開放的創業平臺，從一個有圍牆的花園變為萬千物種自演進的生態系統。」

在一九九四年的時候，海爾創業十週年，意氣風發的張瑞敏寫過一篇〈海爾是海〉：「海爾應像海，唯有海能以博大的胸懷納百川而不嫌其細流，容污濁且能淨化為碧水……匯成碧波浩渺、萬世不竭、無與倫比的壯觀！」在中國企業史上，這是一篇經典範文。

有人對比前後兩文，問張瑞敏：「海與雲的區別在哪裡？」

他答：「海有邊界，但是雲沒有。」

此時張瑞敏的內心可謂百味雜陳。他用了三十年的時間把一家瀕臨破產的小冰箱廠壯大成了全球最大的白色家電企業，三年前還一舉收購了日本三洋的冰箱業務。在相當長的時間裡，海爾是排名第一的中國品牌，張瑞敏是全國知名度最高的企業家，也是在二〇一四年，海爾的營業額超過了兩千億元。

可是，也是在二〇一四年，受到網路經濟的衝擊，海爾的家電業務陷入成長乏力的困局，產品利潤「薄如刀片」。遍佈全國的二十萬家海爾專賣店曾經是最鋒利的行銷利器，如今卻可能成了「最沉重的負資產」。在這一年，擁有八萬員工的海爾裁員一萬六千人，並宣佈將繼續裁員一萬人，引起極大的震動。

張瑞敏決定自我革命，他發明了一個新的成語——「自以為非」，即過往種種皆可斷捨離，「沒有成功的企業，只有時代的企業」。

海爾在管理層面的成就，在中國所有製造業企業裡面是最高的。張瑞敏很有管理天賦，在他那間有二十多排書架的辦公室裡，排列著幾乎所有他蒐羅得到的管理學書籍，很多人認為他到任何一家商學院裡面當一個管理學教授都夠格。然而，在今年六月的一次演講中，張瑞敏說，以往的很多經典管理理論也許都已「過時」，比如泰勒（Frederick Taylor）的科學管理理論、馬克斯．韋伯（Max Weber）的官僚管理理論、法約爾（Henri Fayol）的一般管理理論，事實上都已經被顛覆了。張瑞敏很感慨地說，在過去講管理，大家講的是定量、是邊界、是線性管理，但是在今天網際網路的環境中，線性管理已經被非線性管理替代，自發秩序已經被擴展秩序替代，結構主義被解構主義替代。當組織的邊界被模糊之後，原有的管理秩序就陷入了瓦解，但是關於失控和瓦解的管理學創新，在今天卻是空白。

張瑞敏決定將海爾的整個管理體系推倒重來，他打破既有的官僚管理制度，把偌大的海爾徹底扁平化，所有員工分為平臺主、小微主和創客三種身分，劃小管理單元，鼓勵內部創業。未來的海爾將全部由數百家「小微公司」組成，集團公司變身為一家平臺型組織，為海量的小微提供適合創業的資金、資源、機制、文化等各種支持。

從今年的六月到年底，張瑞敏一直在做一件同樣的事情：他把集團內各業務條線和子公司的負責人叫到自己的辦公室一一談話，先卸職、再任命，「給他們自由」。臨離開前，張瑞敏會送他們一本美國創業家、奇點大學創始人彼得・戴曼迪斯（Peter Diamandis）的《膽大無畏》（*Bold*）。

這當然是一場驚世駭俗的組織革命。敢於將一家全球最大的白色家電企業自我瓦解，從組織架構、產品結構乃至研發體系上進行徹底開放型、失控式革命的案例，在迄今的工業史上還沒有發生過，當然也沒有人取得過成功。

有一次，張瑞敏去美國，碰到ＩＢＭ的前傳奇總裁葛士納（Louis Gerstner），他們都是在二十世紀四〇年代出生，相差七歲，在各自的國度裡均以善於管理創新而聞名，葛斯納的《誰說大象不能跳舞》（*Who Says Elephants Can't Dance?*）在中國曾風靡一時。

聽完張瑞敏的介紹後，葛士納幽幽地說，你是我們這代人中最勇敢的一個。

在今年，張瑞敏說過的最多的一句話是：「我們已經大到在全世界找不到標竿公司了。」這幾乎是所有與他同時創業的一代人的共同感慨。

中國企業的崛起一直被看成是一次跟進戰略的成功，在幾乎每一家成功企業的身上，都找得到國際同行的影子。然而三十多年後的今天，很多企業的規模和市場佔有率都已位居世界第一——聯想是全球最大的電腦製造商，華為是全球最大的電信設備商，萬科是全球最大的房地產商，蘇寧是全球最大的電器連鎖零售企業，甚至很多當年被仰望的標竿公司都已凋零，如美國的摩托羅拉、歐洲的諾基亞，乃至日本的索尼、松下和三洋。這一景象如果被定義為「新常態」的話，便意味著中國公司必須具備領跑和自我突破的能力，這是一次極其光榮卻也無比兇險的新長征。

一位訪者曾記錄了他與張瑞敏面談的場景。他問：「你怎麼看外界對你的改革的非議？」張瑞敏的聲調突然抬高了八度，坐在一公尺開外的來訪者清楚看到他眼眶陡然變紅。他厲聲說：「如果我還在乎外界怎麼看我，這場改革還搞得下去嗎？」

在國有企業領域，有兩位職業經理人的遭遇引發了人們的議論和唏噓。

鄧亞萍離開了工作四年之久的即刻搜索。她是近二十年來最受歡迎的「國球」運動員，曾奪得過十八個世界冠軍，舉國老小無不喜歡這個拚勁十足的「小老虎」。可是在今年，她卻成了一個遭人嘲笑的、十分失敗的「國有企業創業者」。

鄧亞萍退役後，先是擔任申奧大使，為北京申奧立下汗馬功勞，然後以公派身分赴英國讀書，拿下了劍橋大學經濟學博士的學位。歸國後，她進入人民日報社，擔任副秘書長。二〇〇九年底，谷歌退出中國市場，人民日報社瞧準這個千載難逢的時機，推出人民搜索（後更名為即刻搜索），由敢打硬仗的「小老虎」鄧亞萍出任總經理。

在鄧亞萍看來，她是在為國家幹一件大事，即刻搜索的目標就是成為「國家搜索」，為國有企業在網際網路市場上爭得一席之地。她確實非常勤勉，拿出了當年在賽場上的那股拚勁，每天第一個上班，常常到深夜一、兩點鐘才回家。她請來原谷歌中國研究院副院長出任首席科學家，麾下一度聚集了來自谷歌、微軟和百度的各路人才。

國家確實也給予了這位前世界冠軍足夠的彈藥。除了上億啟動資金之外，有關部門下文要求將近兩百家地方重點新聞網站必須加入即刻搜索的連結。鄧亞萍還申請到了兩百個北京戶口的額度，「技術人員百分百解決。民營的網際網路公司都沒幾個留京名額，百度一年也就四、五十個」。

鄧亞萍和她手下的員工們都無比真誠地相信「國家」的無所不能，很多人認為，「只要國家想做的事情，沒有什麼做不了，即刻搜索超過百度是遲早的事」。①鄧亞萍也對自己的工作信心滿滿，她曾對百度公開喊話說：「我們本身代表的是國家，最重要的不是賺錢，而是履行國家職責。你不用打敗我們，你應該多幫助我們，多給我們出主意。」②

可是，現實卻比打一場乒乓球賽要複雜得多。在三年多的時間裡，即刻搜索對百度幾乎沒有構成任何意義上的威脅，它的市場佔有率從來沒有到過一%，可以忽略不計。這家國有企業的失敗再次證明，在網際網路市場上，所謂的國家資源、國有資本以及政策偏袒都不足以成為核心的競爭能力。到二〇一三年十月，即刻搜索與新華社的盤古搜索合併，六百多名員工裁撤大半，鄧亞萍黯然離場。媒體一度傳言她燒掉了二十億元，這一數字顯然被放大了，不過驕傲的鄧亞萍從未正面回應。③

與名滿天下的鄧亞萍相比，華潤的董事長宋林沒有任何的知名度，可是他在今年的「落馬」卻在整個國有企業系統引起了更大的震盪。

華潤在香港的總部大廈位於灣仔港灣道二十六號，是一九八三年建的雙子式老建築，在兩樓之間的平臺上，有一家太平洋咖啡店，很多人到華潤辦事，會順手去那裡買一杯咖啡。宋林見到他們，笑著說的第一句話是，「這是我的咖啡」。太平洋咖啡是華潤收購的一個香港本土品牌，宋林說，亞洲人的口味偏甜，我們想試出一些新的口感來。

宋林一直非常低調，很少在媒體上露面。每當有訪客與宋林見面，他的秘書有時候會有意無意地告訴訪客一些細節，以佐證他的老闆的「厲害」，「宋先生當上華潤集團總裁時才四十歲，是國資委體系最年輕的副部級幹部」。另外，「宋先生還是王石的老闆」。

宋林出生於一九六三年，大學畢業後就以實習生的身分進入華潤，可謂道地的「子弟兵」。他曾回憶說，「那時候，幾個人擠在一間很小的集體宿舍裡，是香港最窮的打工仔，不過心裡還很驕傲，覺得我們是在資本主義世界裡為國家辦事」。在中國當代政經史上，華潤是一家傳奇性公司，它出周恩來創辦於一九三八年，前身為中共在香港建立的地下交通站，據傳創辦經費為黨費兩根金條。在解放戰爭時期，華潤是中共最重要的物資採購基地，它有自己

---

①出自《Vista看天下》，〈「即刻搜索」鄧亞萍，她已即刻消失？〉，二〇一三年十一月。

②出自《第一財經日報》，〈鄧亞萍：重要的不是賺錢，是履行國家職責〉，二〇一〇年十二月二十一日。

③「鄧亞萍悲劇」在某種程度上改變了國有資本在技術創新產業的進入策略。二〇一六年八月，中國國有資本風險投資基金在深圳前海組建成立，首期規模為一千億元。也是在二〇一六年，鄧亞萍離開人民報社，投身體育產業的風險投資。

的船隊，在東北的大連與港島之間建立了運輸航線。朝鮮戰爭期間，它更是唯一的秘密通道，為國家採購了大量軍需物資，號稱「紅色買手」。計劃經濟時期，華潤一度承擔中國幾乎所有輸港出口產品的總代理，成為當時國際貿易的核心窗口。

宋林進入華潤的一九八五年，正值華潤最艱難的轉型時刻，隨著對外開放戰略的推行，越來越多的省分和部委到香港開設「窗口公司」，華潤的壟斷地位被迅速冰解。作為一家政策型的貿易企業，此前數十年雖然功勛顯赫，但是承擔的俱為國家任務，自身並沒有多少實業積累——一九八三年之前，華潤的註冊資金只有五百萬港幣，一旦喪失通路功能，其存在價值便立即遭遇危機。在這個意義上，青年宋林進入的是「另外一個華潤」。在很多研究者看來，華潤是所有華資企業中最早進行業務轉型的，而且是轉型最徹底的外貿公司。二十世紀八〇年代末期，華潤轉向內地，以外資身分進行戰略投資，涉及紡織、服裝、水泥、壓縮機、啤酒、食品、電力、酒店、地產等諸多行業，從而奠定了由貿易向實業轉型的基石。而宋林等一大批年輕大學畢業生，正是以「子弟兵」的身分參與了這一全過程。

華潤是極少數不靠壟斷存活的「中央企業」。與其他國資委下屬的一些企業不同，華潤並沒有靠政策壁壘形成壟斷經營的優勢，相反的是，它所實施的很多併購行動，比如控股萬科、收購三九以及進入水泥和地產領域等，基本都屬完全市場競爭行為。經過多年開拓，華潤形成七大戰略業務單元、十九家一級利潤中心、兩千三百多家實體企業，其中包括五家香港上市公司、六家內地上市公司，員工總數達四十餘萬人。

再來看看宋林打理華潤的業績單。他於二〇〇四年出任總經理，其時華潤的總資產為一千零一十二億元、經營利潤為四十五億元，到十年後的二〇一三年，這兩個資料分別為一兆一千三百三十七億元和五百六十三億元，成長幅度均超過十倍。舉目全球商業界，能夠獲得如此業績者亦可謂彪悍，況且宋林正當盛年，以五十歲的年紀，管理上兆人民幣資產和十一家上市公司，在當今全球職業經理人中應該也能名列前十位。

宋林的社會身分很多重，他是「國有企業職業經理人」，他的職責是「國有資產保值增值」，而同時他又是一位中組部直管的「黨管幹部」，在行政上則享受副部級待遇。這都是一些具有鮮明中國特色的名詞，「商人＋黨員＋官員」的「三位一體」，讓宋林的身分變得非常模糊。在轉型尚未完成的中國，「三位一體」的身分讓宋林有機會獲得更多的資源和政策支持，但同時也令他陷入了另外的一些困境。

很多人認為，國企經營者的成功俱得益於政府庇護，「在所有的球員中，他的父親是教練，他的哥哥是裁判」。近年來，隨著國家資本集團的畸形壯大，民營企業家與國企經理人之間的隔閡越來越大，彼此互不服氣。再比如，國有企業所實現的業務成長並不能得到社會的認可，很多人認為，國有企業的存在本身就是不必要的，國企獲得的成功越大，對民營企業的壓抑就越大。又比如，國企經理人的收入與他的商業成功幾乎沒有對價關係，宋林沒有一分錢的股份，也不享受分紅激勵，更談不上「金色降落傘」，甚至他的職務能否保住，都需要某些灰色的權貴保護——從宋林案披露的一些資訊可見，他的墮落正與此有關。

自本輪改革開放以來，國企經營者作為一個極其特殊的商業精英群體，其命運跌宕的豐富性是頗值得深研的課題。在研究者的視野中，三十多年湧現出的一些標誌性人物，其日後際遇非常的兩極化。有些人先盛後衰，最後甚至身敗名裂，如第一批放權讓利試辦企業首都鋼鐵的周冠五、紅塔菸草的褚時健、三九醫藥的趙新先等，也有一些人商而優則仕，如東風汽車的陳清泰和苗圩、中海油的衛留成等，而能夠在經理人崗位上維持企業可持續發展並善始善終者，確乎寥若晨星。

在這些年份裡，不少國企經營者甚至對自身的職業價值產生了懷疑。一位央企領導人曾自嘲是「三無人士」——無存在感，無論企業管理得多優秀，都得不到民眾和社會的認可與尊重；無兌現感，無論經營業績有多出色，都與自己的收入不匹配，與同資本等級的民營企業家相比更是判若雲泥；無安全感，任何人都可以「實名舉報」，坐車、吃飯、旅行、收受禮物、與異性合影，凡此等等都可能被「一票擊殺」。國企當家人的此種「三無情緒」非常普遍，且有瀰漫之勢。

宋林式悲劇以及「三無情緒」的產生，其背後凸顯出來的，其實是中國經濟改革一個迄今仍未破題的重大命題：如何看待以及實施國有經濟改革？早在一九七八年底召開的十一屆三中全會上，中央政府就意識到，「現在我國經濟管理體制的一個嚴重缺點是權力過於集中，應該有領導地大膽下放，讓地方和工農業企業在國家統一計畫的指導下有更多的經營管理自主權」。一九七九年五月，國務院宣佈，首都鋼鐵公司、天津自行車廠、上海柴油機廠等八家大型國企率先擴大企業自主權的試驗，從此拉開了國企改革的序幕。然而，其後的改革實踐並不順利，甚至多次陷入歧路和陷阱，現今形成的國企格局仍然廣為詬病。

在二〇一三年底的十八屆三中全會上，國企改革被列為核心目標之一，可是一些基本的改革理念及路徑仍然是非常模糊。比如，國有經濟存在的倫理性和必要性解釋、國有資本的管理模式、國有資產的處置模式、國有企業的利潤上繳模式、國有企業的監督管理模式，以及對國有企業經理人階層的獎懲制度等等，無一條有明確的改革詮釋和預期設計。

人之哀宋林、鄧亞萍，其實是哀國企，哀一代為國服務的商業精英群體。制度的創新若無破局，宋、鄧式人物勢必將層出不窮。

我們再來看二〇一四年的中國網際網路世界，這裡無疑仍然是經濟疆域中最具活力的板塊，不過一個幽靈已經降臨，它的名字叫「寡頭」。

今年，中國的兩大電商公司相繼上市。五月二十二日，京東登陸納斯達克，發行價為每股一九美元，首日市值兩百八十六億美元。九月十九日，阿里巴巴在紐約證交所正式上市，發行價為每股六八美元，首日市值兩千三百一十四億美元。在今年《富比世》公佈的中國富豪榜上，前三名分別是馬雲（一百九十五億美元）、李彥宏（一百四十七億美元）和馬化騰（一百四十四億美元），去年的首富、商業地產商王健林降至第四名。如果對比二〇〇七年的這份榜單，你更會感嘆世道的輪轉，在彼時的前四名，分別為碧桂園的楊惠妍、世茂的許榮茂、復星的郭廣昌和富力的張力，全數來自地產業。

十一月十九日，在浙江嘉興的一座百年小鎮——烏鎮，舉辦了一場「世界網際網路大會」。雖然名為「世界」，但並沒有太多的國際網路界知名人物到來，它其實有另外一個含義，即中國將是世界網際網路的一極，或者說，中國是一個「獨立的網際網路世界」。

在這次大會上，早年梁山好漢式的草莽氣質已經蕩然無存，會議被完全地納入政府部門的領導與規制之中，自ＢＡＴ以下諸人，無論財富多寡，都以「被組織者」的身分與會，排位列坐，井井有條，在這個意義上，中國網際網路的江湖時代杳然已遠。蜂擁而來的媒體記者都成了「花邊新聞愛好者」，報導的焦點都放在誰與誰在哪個酒家吃飯；張朝陽穿了一件脫線的舊風衣，竟成了最為津津樂道的會場話題。

網路領袖無疑成了當今顯赫的人物之一，一言一行均足以聳動天下，他們中的一些人甚至成了成功學價值觀的輸出者。凱文．凱利（Kevin Kelly）的失控學說在網際網路界被奉為「聖經」，不過現實的中國網際網路早已成了寡頭統治的世界，ＢＡＴ的勢力無人可以挑釁，其他諸君也以躋身寡頭俱樂部為己任。在此次烏鎮大會上，所有的發言時間幾乎都給了八、九位明星級企業家，對失控的歌詠實際上成為控制者捍衛既得利益的武器。

無論是電子商務平臺還是社交化網路平臺，中國網際網路目前的格局是楚河漢界，各自為政。一線寡頭與垂直門類裡的領先者選邊結盟，互為倚重；其他的中小業者則分頭投靠，避免成為危石之卵。烏鎮大會被非常默契地開成了寡頭們的聯誼會，人們幾乎聽不到壟斷格局撕裂或被衝擊的聲音。

艾瑞市場諮詢在今年的四月公佈了一組手機應用資料，無比真切地證實了「寡頭」的勢力。中國的智慧手機正處在爆發期，每個季度的銷售量為九千萬支，是美國市場的三倍，在年輕的「八〇後」、「九〇後」族群中，平均每人每天在手機上花去三個小時的時間。艾瑞統計了在過去二十個月裡，排名前二十位手機ＡＰＰ產品的使用時數、觸及人數及觸及人數月複合成長率。

觸及人數最多的前五款產品：在二〇一二年八月，分別是ＱＱ、ＵＣ手機瀏覽器、微信、新浪微博和三六〇手機衛士；而到今年的四月，前五位則更改為微信、ＱＱ、支付寶、ＵＣ手機瀏覽器和淘寶，全都分屬於騰訊和阿里巴巴兩大陣營。

若放眼於前二十位觸及人數最多的產品，這個態勢也很明顯：二十個月前的ＡＰＰ產品分屬於十三家完全獨立的公司，可謂春秋割據，天下紛亂，可是如今卻只歸屬於「戰國五雄」。其中，屬於騰訊系的有七家，除京東商城和搜狗外均為「子弟兵」；屬於阿里系的也有七家，其中排名第四的ＵＣ、第六的新浪微博和第八的優酷，均為其最近的一年裡鉅資併購所得。除了這兩大集團之外，百度系有三家，三六〇系有兩家，蘇寧靠收購ＰＰＴＶ搶得一席——二〇一五年八月，阿里以兩百八十三億元戰略投資蘇寧，成為其第二大股東。

艾瑞的研究員還計算出一個特別有意味的資料：在所有手機用戶的月使用時數中，騰訊產品的佔比達到了二八％，阿里產品為七．五三％，百度產品為三．一四％。ＢＡＴ之和，逼近四〇％。這一資料尚不包括ＢＡＴ所投資參股的公司，如京東、優酷、九一公司等。大致通算一下，ＢＡＴ所控制的公司「統治」了人們超過六成的手機時間。

也就是說，中國消費者每天打開手機，有超過一半的時間是在ＢＡＴ帝國的疆域中「自由地瀏覽和消費」。

網際網路重估了一切價值，同時，網際網路的價值也正在被重估，它以無比的破壞力顛覆了既有的商業邏輯和秩序，同時它反噬自身，讓顛覆在更深層的意義上自我實現。

在今年，網際網路對服務產業的衝擊進入最後時刻，「百團大戰」即將鳴金收兵，而另外一場更刺激的燒錢大戰則在網路叫車行業開戰，經此一役，人們更清晰地看到了它的「天使與魔鬼」的兩面性。

受優步模式的啟發，中國的網路叫車起步於二〇一二年的秋天。幾乎就當程維在北京創辦滴滴的同時，呂傳偉在杭州創辦了快的打車。有意思的是，這兩家創業公司都與阿里巴巴有千絲萬縷的關係。程維和他的投資人王剛，俱是阿里的前職員，而呂傳偉的投資人李治國則更是阿里巴巴第四十六號員工。

二〇一三年四月，快的打車獲得阿里巴巴、經緯創投一千萬美元Ａ輪融資，快的與支付寶打通，成為全國唯一一家可以透過線上支付叫車費用的叫車ＡＰＰ。因支付的便捷，快的明顯超出所有競爭對手一個身位。

「我最好的盟友，是敵人的敵人。」三十歲的程維深諳競爭的法則，他很快找到了前老闆的「天敵」。

對於騰訊的馬化騰來說，他正為一件事情焦慮不安。在二〇一三年，中國行動支付市場進入爆發式成長，總體交易規模突破一兆三千億元，同比成長率高達八倍，其中，支付寶占了七〇％的份額，而騰訊的財付通僅占三．三％。與阿里爭奪行動支付的入口，無疑是騰訊當下的第一號戰略任務。

程維的出現，讓馬化騰突然看到一種可能性。網路叫車具備了行動化、環境通吃和高頻的特徵，是綁定使用者支付習慣的最佳入口，正能滿足網際網路平臺對地面流量的饑渴。

就在阿里入股快的的同一個月，騰訊火線注資滴滴一千五百萬美元，九月，滴滴接入微信與手機ＱＱ，也實現了行動支付。

進入二〇一四年之後，騰訊在行動支付端的發力進入瘋狂狀態。

一月初，滴滴再次得到騰訊領投的一億美元投資。

銀彈充足的程維想出了一個補貼的點子：如果乘客和計程車司機使用滴滴打車，可以得到幾元乃至十幾元的補貼。這一想法立即得到了馬化騰的支持，雙方約定補貼成本由滴滴和微信共同承擔。

在補貼政策推出的第一個星期裡，滴滴居然發出了一億多元的補貼，出行訂單量暴漲五十倍，原有的四十台伺服器根本撐不住。程維連夜致電馬化騰，騰訊調集一支精銳技術團隊，一夜間準備了一千台伺服器，並重寫服務端架構，程式師連續加班工作七天七夜，「到最後，有的人隱形眼鏡摘不下了，有的人直接昏迷倒地」。

不甘讓滴滴一家獨火，快的迅速跟進，一場刺刀見紅的補貼大戰一觸即發。程維日後回憶說，補貼讓訂單量激增，燒錢速度也越來越快，從早期一天幾百萬到幾千萬，再到三、四月高峰期時，一天能燒掉上億，「每天真是燒得膽戰心驚。如果把一億元現金堆在一個屋子裡燒，恐怕也得燒一整天吧」。

快的為了應對戰事，再次融資一億兩千萬美元。雙方進入拉鋸戰，快的補貼十元，滴滴補十一元；滴滴補貼十一元，快的補十二元。快的宣稱其叫車獎勵金額永遠會比同行高出一元錢。滴滴迅速做出反應，宣佈每單補貼額隨機，十元到二十元不等。

這場白刃戰般的補貼大戰，從一月廝殺到五月，誘發了民眾的莫名狂歡。到五月十六日，在資本方的調停下，雙方同時宣佈補貼暫告一段落，硝煙散去，兩家共計發出超過二十多億的補貼，超過七百萬個計程車司機成了滴滴或快的用戶，中國計程車行業的格局陡然變天。

停止補貼之後，程維又想出了一個發紅包的新打法。

微信紅包是今年春節期間，張小龍團隊的一個新發明。在春節前後，微信支付策劃出一個在微信裡「發紅包」的創意，從農曆除夕到正月初八這九天時間，八百多萬中國人共領取了四千萬個紅包。微信紅包成為一個極具中國創意的網際網路產品。程維把這個創意直接嫁接到了滴滴中。除了乘客發紅包分享到朋友圈之外，程維還請國內一線明星給用戶發紅包，利用明星效應推廣產品。年底的耶誕節到了，滴滴透過電視臺綜藝節目發紅包，江蘇衛視新春晚會「搖一搖」給用戶發紅包，吸引一千七百萬用戶參與，共送出了三億元紅包。

經過一年的鏖戰，滴滴、快的發放補貼、紅包共計近四十億元。率先發動戰事的滴滴打車成最大贏家，其用戶數突破一億，日最高訂單量達五百二十一萬。另外一個獲益者是騰訊，它透過補貼大大提高了自己在行動支付市場的份額，到二〇一四年底，騰訊在支付市場的佔比已大幅逼近支付寶。

這場空前的補貼大戰，在中國商業史上頗有教科書式的意味。

它表明網際網路一旦實現了使用者與服務的直接連接，則任何曾經被公認為是理所當然的中心和仲介都將被無情地解構，這樣的趨勢是無法阻攔的，並不會因為所謂的主管部門、相關利益集團的抵制就真正能夠回到從前。中國的計程車市場長期被地方政府和國營利益集團把持，成為效率低下、服務品質飽受批評的僵化領域，可是在滴滴、快的等公司的攻擊下，舊有格局以難以想像的速度被擊潰重構。

然而，網際網路公司在提高效率的同時，卻絕不是一個只為了帶來公平的「純潔天使」，相反，它在把舊世界摧毀的同時，更渴求建立新的壟斷秩序。

滴滴、快的不但重構了計程車行業，更是在兩強相殺中，令其他的叫車軟體——包括初進中國市場的優步公司——無地立足。接下來的事實是，這兩家公司也在資本力量的推動下，完成了一體化。

二〇一四年的十二月，滴滴和快的分別完成七億美元和六億美元的融資，緊接著在第二年的二月十四日宣佈合併，新公司佔有了全市場八七%的份額，近乎壟斷的地位。二〇一六年，滴滴併購優步中國，進一步鞏固寡頭地位，其估值高達五百億美元。

很快，各個城市的市民都漸漸發現，在叫車變得方便的同時，乘坐成本卻在悄無聲息地上漲，而此時，你除了抱怨，已經別無選擇。二〇一七年初，一篇〈致滴滴，一個讓我的出行變得不美好的網路平臺〉刷爆微信朋友圈，京滬網友們在轉發的同時紛紛現身說法，指出叫車比過去更貴更難了。「三公里的路要二十九點八元，也是醉了」、「有一次從淞虹路到中山公園要九十五元，瘋掉！」、「往日起步價之內的路程，要加到三十六點五元才有人接單」……以「讓出行變得更美好」為己任的共用經濟平臺，一朝獨佔了市場，往日的斬龍少年就慢慢長出了龍鱗。

就如同革命常常會吞噬掉自己的孩子一樣，網際網路創新本身，充滿了相生相剋的悖論。無論如何，從來沒有一種壟斷是值得讚美的。

「中國快把整個非洲買下來了。」今年八月四日，法國《回聲報》在一篇報導中這樣驚呼。作為曾經的非洲最大殖民者，它的語調很有點嫉妒的意味。

在二〇一三年，中非之間的貿易額達到了兩千億美元，是二〇〇〇年貿易額的二十倍，也是美國與非洲貿易額的兩倍。中國向非洲市場提供了大量價廉物美的消費品，同時還積極參與許多大型基礎設施項目的建設，比如衣索比亞的水壩、蘇丹和查德的輸油管項目、肯亞的港口，以及東非一條總額達四十億美元的鐵路等，就連非洲聯盟在阿迪斯阿貝巴的新總部也是中國人建的。

在二〇一四年，非洲成為全球第二大行動通信市場，僅次於亞太地區，在這裡，最暢銷的手機品牌是來自中國的傳音（Tecno），它在非洲的出貨量高達四千五百萬台。儘管傳音在母國市場毫無知名度，可是在非洲——特別是俗稱「黑非洲」的撒哈拉沙漠以南地區——被認為是「中國最大的品牌」，「它價格非常便宜，能把每一位黑人朋友拍得十分清楚，而且聲音特別響，來電時鈴聲大到恨不得讓全世界聽到——非洲人民熱愛音樂」。

另外一個引起國際媒體廣泛關注的，是中國企業在港口投資上的雄心。

彭博社發現，在新加坡、馬來西亞、斯里蘭卡、巴基斯坦、埃及、以色列、希臘、義大利、比利時、荷蘭等地的港口背後均有中資企業的身影。以港口為主業的招商局已經在全球十三個國家的港口進行了佈局。中遠集團在新加坡、比利時安特衛普、義大利那不勒斯、埃及及塞德等國際重要港口都有參股投資，其持股比例在二〇%至五〇%之間。上港集團投資以色列海法新港的協定進入最後的確認階段，這一港口將與一條跨越地中海和紅海的高鐵對接，從而繞過繁忙的蘇伊士運河，成為中國至歐洲的重要貿易通道。

今年十一月，又一條重磅新聞震動了全球政經界。中國政府提出「一帶一路」的新國家倡議，發起建立亞洲基礎設施投資銀行和設立四百億美元的絲路基金。

在新加坡學者、中國問題專家鄭永年看來，「一帶一路」將創新出一種新的經濟全球化模式。中國在二十世紀六〇年代，曾積極參與國際政治事務，毛澤東創造性地提出了「第三世界」和「輸出革命」理論。進入二十世紀八〇年代之後，鄧小平執行韜光養晦策略，專心國內發展，而此次提出的「一帶一路」倡議，是半個世紀之後，中國再一次積極出擊，展開的一個以經濟能力輸出為主題的重大國際競爭戰略。

這一倡議由絲綢之路經濟帶和二十一世紀海上絲綢之路兩大規劃構成，將極大地重構中國與周邊國家以及非洲、南美洲的經濟互動關係。據估算，僅鐵路建設金額就將達三千億到五千億元左右，由此所帶動的亞太區域未來十年間的基礎設施投資需求，將達八兆美元。

「中國想要什麼？」

《經濟學人》雜誌在今年下半年的一組系列封面報導中，提出了這樣的問題。在它看來，「隨著中國即將再次成為世界上最大的經濟體，它尋求重新得到在過去千百年裡所享有的尊重。但中國不知道該怎樣獲得這種尊重，或者說，它是否值得這樣的尊重」。①這是一篇心情複雜的長篇評述，作者從歷史的視角論證了中國崛起的必然性和內在矛盾性。

在二〇一四年，中國取代美國成為全球第一的石油進口國，取代印度成為最大的黃金消費國，同時它還是鐵礦石、煤炭、玉米、大豆、水稻和銅的最大進口國。中國的經濟總量只有美國的一半，而人民幣發行量已超過美元。所以，中國當然需要謀求能源戰略的安全，需要輸出除了價值觀以外的所有一切，從商品、技術到貨幣泡沫。

在《經濟學人》看來，「究其野心，中國並不熱衷於爭奪全球霸權。中國對亞洲以外政治的興趣不大，除非是關係到它獲得盡量多的原材料和市場」。作者引用美國約翰・霍普金斯大學教授德布拉・普蘭廷根（Deborah Brautigam）的觀點認為，「儘管中國的影響力越來越大，它的介入卻不是霸權性的，而是交易性的」。

中國的這種對外拓展的態勢，與美國所主導的亞太戰略形成了對峙。

美國的全球戰略從來都是圍繞經濟中心制定的，其核心利益是控制能源。在二〇一二年，歐巴馬政府提出「重返亞太」戰略，試圖以美國為主導者，形成一個橫跨亞洲和美洲的「亞太自由貿易區」，其中，一個將中國排斥在外的TPP協定成為其戰略重心。

TPP原本是一個跨太平洋的多邊自由貿易協定，最初於二〇〇五年由汶萊、智利、紐西蘭和新加坡四個APEC（亞太經合組織）成員簽署。二〇〇八年之後，美國、澳大利亞、秘魯和越南等國先後加入，參與國家達到十一個。二〇一三年，美國多次督促日本加入。TPP談判的達成，將對中國的外貿經濟構成嚴重的挑戰。

這是一個正在重新確認秩序的時代，毫無疑問，中國的崛起不再是一個理論上的概念，而是由廉價商品、高鐵、港口、人民幣和一個個工業園區構成。在今年，九十一歲高齡的季

①出自《經濟學人》，〈中國的未來〉（China's Future），二〇一四年。

辛吉出版了《世界秩序》（*World Order*）一書，這被認為是他的「告別演講」。這位老資格的政治家感慨說，有時候他也不太清楚「世界秩序」的真正內涵，也許真正理想的世界秩序形成時，他已離開這個世界。

在論及亞洲時，季辛吉用了一個意味深長的問句：「通往亞洲秩序之路：對抗還是夥伴關係？」

風雲人物 褚健困境

檢察官提審褚健，問：「你知道今天是什麼日子嗎？」答：「不知道。」檢察官曰：「如果不是坐在這裡，今天是你的中國工程院院士答辯日。」

這個場景發生在二〇一四年的十月，浙江湖州市的一家看守所。當褚夫人以極憔悴和細弱的聲音對人講述這個細節時，旁聽者均淒切默然。

整整一年前的二〇一三年十月十九日，浙江大學副校長、科學家、企業家褚健突然被拘捕，一些媒體迅速做出報導，褚健被指控的罪名有四大宗：掌管浙江大學校辦企業八年時間裡貪污國有資產數億元、向國外轉移巨額資產、亂搞男女關係、在公司產權清晰化過程中侵吞國有資產。

褚健曾是浙江大學最年輕的正教授，拚上職稱的時候才三十歲。一九九二年，鄧小平南方談話一呼，天下人蠢蠢欲動，學術前途大好的褚健決定下海創辦一家高科技企業。當時的新華社專門發文討論：「少一個科學家，多一個企業家，划算嗎？」

褚健的專業是化工生產過程自動化及儀錶，在他看來，這是一門應用性的學科，如何將實驗室裡的成果轉化為經濟活動中的生產力是他們這一代科學家的使命。因此他走出實驗室，創辦了浙江大學工業自動化公司，它後來更名為中控科技。據媒體的報導，「公司剛剛成立時，國內自動化行業基本被國外公司壟斷，但中控的崛起打破了這一局面。二〇一二年，中控集團擁有四千多名員工，產值超過三十億元，並制定了國內自動化行業的第一個國際標準」。①因中控的出現，將國際同類公司的產品價格降低到原來的三分之一，為國家節約起碼四百億元設備引進資金。在二十年裡，幾乎所有的中央政治局常委到浙江考察高科技企業，中控科技都是必到的一站。

在這十多年裡，褚健也沒有放棄學術上的研究。從一九九七年到二〇一三年，他獲得過八個國家級的科學技術進步獎，其中兩次獲得國家科技進步二等獎，一次獲得國家技術發明二等獎。甚至在被捕前的二〇一三年七月，褚健的名字還出現在一百七十三位候選中國工程

①出自《中國青年報》，〈浙江大學副校長褚健被批捕〉，二〇一三年十二月二十五日。

院院士名單中。在二〇〇五年，他被任命為浙江大學的副校長，分管人事、離退休、學校企業工作。他還是第十屆全國人大代表。

二〇一四年八月二十四日，浙江省檢察院反貪局起訴褚健。在起訴意見書中，一年前媒體所報導的前三項指控均無涉及，其罪責聚焦於二〇〇三年的中控科技涉嫌掏空浙大海納資產一案。

浙大海納是一九九九年由浙江大學企業集團控股有限公司聯合浙江省科技風險投資公司以及褚健等人共同發起，以社會募集方式設立的股份有限公司。根據當時的招股書，浙大海納上市時的核心資產主要有三塊，即浙江大學半導體廠、杭州浙大中控自動化公司、浙江大學快威科技產業總公司經營的業務。這三塊業務，經由資本運作，先後被剝離，並試圖再次包裝上市。在二〇〇三年，中控科技完成了一次決定性的增資轉讓，褚健及其妹妹以六〇％的股份成為第一大股東，褚健因此一度被流傳為「浙大首富」。

檢察院的起訴書認為，在中控科技從浙大海納中被剝離出來的時候，完成了一次產權私有化的動作，而褚健家族成了實際的產權所有者，也因此犯下了「侵吞國有資產」的罪名，其犯罪涉及金額高達七千多萬元，這足以致褚健於萬劫不復之地。

這是中國企業變革史上一段迄今仍然爭議重大的公案：從一九九八年到二〇〇四年，中國企業界發生過一場以「國退民進」為主題的產權清晰化運動，數以百萬計的國有、集體企業被出售給私人，其中，蘇南及浙北地區就有九七％的國有、集體企業被私有化。從客觀上看，這無疑釋放了中國產業經濟的生產力，完成了產權私有化的「驚險一躍」，中國民營資本集團的格局是在這一時期被確定下來的。然而，在這一過程中，從中央政府到地方政府，從來沒有提出過產權量化改革的政策性條例，因此每一家企業的產權清晰改革都手法曖昧而諱言莫深。從嚴格的現行法律意義上，幾乎所有的產權改革都可以被視為「國有資產流失」，每一個產權獲益者都有「侵吞」之嫌。正如已公佈的資訊可知，中控科技的產權清晰，正發生在二〇〇三年。

褚健事件在國內教育界和科技界引起巨大的震動。這一案件中頗多可討論的地方，其中涉及體制內創業、科研經費使用、科研人員智慧財產權認定，以及科技型企業股權合法轉讓等多個命題。因此，褚健的遭遇有非常大的典型性，幾乎所有在高校內從事產學研工作的人都有極強烈的共鳴。

多年以來，我國在科技成果的產業化開發上一直給予很大的扶持，然而在制度層面上卻始終有著種種的漏洞。很多人問，中國有那麼多的高校，有那麼多的優秀科學家，可是為什麼出不了一個矽谷？其最大的區別恐怕正在於：矽谷形成了人才—高校—資本—公司的生態型環境，在這一生態鏈中所有的資源配置，都是建立在成熟、公開的法治土壤之上。

而在中國，卻往往因制度建設的滯後，阻礙了創新及人才的湧現。

由此，似乎存在著一個「褚健困境」：在現行的高校科研體制下，若一個科學家欲將某一技術進行產業化開發且從中擁有個人產權，那麼，產業做得越大，他的犯罪機率就越高，且犯罪金額越大。

在褚健被拘期間，民間發生了一系列的援助性行動，僅在二〇一四年就有：

四月，四位資訊安全相關領域的工程院院士聯名給中央寫信，為褚健事件陳情。

四月到七月間，原全國政協領導及國務院參事室專家向高層多次反映情況。

八月下旬，褚健家屬和律師向檢察機關提交了一份「取保候審的申請」，八百多位浙大教授及中控公司員工簽名願意為褚健做保，其中包括現任學院院長、退休的黨委副書記、副校長以及工程院院士等人。

九月，近十位法律界、經濟界學者在杭州就褚健事件涉及的一些共性問題進行專題研討會……

褚案延宕經年，開審時間一拖再拖。

二〇一七年一月十六日，在被關押三年零兩個多月之後，浙江省湖州市中級人民法院終於一審公開審理，法官宣判褚健犯有貪污及故意銷毀會計憑證、會計帳簿罪，決定執行有期徒刑三年零三個月。褚健當庭表示不上訴。

兩天後，褚健出獄。十天後，是這一年的春節。

2015 極端的一年

「俠之大者，為國護盤。」
——股市流行語

從開年的第一天起，二〇一五年就充滿了悲喜交集的氣氛。在很多國人的記憶中，這是極端的一年。瘋狂、任性、踩踏、過山車、隔空撕鬥，這些詞如雨點一樣落在這個國家不同的時間與空間上。

一月一日凌晨，上海外灘發生重大惡性事件。剛剛封頂的「中國第一樓」上海中心大廈舉辦首次跨年燈光秀，因人潮洶湧發生了悲慘的踩踏事件，死亡三十六人，最大的三十七歲，最小的十二歲，都是大好的年紀。

一月十八日晚，中央台的春節聯歡晚會上演「全民搶紅包」。騰訊送出五億現金加三十億卡券，用戶打開微信「搖一搖」即可參與互動，單個紅包最大金額將高達四千九百九十九元。晚會期間，微信「搖一搖」總次數七十二億次，峰值八億一千萬次／每分鐘，送出微信紅包一億兩千萬個。

四月十四日，一封辭職信突然走紅網路。河南省實驗中學的一位女教師想要辭職了，她已經在這家學校教了十一年的書，突然對現在的生活失去興趣。於是，她勇敢地遞交了辭職信，一張白白的信紙上只有短短的兩行字：

「世界那麼大，我想去看看。」

女教師的任性，如一根繡花針刺中了無數不安於現狀的人。

當然，最任性、最瘋狂的還是股市。

進入二〇一五年之後，深滬兩市仍然像一頭亢奮的瘋牛，幾乎每天都有百股乃至千股漲停的奇觀發生。五月二十二日，兩市成交金額逼近兩兆元，在創出A股歷史新高的同時，也刷新了全球股市「單日成交紀錄」。創業板指數從一四七〇點連續五個月飆漲，到六月五日創下了四〇三七點的最高點，漲幅接近三倍。舉國上下幾乎已經沒有人安心工作，就連家裡的保母，如果雇主不推薦一、兩檔股票的話，都不願意好好地去洗碗了。

一家經營基本陷入停滯的多倫股份，將企業名稱改為極其古怪的「匹凸匹」，宣告「要做中國首家網際網路金融上市公司」，股價居然連續兩個漲停板。一家網際網路影音公司除了持續地開新聞發表會，幾乎沒有任何實際業績，僅僅靠著「生態鏈」的概念，市值已經扶搖直上地超過了全球最大的房地產公司萬科。至少有八家公司在宣佈重組失敗後，被市場認定「利空出盡」而連續漲停。新浪證券報導了一則奇聞：一位入市僅一年的女股民，錯把券商推薦的中文傳媒聽成了中文線上，散盡三十多萬元買入五千股，短短兩個月裡居然賺進一倍利潤。

被當作神話來傳誦的，還有一家叫暴風影音的公司。三月二十四日，這家企業以「首家登陸中國資本市場的網際網路平臺」為號召，在創業板上市，迅速引發漲停狂飆。事實上，在中國的網際網路企業梯隊中，無論是業績還是成長性，暴風科技大概都只能排在兩百名以外，它的主營業務「網路影音播放」產業近乎萎縮，可是這一切都不足以阻擋它一路高歌的節奏。在後來的兩個月裡，暴風影音連續漲停三十九次，創下A股歷史上最長連續漲停記錄，其市值超過了最大的影音網站優酷，中國股民對它的「熱愛」根本無法用理論或模型來解釋。當它的漲停板記錄達到二十個的時候，仍然在媒體上聽得到種種商榷和質疑的聲音，可是當第三十個漲停板出現之後，所有的人突然變得非常寂靜了。這應該是集體心理的理性防線被擊穿後，由極度亢奮而導致的窒息性思維停滯症狀。

這是一個「每日天上撒錢，人人都是股神」的奇妙時刻，已經很少有人再關心財富的邏輯和經濟的基本面。羅伯・席勒（Robert Shiller）在《金融與美好社會》（*Finance and the Good Society*）一書中寫道：「金融應該幫助我們減少生活的隨機性，而不是添加隨機性。為了使金融體系運轉得更好，我們需要進一步發展其內在邏輯，以及金融在獨立自由的人之間撮合交易的能力——這些交易能使大家生活得更好。」他的這段話，在高昂的指數面前是如此的蒼白。

理智——如果它還真的存在的話——已經在漲停板面前徹底暈厥倒地。這應該是近十年來最大的一次資本泡沫運動。某篇報導引用了一位資深基金經理的話，他宣佈自己已放棄用大腦思考，「我決定向市場投降。在資本市場，錢是最聰明的，我們做的只是尊重市場，因此，就是『無腦買入』，也要硬著頭皮買進！對於所有的投資人來說，非理性地擁抱泡沫，也許真的是眼下最理性的經濟行動」。

日後來看，這個股市的表現，不但與上市公司的基本面沒有關係，甚至與中國總體經濟的基本面也沒有關係。所謂的交易復甦，其實都來自政策鬆綁的效應，以及監管當局對「新莊家」們的刻意寬容，而不是結構優化的結果。它是一個被行政權力嚴重操控的資本市場，它的標配不是價值挖掘、技術創新、產業升級，而是「人民日報社論＋殼資源（空殼公司）＋併購題材＋國企利益」。那些連漲十個乃至二十多個漲停板的公司，無一不得益於「題材」。而歷史的經驗一再告訴我們，當「題材」如小飛俠般地降臨股市之時，必是投機與泡沫並生的野蠻時刻。

四月十四日，國家統計局公佈了最新的經濟資料，一季度GDP增速為七％，創下二〇〇九年二季度以來的新低，全國工業企業實現利潤同比下降四．二％，利用外資同比下降三三．五％。這一天，滬深兩市有十五支新股上市申購，兩市成交再超兆，超過百支股票漲停。幾乎沒有人聽到冰山即將崩塌的撕裂聲。

夢魘時刻的到來，是在六月十二日──很多股民在一生中會一直記得這個日子。上證指數抵達五一七八．一九點，突然如一個脫水之人力竭倒地，股指掉頭下墜，恐慌如瘟疫爆發，瞬間引發踩踏性事件。八月二十六日，股指跌到二八五〇．七一點，廣大投資者短暫地享受了牛市帶來的市值成長之後，還沒來得及「落袋為安」，就被屢屢發生的千股跌停擊倒在地，恍如黃粱一夢。

到年底，A股市值蒸發二十五兆，按一億股民的人數計算，人均損失約二十五萬元，這幾乎已相當於一個中產階級家庭的年收入了。

監管當局顯然對突然發生的暴跌毫無預期。在二〇一五年，最引人關注的經濟人物應該是跳水運動員出身的證監會主席肖鋼。在上半年，他被看成是掙脫「通縮之繩」的救市主；六月之後，他收到了最多的「臭雞蛋」。

在一開始，「陰謀論」甚囂塵上，據說是美國的敵對勢力、不良資本集團試圖搞垮中國經濟，因此先是入局抬高股價，然後又迅速撤資砸盤，相關消息言之鑿鑿，人證、物證俱在。於是，有了「為國護盤」的壯舉。

劉益謙是上海灘上最著名的「大散戶」，據說靠炒股和參與定增，攢下了二十多億元的資產。近年來，他沉迷於拍賣收集古玩，去年四月，他還花了兩億八千一百萬港幣拍下一只明朝成化年間的鬥彩雞缸杯。七月二日，劉益謙突然在微信朋友圈裡發出一文，宣稱自己是中國資本市場發展壯大的既得利益者，「當這個市場可能發生系統風險，當中國夢可能受影嚮時，買入二級市場股票是我不二的選擇」。他透露已經在過去的兩天裡，衝進去「差不多十個億」，「明天還要繼續」。他寫道：「不在乎虧多少……結果不重要，等平穩了，我可以自豪地跟我孩子們說，老爸參與了維穩市場。當我老了，當我外孫長大了，我也自豪地說，人生精彩過。」

有意思的是，一直到本書出版的時候，美國敵對勢力的名單還沒有被挖出來。在群情恐懼之下，護盤是必須的行動，具有諷刺性的是，外敵未必有，內鬼卻真的存在。

七月初，A股市場大跌效應傳導至港股，恆生指數暴跌。隨後，人民幣匯率、大宗商品、中概股等幾乎所有與中國相關的投資標的全面下跌，市場情緒幾乎崩潰。中央最高層拍板，由金融監管部門帶頭，公安部、網信辦等強勢部門參與，組成了一個多部委聯合的救市機構。直接在一線協調救市行動的證監會主席助理張育軍稱，「這是一場金融保衛戰」。

七月四日，也就是「劉氏護盤」的兩天後，真正的護盤國家隊敲鑼打鼓地進場了。

上午，證監會召集中信證券等二十一家國內最重要的證券公司開會，宣佈這些「國家隊」以六月底淨資產的一五％出資，合計不低於一千兩百億元，用於投資藍籌股交易所買賣基金（ＥＴＦ），並規定指數四五〇〇點以下時，券商自營盤不得減持；此外，還要求上市券商大股東回購自公司股票。由於事先難以有針對性地做準備，各證券公司的董事長先在一張空白的《聯合聲明》上分別簽字，然後補上聲明內容。當日下午，基金業協會也召集二十五家公募基金開會，並達成共識，積極引導申購，新增基金積極建倉。也是在這一天，國務院會議決定暫停ＩＰＯ發行。

七月九日，公安部副部長孟慶豐帶隊進駐證監會，會同盤查惡意賣空股票與股指的線索。這是公安部門歷史上第一次坐鎮證監會，震懾意味明顯。

在接下來令人窒息的一個多月裡，股價偶有止跌，但是總體下跌趨勢卻難以遏制。一個最驚人的事實是，參與護盤的「國家隊」中，居然出現乘亂牟利的利益集團，他們利用特殊的身分、內部政策消息和幾乎無限額的資本，內外勾結、上下其手，在火中取栗。

最高層終於雷霆震怒。

八月至九月，「救市」的第一號主力軍，也是中國最大的證券公司「中信證券」被證監會立案調查，其總經理程博明、董事總經理徐剛等十一位高階主管及中層，因涉嫌內線交易、洩露內線消息，被公安機關調查。

八月二十五日，證監會發行部三處處長劉書帆，證監會處罰委原主任歐陽健生，也因涉嫌內線交易、偽造公文印章，被警方查處。

九月十六日，此次救市戰役的前線總指揮、證監會主席助理張育軍涉嫌嚴重違紀，接受組織調查。十一月十三日，證監會副主席姚剛被隔離審查。

這意味著，監管當局主政此次救市的核心班子，幾乎全數淪陷。

在抓捕內鬼集團的同時，資本市場上活躍了二十多年的民間炒家也遭到「獵殺」。

十一月一日凌晨，一張照片不脛而走，傳遍整個微信圈。一個白淨微胖的三十多歲男子戴著手銬，神情詭異地站立在滬杭甬高速公路的收費亭裡，他穿著數萬元一件的二〇一五年春夏版亞曼尼西裝，看上去卻像一個沮喪的鄉鎮衛生所大夫。令人好奇的是：「他是誰？」、「是誰拍下了這張照片，又是誰下令將它擴散發佈？」

他叫徐翔，在公開媒體上幾乎很難查到，不過在隱密的股市江湖，他卻有一個足以吆神喝鬼的綽號：「敢死隊總舵主」。出生於一九七六年的徐翔，被很多業內人士視為百年一出的奇才，有人把他比作二十世紀初華爾街最偉大的股市炒家威廉・江恩（William Gann）。一九九三年，高中還沒有畢業，徐翔就帶著父母給的幾萬元本錢殺入股票市場，很快展現出異於常人的敏銳力。九〇年代末期，他和幾個以短線擅長的年輕人以銀河證券寧波解放南路營業部為據點，在股市上短進短出、拉殺兇悍，被市場冠名「寧波漲停板敢死隊」，凡是被他們看中的股票均大起大落，充滿戲劇性。跟江恩一樣，徐翔的核心小團隊從來沒有超過二十五個人。

二〇〇五年，二十九歲的徐翔從寧波轉戰上海，四年後成立澤熙投資管理有限公司，註冊資本三千萬元。在後來的十年裡，徐翔以善於抄底著稱，他參與過重慶啤酒、雙匯發展和酒鬼酒的逆市抄底活動，很多突然連續漲停的股票都與澤熙有關。此外，他還參與恆星科技、康得新、萊寶高科等股票的定向增發，從中賺得盆滿缽滿。徐翔的才華被「有力人士」相中，澤熙先後發行多支基金，據稱極盛時操盤資金規模達百億之鉅。

曾任徐翔助理的葉展這樣描述徐翔的一天：每天一早，澤熙開始晨會，每位研究員彙報市場訊息，開盤後進入交易室，交易時間絕不離開盤面，中午通常與賣方研究員共進午餐，下午繼續交易，收盤後又是一到兩場路演，晚上複盤和研究股票。「他每天研究股市超過十二小時，幾乎沒有娛樂和其他愛好。」極端低調、超級勤勉，加上常常令人瞠目結舌的殺戮戰績，讓徐翔戴上了「敢死隊總舵主」的荊冠。

在此次股災中，徐翔如外星人般的表現，引起了監管當局的注意。澤熙投資旗下的投資組合於五月準確逃頂，緊接著在六月五日反身殺入，在短短一個多月裡，獲得二五．五二％的高收益。其中，「華潤信託—澤熙一號」帳面盈利四四．三九％。再接著，在七月中旬又從暴跌浪潮中全身而退。八月中旬，大盤從四〇〇〇點跌到二八五〇點，澤熙投資居然空倉而待，毫髮無損。

這一明顯異於市場的耀眼成績，先是被普遍懷疑是否涉及做空股指期貨。八月底，澤熙投資發表聲明，表示「從未開設過股指期貨帳號，亦未從事過股指期貨交易」。

如果排除做空股指期貨的嫌疑，那麼，只剩下兩種可能性了：其一，徐翔真是上帝派來的威廉．江恩再世；其二，澤熙系涉嫌內線交易、操縱股票交易價格。

徐翔的被捕，以及那張戲劇化照片的曝光，終於遏阻了民間炒家們的氣焰。

儘管使出了種種霹靂手段，但是在之後幾年裡，人們一直在爭議，到底誰才是此次股災真正的罪魁禍首？壓垮市場信心的，到底是哪一根稻草？

一個最根本的原因，應該是基本面的不匹配。

實體經濟轉型艱難，去年下半年以來的固定資產投資計畫和降息降準，釋放了巨額的流動性，這些資金要麼還沒有注入實體產業，要麼就不敢進入，於是在資本市場上形成空轉效應，錢動局成，泡沫越吹越大。與此同時，放鬆私募管制之後，私募基金管理規模迅速飆升到兩、三兆，私募大多數以投資中小創股票為主，迅猛地堆起了成長股泡沫。於是，私募、券商和大小散戶合力構成上漲的螺旋效應，失去理智的貪婪則充當了催化劑。

即便這樣，大股災也不至於慘烈到這樣的境地。事後複盤，很多人把「技術性因素」歸咎於場外配資的槓桿效應。這是混業金融改革和金融網際網路化的一次「擦槍走火」。

恆生電子是一家註冊於杭州的財務軟體公司，控股股東是阿里巴巴，在此次股災中，它的一款叫 HOMS 的資產管理軟體充當了槓桿化的角色。在阿里的雲平臺上，只要發行一個傘形信託計畫，HOMS 可以很方便地分成若干個子帳戶，這些子帳戶的設立、交割和清算均為單獨運行。傘形信託加上 HOMS 系統，就相當於一個網際網路的券商。

傘形信託和場外配資公司主要向股票市場客戶進行配資。通常，信託從銀行出來的優先順序資金利息是六%～八%，場外配資公司再以一二%～一八%的利息分配給投資者操作。信託公司發行的傘形信託一般只有兩到三倍左右的槓桿，最低認購需要一百萬元，場外配資公司再在信託計畫下透過 HOMS 分拆成無數子單元，不設最低門檻限制，給散戶去操作，可以放到五倍槓桿。

也就是說，一個股民若有一百萬元的本金，就可以透過 HOMS 系統，從場外配資公司那裡獲得五百萬元的資金投入股市，如果買中一個漲停板，一天就可取得帳面盈利五十萬元。在風險意識從來淡薄的散戶市場，有多少人可以抵抗這樣的誘惑？

風險就是在槓桿和貪婪的雙重吸引下，可怕而迅猛地累積了起來。從後來的披露事實可知，監管當局對場外配資的規模始終缺乏準確的判斷，這可能是本次股災最致命的技術性錯誤。一直到今年的三、四月間，肖鋼仍認為這一部分的資金規模大概在四千億到五千億之間。①

而實際的資料是，整個市場存在三兆元的場外配資業務，加上券商融資融券三兆元，以及上市公司大股東一兆多元的股權質押，總的投機遊資規模居然達到了七兆元之鉅。

從六月五日開始，監管當局著手清理場外配資。接入證券公司的恆生電子，以及從事同類業務的同花順、銘創等具有分倉功能的軟體、協力廠商配資公司，都在清理之列；當日，創業板率先開始下跌。六月十二日，證監會頒布命令，禁止證券公司為場外配資提供交易介面。正是在這一天，上證指數在五一七八．一九點上掉頭下墜，噩夢如期降臨。

---

①槓桿監管：耶魯大學的約翰．吉那科普諾斯（John Geanakoplos）教授提出的槓桿周期模型認為，資產價格不是基本面決定的，決定價格的是那些槓桿用得最大的邊際買家。而資本市場的風險正在於，槓桿率的變動最難監管。

場外配資和傘形信託的停損點很高，很容易被擊穿，一旦當市場上漲無法維持，高槓桿也成為壓垮A股市場的最後一捆稻草，進而引發恐怖的連環拋售。

極速主義者在中國從來只有兩種命運，要麼天堂，要麼地獄。在二〇一五年的這場大股災中，你可以讀到人性的貪婪與恐懼，可以發現制度層和技術層的缺陷，可以探究金融創新的陷阱與克制。總而言之，它是多種因素疊加的產物，在某種意義上帶有深刻的不可避免性。

整個二〇一五年，一直被籠罩在股市暴跌的陰影之下。但是，這並不意味著金融商業主義時代的夭折，相反的是，資本的力量在一次次的洗牌和重組過程中，竟變得越來越強悍和成熟。各種金融工具的滲透力和攻擊力，將在不同的領域、以不同的方式讓所有的人坐立不安。接下來將出場的人都非常的陌生。

那個一邊寫著微博、一邊舉著十億元衝進股市的劉益謙，看上去很像一個「憨大」，或者是舉著炸藥包去炸碉堡的烈士。這當然是一個幼稚的錯覺。在「為國護盤」的口號背後，其實是一齣新的資本狙擊戰。後來的事實表明，劉益謙是國華人壽的實際控制人，與他一起往股市裡衝鋒的，是一股新的、非常隱密的資本力量。

在過去的幾年裡，隨著管制的放鬆，保險是所有金融產業中發展最快的業務模組之一，保險業總資產從二〇一〇年的五兆元增加到二〇一五年的十二兆元。很多炒股大鱷、權貴人士與地產大老，都紛紛擁有了一張保險牌照。他們推出的保險服務，大多是一款萬能險，它更近似於理財產品。①由於中國消費者保險意識的淡薄和畸形，萬能險一度大行其道，幾乎所有新成立的民營人壽保險公司的保費收入中，萬能險占比高達七成乃至九成。

六月股災中，凡是願意衝入股市的「護盤者」都得到鼓勵，手握鉅額資金的保險公司無疑是最受歡迎的救駕力量之一。在它們看來，別人的恐懼正好為自己的貪婪挖出一個價值窪地。與大聲叫嚷的劉益謙不同，在深圳，一個靠開菜場起家的潮汕人默不作聲，卻動用了比劉益謙多幾十倍的資金。

此時的姚振華幾乎不為圈外人所知曉。他畢業於華南理工大學工業管理工程專業，一九九六年，他與姚振坤、姚振邦等人辦了一家新保康公司，在深圳建設新鮮消毒蔬菜超級市場。靠著這個「菜籃子」工程，姚振華以協議價的方式，在寸土寸金的寶安區拿到了五塊共計約十四萬平方公尺的土地，這成為姚振華進入地產行業的一塊跳板，新保康蔬菜後來更名為寶能置業。

在地產大老雲集的深圳，寶能並不顯山露水。但姚振華似乎是一個資本運作的高手，二〇〇六年，寶能以一億一千萬元控制了深圳的國有企業深業物流集團，從而獲得了其名下的土地和物業，完成了重要的原始積累。

---

①萬能險：一種兼具保險保障和投資增值的險種，英文名稱為Universal Life Insurance，直譯為「萬能、可變的壽險產品」。保單價值中有一部份是投資帳戶的收益，因此其價值隨利率而波動，能在一定程度上起到抗通膨的作用。

二〇一二年三月，姚振華殺入保險業，他發起籌建前海人壽，以萬能險為主業。在保險圈內人看來，前海人壽是個可怕的「逾矩者」。在入行的第一天，寶能就以「比同行收入高三倍」為誘餌，大肆地從其他保險公司中挖人，它的業務模式就是以高現金價值保險來攬資，獲得最大的現金量似乎是這家企業唯一的存在理由。在近乎瘋狂的促銷招攬下，前海人壽在二〇一三年就實現了一百四十三億一千萬元的保費收入，在全國人身險公司中排名第十三位，二〇一四年的保費收入更衝到了三百四十七億元。

萬能險具有預期收益高、產品期限短、保障功能弱、資本佔用大的特點，其資金成本普遍在六%到九%。保險公司為了弭平萬能險帶來的高額成本，必須將這些資金配置到收益高、期限長的另類資產上。顯然，前海人壽的擴張模式背離保險本意，蘊含了巨大的兌付風險。

二〇一四年五月，姚振華以四十八億三千萬元摘得寶安中心區地塊，刷新當時的深圳最高土地單價紀錄，一舉而為業界知。寶能宣稱，「五年時間，投資一千兩百億元，開發建設四十個創新型購物中心，全部統一自持經營」。幾乎同時，姚振華構築了一個極其複雜的母子公司結構，旗下上百家企業相互持股，隱現交織，開始在資本市場秘密佈局。二〇一四年，姚氏兄弟在A股市場上控股寶誠股份，並成為深振業的第二大股東，寶能系隱然成形。

六月股災爆發，膽大心細的姚振華逆勢入局，先後舉牌合肥百貨、明星電力、南寧百貨和萬科。①前海人壽在公告裡解釋說，「應保監會要求，保險公司要維護資本市場穩定，買入藍籌股」。

七月十日，萬科公告，前海人壽買入五億五千三百萬股萬科A股，達到五％的舉牌線。在哀鴻遍野的此時，姚振華被看成是一個勇敢的「白馬騎士」，萬科創始人王石在自己的微信朋友圈中欣慰地寫道，「深圳企業，彼此知根知底」。

然而，接下來的劇情則突然峰迴路轉。姚振華動用百億級資金偏執性地不斷增持萬科股票，先後四次舉牌，到十二月七日，寶能持有的萬科股份提升至二〇．〇八％，逼近第一大股東的地位。頓時，托底護盤成了惡意收購，「白馬騎士」成了「門口的野蠻人」。

萬科之所以成為被公開狙擊的對象，是因為它實在是一個千中選一的資本獵物。自創辦三十餘年來，萬科的股權一直非常分散，一九九三年到一九九七年之間，最大股東持股比例始終沒有超過九％，前十名股東持股比例總共為二四％，是一個典型的大眾持股公司。二〇〇〇年，華潤集團以一五．〇八％的股權份額成為萬科第一大股東。除了股權極其分散，另外一個讓人見獵心喜的情況是，萬科的股價也是十年不漲，價值長期被低估。在資本狙擊者看來，萬科就好像是一座堆滿了金銀財寶，卻幾乎沒有防禦能力的城堡。萬科是中國的一家超級明星企業，可是買了它的股票的散戶朋友們卻是粒米無收，所以寶能對萬科股票的公開收購，受到了股民們的熱烈歡呼。

① 繁中版編注：「舉牌」意指當收購的流通股份超過該股票的五％或其倍數時，需通報該公司與監管機構，並履行相關法律規定。

這一態勢生動地證明，即便是自詡治理結構最為先進的上市公司，仍然在資本設計上處在「上半場」的原始狀態，無法適應金融商業主義時代的到來。王石對此的警覺性不足，七月十三日，他在上海參加一個金融論壇，主題為轉型和工匠精神，他說自己從來不擔心公司股價，萬科帳上有五百億元現金，只要股價跌破一三．七元，隨時可以啟動股票回購計畫。他沒有想到，真的會有人動用三百億到四百億資金來公開擄掠。整個企業界對寶能式的攻擊也非常陌生，潘石屹在接受採訪時表示自己很疑惑，「王石跟萬科為什麼發展到了今天這一步，我也很納悶」。①

面對寶能的持續增持，萬科幾乎沒有任何的還手之力。中國股市沒有類似「毒丸計畫」（Poison Pill）這樣的制度設計，王石和總裁郁亮無法像十年前曹國偉率領新浪抗擊盛大惡意收購時那樣抵死防禦。在這期間，剛剛發生宋林事件的華潤，也在大股東的角色扮演上表現得懦弱無力。

後來披露出來的事實表明，姚振華所動用的資金，除了前海人壽的保費，還得到了銀行機構的暗中支援。據財新傳媒的調查，浙商銀行以「假股真債」的形式，向寶能旗下的鉅盛華輸送了兩百億元的資金，平安銀行、廣發銀行、民生銀行、建設銀行的資管部門也先後提供了一百四十五億元的優先順序資金。這意味著，增持萬科的行動，幾乎是金融資本集團對實體上市公司的一次路演式圍獵。

七月末，就當寶能舉牌擁有萬科一〇％股份的時候，在馮侖的斡旋之下，王石與姚振華在北京見面，兩人密談四個小時。姚振華說自己是王石的「粉絲」，王石則明確表態，不歡迎寶能成為萬科的大股東，「什麼時候你的信用趕上萬科了，什麼時候我就歡迎你做大股東」，會面不歡而散。在後來的一些公開場合，王石屢次表示「寶能的信用值得懷疑」，「寶能不配成為萬科大股東」。②

但是，配與不配，終歸還是資本說了算。在接下來的幾個月裡，寶能鐵了心地持續增持萬科股票。在這個過程中，安邦人壽和恆大地產又不甘寂寞地插上一腳，戲碼越加越多，市場一次次為之譁然。十二月十七日，王石公開宣戰，他發表內部講話，宣佈「不歡迎寶能系成為萬科第一大股東，不會受到資本的脅迫，將為萬科的信用和品牌而戰」。第二天，寶能悍然第五次舉牌，以占股二四·二九％赫然成為萬科第一大股東；當日下午，萬科宣佈停牌，在此前的二十個交易日內，萬科股價累計漲幅六八·六％。

在二〇一五年，萬科創下歷史上最好的銷售業績，營業收入達到兩千六百一十四億元，首次闖入世界五百強，而寶能集團未出現在前百大地產公司的名單上。但是在資本市場上，萬科卻成為「賣菜客」姚振華的籃中獵物。在大半年的時間裡，經濟界分成兩大陣營，挺寶派與護萬派互相叫罵。寶萬事件到此才上演了一半，在接下來的兩年裡，仍將發生勁爆而出

---

①出自《證券日報》，〈潘石屹：王石跟萬科發展到這一步我也很納悶〉，二〇一五年十二月二十二日。

②出自新華網，〈王石：不歡迎寶能系成第一大股東，你的信用不夠〉，二〇一五年十二月十八日。

人意料的劇情。①

在商業的意義上，一個充滿幻覺的浮華時代，必須有三個前提，一是發現了一片極待燃燒的大荒原，二是有燒不完的熱錢，三是有燃不盡熱情的年輕人。很顯然，二〇一五年的某些時刻，在一些充滿了冒險氣質的領域，同時出現了這三個特徵。所不同的是，有人燒出了新天地，有人則即將與烈火同焚。

今年一月四日，李克強總理來到深圳前海微眾銀行，他在一台電腦前敲下輸入鍵，卡車司機徐軍就拿到了三萬五千元貸款。這是微眾銀行作為國內首家開業的網際網路民營銀行完成的第一筆放貸業務。該銀行既無營業據點，也無營業櫃檯，更無須財產擔保，而是透過人臉識別技術和大數據信用評等發放貸款。

中國的網路貸款業務試辦於二〇〇七年，首家P2P平臺是拍拍貸，屬於純資訊仲介模式。二〇〇九年，紅嶺創投誕生，發明了本金先行墊付模式，當時全國的P2P公司不足十家。二〇一一年，平安集團的陸金所上線。傳統金融機構開始進入網際網路金融領域。在後來的兩年多裡，美國的LendingClub（借貸俱樂部）模式被引入——這家企業於二〇一四年十二月在美國紐約證交所上市，市值高達八十五億美元，迅速引爆了中國的P2P產業。在二〇一二年，中國的網際網路金融公司只有一百一十家，二〇一三年增加到六百二十七家，到今年上半年，猛然增加到了兩千六百多家。

在這股席捲而至的網際網路金融熱浪中，有人尋求創新與突破，也有人試圖火中取栗。安徽蚌埠人丁寧出生於一九八二年，此時正值血氣方剛之年。他在今年進入的領域正是P2P，一個看上去無比紅火、刺激的新天地。

丁寧看上去是一個很有商業野心和發明天賦的年輕人。一九九九年，十七歲的他還沒有從安徽工貿職業學院畢業，就跑回蚌埠老家，在母親創辦的一家生產鐵路鉛封的小工廠當銷售員，因為懂點網路行銷，他很快成了核心成員，僅一年後就當上了廠長。二〇〇一年，丁寧用賺到的一百多萬元投資了一條開罐器生產線，竟很快成為這個細分行業的全國老大。他與合肥工業大學合作，成立了「合工大金屬表面處理研究中心」。在後來的幾年裡，這個中心連續取得六項國家發明專利和多項實用新型專利，「學術帶頭人」丁寧儼然成了年輕的技術發明專家，還被聘為學校的碩士研究生導師。

到二〇一二年，丁寧儘管才滿三十歲，但已經是一個有十三年創業經驗的「老司機」了。他成立了一家融資租賃公司，開始涉足金融。在他看來，「民間資金流入實體工業生產中，這是大勢所趨。而將實體經濟和金融有效結合的最佳方式就是融資租賃」。二〇一四年七月，藉著P2P的熱浪，e租寶平臺上線，它在宣傳文宣中聲稱，「e租寶把融資租賃業務應收帳

---

①保監會的數據顯示，在二〇一五年，起碼有一兆五千億保險資金投資於股票和證券基金，除了前海人壽，安邦保險、生命人壽、國華人壽、陽光人壽、百年人壽等新興壽險公司也都在資本市場紛紛舉牌上市公司，它們的成立時間、業務模式和投資手法，皆與前海人壽非常相似。

款的收益權，透過平臺轉讓給普通投資者，這種『租賃資產證券化、債權轉讓與網際網路金融』相結合的方式，讓平臺資金更加安全」。

後來被揭露出來的事實是，e租寶所提供的設備租賃「收益權」幾乎都是虛構的，其業務模式是透過廣告轟炸和人海戰術，以年化一四%為誘餌，進行大規模的民間吸儲。就實質而言，它是一個如假包換的龐氏騙局。

在二〇一五年，以P2P為名義，類似e租寶這樣的公司如野草瘋長，其創業者大多有三個特點：一是以「八〇後」居多；二是絕大多數沒有金融從業經驗；三是以網際網路金融為名，用賣保健品的方式實施毫無底線的地推戰略。網際網路的草根精神以及對金融業缺乏敬畏之心，使得這一批創業者從一開始就衝上不計後果的瘋狂冒險之路。他們完全漠視金融風險，巧立各種標的名目，秘密自建資金池，當鉅額現金被聚攏之後，他們又大肆挪用、揮霍。

e租寶在不到一年的時間裡，就在全國開出一百五十多家分公司，雇員超過兩萬人。它先後推出「e租年享」、「e租月享」、「e租樂盈」、「e租樂享」、「e租富盈」、「e租富享」等多款產品，其目的就是吸儲、吸儲、吸儲。二〇一五年四月，丁寧在中央電視臺投放廣告，包下每天《新聞聯播》前的黃金時間，繼而登陸湖南衛視、浙江衛視、東方衛視、河北衛視、天津衛視、江蘇衛視這六大知名衛視，僅在半年時間裡就投放廣告近兩億元。從五月十八日到六月三十日，e租寶發動了一個「拚搏四十天，衝刺一百億」的活動，迅速躋身百億級平臺。

截至十二月初，e租寶單日、七日、三十日累計的成交額躍居全國網貸行業第一名，總成交量七百四十五億六千八百萬元，投資人數九十萬人，它宣稱自己已經是「全世界最大的融資租賃網際網路金融平臺」。

也許是迷信「大而不倒」，也許是認定「收割韭菜」的遊戲可以一直輪迴地玩下去，丁寧花錢的派頭越來越大。他坐著私人飛機巡遊各地，對手下的美女總裁們動輒千萬、上億地贈送禮物。e租寶宣佈回應「一帶一路」倡議，計畫投資五百億元在緬甸佤邦地區建立東南亞自貿區，丁寧甚至謀劃在中緬邊境建立私人武裝，包攬寶石開採生意。在很多時候，野心與金錢是危機的導火線。

P2P泡沫的破滅是從二〇一五年九月開始的，雲南的泛亞有色金屬交易所成為第一個被踩中的大地雷。這家號稱世界最大的稀有金屬交易所，以「為國收儲」為名，用各種手法變態吸金，最終資金鏈斷裂，二十多個省分的二十二萬投資者受害，四百三十億元資金難以討回，引發多次抗議遊行事件。

十二月底，丁寧被公安部門逮捕，e租寶的狂歡也結束了。在接下來的一年多時間裡，P2P行業遭到全國性的大整頓。①

①二〇一七年九月，北京市第一人民法院宣判丁寧非法集資詐騙罪成立，判無期徒刑、罰金一億元。同案其他二十五人均受到不同程度的刑罰。

如果說丁寧的瘋狂很快就會寫下結局，那麼另外一個冒險家的故事，則要稍微悠長一點，他更加複雜和雄心勃勃，是一個能夠把自己「騙」進夢想裡的狂人。

這個叫賈躍亭的人出生於一九七三年，老家在山西省臨汾市襄汾縣，父親是當地一名中學教師，家境普通。一九九五年，從山西省財政稅務專科學校畢業後，他到臨近的運城市垣曲縣地稅局當了一名普通的網路技術管理員，月薪三百元左右。比較特殊的是，他娶了當地一位副縣長的女兒，因而可以捧著鐵飯碗搞副業，局裡領導也不方便說什麼。

從一開始，賈躍亭就表現出極廣泛的經商熱情。他做過印刷和鋼材貿易，辦過一家雙語學校，開過磚廠，做過運輸，經營過一家電腦培訓機構，做了幾個月種子生意；他甚至還開了一家速食店，取名麥肯基。他似乎是一個不肯放過任何機會、精力極其充沛的人，這樣的性格特質成就了他，也即將毀滅他。

一九九八年前後，賈躍亭在一個飯局上偶然接觸到「通信業務」，意識到這是一個大機會，便跑到太原，成立了西貝爾通信科技有限公司。一位他早年的生意夥伴後來告訴媒體記者，當時賈躍亭全部身家大約三十萬元左右，為了得到一個業務機會，他曾蹲守在山西聯通一位副總家門口整整一個晚上，而他們並不相識。靠著為聯通的基地台生產和安裝避雷器，他賺到了自己的第一個兩百萬。

二〇〇三年，小鎮青年賈躍亭來到了北京，他得人指點，進入網際網路影音領域，成立樂視網。《財經》雜誌在一篇題為〈樂視命運〉的報導中描述他：「賈躍亭黑瘦，身形不高，見到生人略靦覥，走路速度很慢，酒量很小，並不善於交際，但是他抓關鍵關係的能力極強。一位與賈躍亭相熟的商人稱：『他可以把十萬元花出一百萬元的效果。』該人士舉例說，對方誇獎你的豪華轎車不錯，普通商人會慷慨借給你開幾天，而賈可能會選擇當場把車送給你。」

這種善於抓住關鍵人物和極其慷慨的個性，在北京這樣的官商舞臺上很有市場。二〇〇五年前後，經人介紹，賈躍亭結識了網通天天線上的總裁王誠，他也是山西人，本名令完成，是時任中央高官令計劃的胞弟。王誠入股樂視，正是在他的幫助下，樂視網從眾多的影音網站中脫穎而出。

在中國，影音網站的創業要難於其他網際網路領域，其存活需過三關：牌照關、行業資源關及資金關。而在同行眼中，樂視網一直都是「通關」高手。樂視網是第一批與新浪等少數幾家民營企業拿到「資訊網路傳播視聽節目許可證」的公司之一。國家新聞出版廣電總局曾對視聽內容按照手機、個人電腦和電視終端分別核發許可證，樂視又成為民營視頻企業中第一家也是唯一拿到手機終端內容運營牌照的公司。在與運營商的合作上，樂視網也比其他影音網站要深入。樂視網旗下的「樂視無限」為中國聯通的手機串流媒體業務品牌「視訊新幹線」提供了超過七〇％的內容，與中國行動也簽訂了十多個基於ＰＤＡ手機的串流媒體項目。

於是，樂視網成為中國影音網站中的另類，就在其他網站還在為盈利苦苦掙扎的時候，它早早地實現了盈利。二〇一〇年八月，樂視網在深交所上市，彼時，它在國內網站的流量排名為一百六十八位，遠遠落後於優酷的第十位和土豆的第十二位，甚至在影音網站中，它也僅僅排名第十七位。華興資本執行長包凡很含蓄地評論說：「一個排名第十七位的影音網站，卻有業內第一的財務指標，變戲法啊。」①

賈躍亭的「戲法」其實才剛剛開始。樂視網上市之時，市值只有七億三千萬元，但由於題材獨特和業績傲人，其股價一路高歌，很快踏入百億俱樂部。在這時期，財務出身的賈躍亭表現出了極強的財務技巧，他頻繁質押自己持有的樂視網股份，從公司上市到二〇一四年初的三年多裡，他和胞妹賈躍芳累計質押股票十三次，套得資金二十七億五千萬元。他拿這些錢投資籌建了十多家關係企業，然後再以增發的方式，由上市公司收購其中的若干家。透過這種「自產自洽」的手段，他不斷套取資金、推高股價，而賈氏家族在上市公司中的股權比例卻沒有絲毫的減損。

賈躍亭喜歡「攤大餅」擴張的個性，在這幾年裡絲毫未改。他先後投資電影、體育、農業、金融等領域，還收購了一家賣酒網站。樂視旗下的高級副總裁多達三十餘位。對於這種多元化的做法，他別開生面地提出了「生態化反」的新概念——「價值重構、共用和全球化，最終由此形成由垂直閉環的生態鏈和橫向開放的生態圈組成的完整生態系統」。

二〇一三年五月七日，賈躍亭的生態戰略邁出了最讓人驚豔的一步。樂視舉辦盛大的產品發表會，推出「全球首款四核一．七G、全球速度最快的超級電視」。這款電視與網際網路相連，植入了樂視的全部影視內容，賈躍亭試圖將硬體（電視）與軟體（內容）打通，嘗試一種眾籌營銷（Customer Planning to Customer, CP2C）的全新商業模式。六十吋大螢幕的超級電視售價為六千九百九十九元，確實是市場上同類產品中最低價，樂視幾乎是賣一台虧一台，但賈躍亭希望透過隨選收費和發展會員的方式，實現內容上的持續收入。

正當賈躍亭打算人幹一場的時候，中國政壇的反腐浪潮襲來，王誠的胞兄陷入政治迷局。二〇一四年六月，賈躍亭匆匆出走美國，引發市場無窮猜想。令人驚奇的是，八個月後，他安然無恙地回到了北京的辦公室。就在此時，中國股市空前狂熱，在最高峰的五月十二日，樂視網市值一度飆高到一千五百零七億元。

賈躍亭再度回到鎂光燈下。他的戲劇型人格得到極大的釋放，毫無疑問，他取代雷軍成為本年度最耀眼的「發表會明星」。

二〇一五年四月十四日，樂視發表超級手機。賈躍亭像賈伯斯一樣，穿著黑色T恤和藍色牛仔褲，一路小跑來到舞臺中央，他宣佈「樂視手機多維度超越蘋果，創十大全球第一，是世界上第一部超過 iPhone 的智慧手機」。在演講的最後，他張開雙臂，像一個迎風昂立的大神，身後的簡報投影上適時地出現十個大字——「讓我們一起，為夢想窒息」。

十月二十七日，賈躍亭再投震撼彈，他發佈樂視電視、手機新品，同時宣佈即將生產樂視超級汽車，樂視成為中國乃至全球唯一一家涵蓋三大智慧硬體產品的「超級公司」。

①出自《財經》，〈樂視命運〉，二〇一四年十一月。

此時的賈躍亭，顯然已經是一個嫻熟而自我陶醉的簡報發表大師，他激情而詳盡地闡述了「生態化反」戰略，宣佈將「依託全新的網際網路生態模式，打破邊界、生態化反、蒙眼狂奔，創立網際網路生態經濟這一全新的經濟形態」。在他的身後，每一幅精美的畫面都充斥著讓人熱血沸騰的辭藻：「永遠無知無畏，執著蒙眼狂奔」、「對不起，那些年我們吹過的牛逼，正在一一實現」、「世界往東，我們往西，顛覆者從來都是孤獨的，你呢？」

有好事者做了粗略的統計，在整個二〇一五年，樂視先後開了一百五十多場記者會，亦即兩天就有一場，這應該是企業史上的一個「金氏紀錄」。它一方面說明這家企業有數不清的新產品要迫不及待地告訴消費者，另一方面也呈現出「化學反應」的空前無序。

超級的賈躍亭，無疑給自己出了一道超級的大難題。

在全球範圍內，迄今尚沒有一家公司能夠在硬體的意義上實現生態化。其最大的困難是，沒有一家硬體公司能夠壟斷技術的迭代，從而控制消費者的購買轉移，而硬體互聯的技術遠未成熟。即便在不遠的將來，萬物互聯成為事實，其中的公司生存及競合模式仍然是一個未知數。如果生態互聯不能實現，那麼樂視所有的產業佈局，從電視機、手機、汽車、金融到地產和智慧家居，就是一個又一個的孤島式戰場。每個戰場上的對手，無論在資本、技術、人才和品牌積累等方面，都大過年輕的樂視好多個等級。

古往今來，大小英雄皆成於野心，敗於野心。幾乎所有的人都好奇地注視著在懸崖邊「蒙眼狂奔」的賈躍亭。

在二〇一五年，並不是所有的行業都在搏命狂奔，一些在過去幾年火爆熱烈的領域，反而正在發生集體的「合併同類項」。正如英特爾傳奇總裁安迪．葛洛夫（Andy Grove）所提示過的一個規律，當一個行業發生大規模併購的時候，便意味著「轉捩點」的到來。在今年，一度無比血腥的O2O領域終於迎來了戰後重組時刻。

二月一四日情人節，程維和呂傳偉同時發佈公開信，宣佈滴滴與快的正式合併。「打則驚天動地，和則恩愛到底。」程維寫道。「我們和快的走到了一起，還拉著騰訊和阿里走到一起，一定很多人驚呼，又相信愛情了。」他聲稱。「這次合併創造了三個紀錄：中國網際網路歷史上最大的併購案、最快創造了一家中國前十的網際網路公司、整合了兩家巨頭的支持。」

其實，所謂的「愛情」應該是資本的愛情。倒是呂傳偉在公開信中稍坦誠一點，他承認合併的主要原因還包括「惡性的大規模持續燒錢的競爭不可持續」、「合併後可以避免更大的時間成本和機會成本」。在新的公司架構中，程維和呂傳偉出任聯席執行長。不過事實上，「愛情」的蜜月期確實只有一個月，呂傳偉在宣佈合併後的三十天裡就出清了全部的股份，然後退出管理層。

四月十七日，分類資訊行業的一對歡喜冤家——五八同城與趕集網宣佈合併。在過去的幾年裡，雙方在市場行銷上互不相讓，殺到刺刀見紅，僅在二〇一四年，兩家的廣告投放總和就超過十五億元。姚勁波一直謀求合併，而楊浩湧則百般不情願。二〇一四年七月，趕集網完成兩億美元的融資，楊浩湧收到姚勁波的一條祝賀短信：「浩湧，人生苦短，咱們聊聊？」

在接下來的大半年裡，平均一、兩個月，楊浩湧都會收到一條請求「聊聊」的短信，姚勁波還私下約談了趕集的每一位投資人，「每人至少兩次，每次至少兩個小時」。

資本的耐心似乎也到了最後時刻，為了說服楊浩湧接受合併，趕集網的戰略投資人老虎基金採取了最極端的做法——他們不顧與楊浩湧簽過的排他性協議，直接把自己持有的趕集股份賣給了五八同城，同時開始說服其他投資人一起將股票出售給姚勁波。楊浩湧只好就範，在談判的最後時刻，他提出多增加四億美元，姚勁波回憶說：「我當時手上有一個酒杯，差點就扔出去了。」合併完成的六個月後，楊浩湧辭職，創辦瓜子二手車網。

十月八日，美團與大眾點評網正式宣佈合併，新公司估值達一百五十億美元。這也是資本在背後撮合的結果，沈南鵬的紅杉資本是這兩家企業的A輪投資人。王興承認：「我們和大眾點評走在一起，紅杉起到了關鍵的作用。」在一個月後，張濤就從管理一線撤出，一張令人唏噓的照片流傳在網路上：張濤抱著其他幾位創始人哽聲痛哭。合併之後的新美大，成為一家吃喝玩樂一站式服務平臺，涵蓋全國超過兩千八百個市縣區，擁有用戶近六億，日訂單量突破一千三百萬單，二〇一五年總交易額超過一千七百億元。

十月二十五日，國內最大的旅遊線上服務商攜程與百度達成交易，以股票交換的方式成為去哪兒的最大股東。在過去的幾年裡，去哪兒在航線業務上給攜程造成了巨大的挑戰。今年五月，攜程對去哪兒發出主動收購所有流通股的要約，去哪兒的創始人莊辰超以內部公開信的方式予以拒絕，並宣稱去哪兒才是最終的領導者。不過，僅僅幾個月後，不堪鉅額虧損的百度做出了放棄的選擇。莊辰超很快辭職創業。

除了上述四起發生在O2O領域的重量級合併案，在二〇一五年的網際網路世界，還有另外幾起獨角獸等級的併購事件：一月四日，騰訊文學全資收購盛大文學；十二月七日，在婚戀交友領域排名第一和第三的世紀佳緣與百合網合併；十二月底，同處杭州一城的女性服裝電商網站美麗說和蘑菇街合併。

二〇一五年，可以被看成是中國網際網路的「合併之年」，這意味著三個新特徵的出現：其一，行動網際網路的引爆性紅利即將吃完，在經歷了五年的高速擴張之後，今年中國市場的手機成長已陷入停滯，出貨量竟比二〇一三年還下降了一〇．五%，增量生意宣告結束；其二，網際網路服務市場已經趨於飽和，廉價流量消失，線上新客戶的獲取越來越困難，合併是降低競爭成本的唯一出路；其三，這些併購案既是資本推動下的結果，也預示著在這一領域大的投資機會已結束，焦急的資本在謀求退出並尋找下一個風口。新美大的王興認為，網際網路競爭的下半場開始了，「下半場是『每用戶平均價值』（Average Revenue Per User, ARPU）的體現，是大數據和人工智慧的突破，行業競爭模式從外部競爭升級到打造企業核心競爭力」。

今年參加兩會的民營企業家達到了創紀錄的規模。根據計算，在胡潤百富榜上的一千兩百七十一位富豪中，有兩百零三位是此次全國人大代表或政協委員，比例約為七分之一，在全部五千兩百餘位兩會代表中，他們的比例則為四%。這些富豪的淨資產合計達兩兆九千億元，這個數字相當於一九九二年底的中國廣義貨幣總量，或當今奧地利的國內生產總值。①

在兩會期間，李克強總理在不同的場合下，兩次被媒體問及：「為什麼中國的消費者喜歡到日本去買馬桶蓋？」

近年來，中國出境遊客大增，今年全年的出國旅行達一億兩千萬人次，比十年前成長了四倍，日本是排名第一的最受歡迎目的地。在旅行的同時，這些遊客成了瘋狂的「掃貨團」，讓人意外的是，他們購買的並非奢侈品，而是大量的日用商品，比如電鍋、吹風機、陶瓷菜刀、保溫杯、電動牙刷、眼藥水，其中最受歡迎的居然是馬桶蓋。日產馬桶蓋一點兒也不便宜，售價在兩千元左右，它有抗菌、可沖洗和座圈瞬間加熱等功能。免稅店的日本營業員用難掩喜悅的神情和蹩腳的漢語說：「只要有中國遊客團來，每天都會賣到缺貨。」

「去日本買只馬桶蓋」——這一令人面紅耳赤的新聞，在今年成為爭議最為激烈的財經話題。在一開始，它被嘲笑為消費者的腦殘行為，但是人們很快把討論聚焦在現象的核心上：為什麼那麼多人飄洋過海去買馬桶蓋？他們是誰？中國的馬桶蓋企業該怎麼辦？

人們發現，無論是馬桶蓋，還是電鍋、吹風機或菜刀，中國都是全球最大製造國，俱被歸屬於「日薄西山」的傳統產業。而那些赴日遊客，無疑是中國當今的中產階級，是理性消費的中堅，他們很難被唬弄，也不容易被廣告打動。他們當然喜歡價廉物美的商品，不過他們同時更是「性能偏好者」，是一群願意為新技術和新體驗買單的人。

人們開始進而討論，中國到底有多少中產階級，社科院的資料是兩億三千萬人，據《經濟學人》的計算，「二十世紀九〇年代末之前，中國幾乎沒有中產階級。二〇〇〇年時，中國有五百萬戶家庭的年收入在一萬一千五百美元至四萬三千美元；而今天這一數字達到了兩億兩千五百萬戶。到二〇二〇年，中國的中產階級數量可能比歐洲還要多。」②馬雲和他的阿里研究院則認為至少有三億人。無論如何，億級理性消費者的出現，讓所有的人開始重新思考未來的中國商業邏輯。③

「馬桶蓋現象」及中產階級的崛起，極大地刺激了中國的經濟界。

在決策層和理論界看來，這意味著新的消費動能的產生，「供需錯配」為製造業的迭代更新提供了巨大的升級空間。在三月的全國兩會上，李克強提出「互聯網＋」，呼籲製造業面對挑戰，加快與資訊革命的對接。十一月，在中央財經領導小組的會議上，習近平提出「在適度擴大總需求的同時，著力加強供給側結構性改革」的新改革目標。

至此，製造業的大洗牌進入決戰時間。陷入困境的企業家們被告知，與其求助於外，到陌生的戰場上亂碰運氣，倒不如自求突破，在熟悉的本業裡咬碎牙根，力求技術上的銳度創

①出自吳曉波頻道專欄，〈吳曉波：去日本買只馬桶蓋〉，二〇一五年一月二十五日。

②出自《經濟學人》，〈新階級戰爭〉（The New Class War），二〇一六年七月九日。

③中產階級的定義及人數，一直眾說紛紜。二〇一一年，社科院發布《城市藍皮書》，將家庭年收入在四萬八千九百元至十一萬一千九百元的家庭界定為中產家庭，約兩億三千萬人。二〇一五年，《當代中國中材階層的興起》一書作者（蘇海南、王宏、常鳳林）以家庭年收入在八萬五千元至二十二萬五千元為標準，認為全國有兩億到兩億五千萬人為中產階級，佔全國人口的一四．七％至一八．四％。

新，由量的擴展到質的突圍。

與中產階級崛起相關聯的另外一個現象是，出生於一九九〇年之後的「九〇後」——他們被視為「天生的全球化一代」、「網際網路的原住民」，也是千萬中產家庭的子女們，以非常突兀的方式衝進了人們的視野。

早在去年二月，萬科集團邀請一位叫馬佳佳的「九〇後」女生去講課，她對台下的叔叔阿姨們說，「你們別再忙乎了，我們『九〇後』壓根不買房」。一言既出，弄得大家一愣一愣的。馬佳佳是雲南省高考語文狀元，從中國傳媒大學畢業的當天，她在學校附近開了一家創意情趣用品店，她一臉萌狀地舉著兩支按摩棒的照片，傳遍了網際網路。與那些苦大仇深的前輩創業者相比，馬佳佳們的創業動機來自於「好玩」。

當然，愛玩的「九〇後」有時候也會把自己偶爾「玩壞」一次。

出生於一九九〇年的余佳文在高二的時候就做了一個高中生交友網站，賺到人生的第一個一百萬。二〇一二年，他推出「超級課程表」，成為一個很火爆的校園旁聽和社交產品。他對手下跟他一樣年輕的小夥伴們說：「我們都是野孩子，遇到問題解決不了就吵，吵不了就打，住院了我出錢。」去年十一月，余佳文參加中央電視臺的脫口秀節目《青年中國說》，說著說著把自己說興奮了，當場誇下海口：「明年發一億利潤給員工開心一下。」今年八月，他再次出現在央視上，承認沒有兌現「一億分紅」承諾，然後說，那就開一場「余佳文認慫會」吧。

其實，青春年代的每一次荒唐都是閃耀的，它也許禁不起推敲，卻沒有人有資格去嘲笑它。一直泡在產品裡的馬化騰對此的體會也許最深，他在今年的一次演講中感慨地說：「創新永遠屬於年輕人。可能你什麼錯都沒有，最後就是錯在自己太老了。」

在今年，有人發明了「小鮮肉」一詞，專門形容一批新冒出來的「九〇後」娛樂明星，這是一個很有爭議又模糊的網路名詞，與年輕、慾望、男色消費有關。與他們有關的另外一個網路名詞是「二次元」，即他們的造型及行為模式與動漫世界裡的虛擬人物絲絲相扣。

他們是社交運動的產物。過往的明星製造過程，基本上延續了演藝產品↓大眾媒體關注↓話題行銷的三部曲。可是「九〇後」明星們大大縮短了發酵的過程，他們首先是在社交媒體裡達成忠實粉絲的聚集，其管道則是貼吧、ＱＱ群、微信朋友圈、微博名人排行榜等，在形成了相當的粉絲群體後，再反向引爆於大眾媒體。

年初，百度公佈了二〇一四年度「品牌數位資產排行榜」，在「男星數位品牌資產」一項，根據數位內容量、關注度、參與度三大維度的綜合評估，一位叫鹿晗的「小鮮肉」從數以千計的明星中跑了出來，名列第一。而此時，他在報紙、電視乃至入口網站上幾乎少有人知。

鹿晗出生於一九九〇年，是一個土生土長的北京人，二〇一〇年赴韓國讀大學，在馬路上被ＳＭ公司的星探發現，從此步入娛樂界。二〇一二年，鹿晗出道，擔任偶像團體ＥＸＯ樂隊的主唱，在青少年社群迅速爆紅。二〇一四年，鹿晗與ＳＭ解約，歸國發展。就是這位絕大多數「九〇後」以前的人都不太熟悉的少年，在去年八月十九日發出一條新浪微博，單條評論數達一千三百六十一萬條，創下金氏世界紀錄。

從兩年前的「小時代」，到此刻的「小鮮肉」崛起，商業文化的審美主導權發生轉移，娛樂幼齒化、圈層消費、小眾傳播等新的特點開始呈現。很顯然，一個屬於中產階級的、輕快明亮而不無平庸的「鍍金時代」，已然在混亂中翩翩而至了。

「知道鹿晗的請舉手。」

在中歐商學院的課堂上，教授問正在聽課的五十位企業家學員，他們的平均年紀在四十歲左右，正是這個國家的財富擁有者。他們茫然地互相張望，沒有一個人舉起手。

風雲人物◉女工鄔霞

紅地毯足足有五十公尺那麼長，欄杆的一邊是一百多台攝影機和相機，盡頭是一塊碩大的液晶螢幕，靚麗高挑的女主持人還在熱情地採訪劉亦菲和宋承憲。鄔霞抿著嘴唇有點緊張，她的同伴挽了挽她的肩膀。

二〇一五年六月十七日，鄔霞坐火車趕到上海，參加第十八屆上海國際電影節，當晚有一個盛大的「網際網路電影之夜」。在過去的一年裡，她參與了《我的詩篇》的拍攝，這是一部關於中國工人詩人的紀錄片。

鄔霞的個子非常瘦小，平時很少穿的高跟鞋更是讓她走起路來一搖一擺，並不像劉亦菲們那麼的優雅。她今天穿著一件深粉色的吊帶裙，這應該是她最喜歡的一款，是從深圳的地攤上買來的，要價七十多元。在她的家裡有一個衣櫃，裡面有十來件吊帶裙，當劇組去拍攝時，她一件一件拿出來給導演看。其實，鄔霞在平時幾乎沒有機會穿吊帶裙，她在深圳的一家服裝工廠當燙熨工，每天工作十來個小時，大多數的雙休日也要加班。

但是，鄔霞是一個吊帶裙控。在《我的詩篇》裡，她說：「下班後，勞累了一天的姐妹們都睡下了，外面的月光很好，我會悄悄爬下床，穿上吊帶裙，躡手躡腳地溜進女廁所，月光照在鐵窗玻璃上，我照玻璃，看見自己穿裙子的樣子很好看。」

鄔霞是一個出生於一九八四年的工人女詩人。

她的家鄉在四川內江，從小父母就外出打工，鄔霞是第一代留守兒童。十三歲的時候，還沒有讀完初中二年級的她也來到深圳寶安，成了一個打工妹。她的日子一直非常拮据，她的父親在幾年前因患重病而試圖服毒自殺。現在，她是兩個孩子的媽媽，一家人住在一間不到十平方公尺的出租房裡。

過去的十多年裡，鄔霞在工作之餘寫下了三百多首詩歌，卻從來沒有正式發表過，其中有一首，題為《吊帶裙》：

包裝車間燈火通明／我手握電熨斗／集聚我所有的手溫／我要先把吊帶熨平／掛在你肩

上才不會勒疼你／然後從腰身開始熨起
多麼可愛的腰身／可以安放一隻白淨的手／林蔭道上／輕撫一種安靜的愛情／最後把裙裾展開／我要把每個皺褶的寬度熨得都相等／讓你在湖邊／或者在草坪上／等待風吹
你也可以奔跑／但，一定要讓裙裾飄起來／帶著弧度／像花兒一樣／我要洗一件汗濕的廠服／我已把它摺疊好／打了包裝
吊帶裙／它將被打包運出車間／走向某個市場／某個時尚的店面／等待唯一的你／陌生的姑娘／我愛你

多麼優美而略帶憂傷的詩歌，它活生生地來自苦悶的生活，卻又讓人從石縫中看到漏進來的光。包裝車間、電熨斗、廠服、市場店面，這些充滿了僵硬的製造業氣質的名詞，第一次生動地進入漢語詩歌的殿堂，帶著勞作的汗味和工業化的蒸汽。

秦曉宇是《我的詩篇》的文字導演，也是一個身形粗獷的詩評家，正是他發現了一個十分隱密的事實：在當今中國，起碼有一萬名像鄔霞這樣的地下工人詩人，他們在生產線、建築工地、礦井和石油工地上勞作，同時也在默默地用詩句記錄自己的喜怒哀樂。

他們寫青春與出口玩具——「我青春的五年從機器的屁眼裡出來／成為一個個橢圓形的塑膠玩具／售賣給藍眼睛的小孩」。

他們寫勞動與死亡——「一顆螺絲掉在地上／在這個加班的夜晚／垂直降落，輕輕一響

／不會引起任何人的注意／就像在此之前／某個相同的夜晚／有個人掉在地上」。

他們寫礦難——「原諒我吧，兄弟們／原諒這個窮礦工，末流詩人／不會念念有詞，穿牆而過／用手捧起你們溫熱的灰燼／與之進行長久的對話」。

他們寫斷指——「我寫過斷指／寫過他們纏著帶血的紗布／像早產或夭折的嬰兒／躺在長三角，珠三角……／這些產床上」。①

那天晚上，對鄔霞來說，走紅地毯是一件煎熬的事。

她和秦曉宇等人站到簽名大螢幕前面，攝影機們象徵性地舉起，然後快速地放下，幾分鐘後即將到來的李易峰才是真正的高潮。在那個尖叫聲四起的「網際網路電影之夜」，《我的詩篇》無疑是最沒有娛樂精神的一部冷門片。

冷遇是一個已經習慣了的常態。秦曉宇曾在北京皮村舉辦過線上詩歌朗誦會，十多位工人詩人到場，「微吼」用出了吃奶的勁推廣，也只售出兩百多張票。天津大劇院舉辦兩場大型朗誦會，第一場售票三十張，第二場售出十張。

在第十八屆上海國際電影節上，《我的詩篇》作為唯一進入決賽階段的中國影片，角逐金爵獎最佳紀錄片。一個值得注意的現象是，在此次入圍的五部電影中，居然有三部不約而

①以上皆出自《我的詩篇，當代工人詩典》，秦曉宇編。

同地聚焦於工人題材，美國導演的《夜宿人》反映外來務工人員與城市資源間的矛盾，韓國導演的《工廠奏鳴曲》對韓國「血汗工廠」進行了反思。至少在這個意義上，中國的電影人沒有缺席，中國工人沒有缺席。

讓鄔霞高興的是，《我的詩篇》最終奪得了電影節的最佳紀錄片獎，這是歷史上的第一次。她跟秦曉宇等一夥人去衡山路上好好涮了一頓火鍋，然後回到深圳，繼續自己的打工日子。拍攝和得獎，如同她的吊帶裙被微風吹拂了一下，沒有留下任何的痕跡。

對於鄔霞來說，人間所有的遭遇，一半是詩意，一半是苦難。你將歷經滄桑，我已竭盡綿力。

2016 黑天鵝在飛翔

感覺身體被掏空
找累得像隻狗
十八天沒有卸妝
月拋帶了兩年半

——彩虹室內合唱團，《感覺身體被掏空》

很多中國網民知道川普這個人，是因為在視頻網站上看過一檔叫《誰是接班人》（The Apprentice）的節目。真人實境秀模式剛剛引入中國的時候，《誰是接班人》是一個常常被提及的求職類案例。

川普是這檔真人實境秀節目的投資人，同時也是唯一的主角。節目組在全美召集十二位年輕人，到紐約跟川普當學徒，他們被分成兩組，每集由川普安排一個經營項目。兩隊中輸了的一方，由川普裁決誰負主要責任，然後解雇之，最後獲勝者可以贏得擔任川普集團一個公司經理一年的機會。

「You are fired.」（你被解雇了。）——這是每集節目的最後片尾語。據說因為節目火紅，它在當年成了一句流行北美的口頭語。

在《誰是接班人》中，川普就是一個誇誇其談的商人，炫富、張揚、好色、信口開河。如果在幾年前，有人悄悄告訴你，他就是以後的美國總統，你一定會認為他吃錯藥了。

不過，在二〇一六年十一月，這個沒有任何從政閱歷的地產商真的當上了總統，被「解雇」掉的，是教科書般的女政客希拉蕊・柯林頓（Hillary Clinton）。

在競選期間，川普扮演了一個偏執的民粹主義者角色，他宣佈當選後簽署的第一個法令將是宣佈中國為匯率操縱國，他威脅要在美國與墨西哥之間砌一道隔離牆，並遣返數以百萬計的非法移民。他的執政口號是「美國利益優先」（America First），在產業政策上，他發誓要讓更多製造工廠重新回到美國。

川普的當選是一個典型的「黑天鵝」事件，《新聞周刊》甚至早早做好了以希拉蕊的照片為封面的特刊，待選舉結果公佈後，不得不尷尬地趕緊撤版。

今年發生的另外一起令人大跌眼鏡的國際事件，是英國脫歐。

六月二十四日，不顧經濟學家、盟友與本國政府的不斷提醒和警告，英國民眾透過公投的方式，選擇拋棄其已擁有四十多年的歐盟成員身分。一時之間，英鎊暴跌、美元和黃金大漲，亞洲股市劇烈震盪，英國首相卡麥隆宣佈辭職。《經濟學人》哀傷地寫道：「一年之前，幾乎沒有幾個人能夠想到這個事情真的能發生。儘管許多英國人對歐盟充滿了抱怨，抱怨其愚蠢的規章制度、不斷膨脹的預算以及華而不實的官僚體系，但歐盟畢竟是過半英國外貿出口的目的地。然而，就在今天，一切都無可挽回了。」①

「黑天鵝」的出現固然令人意外，但是並非無跡可尋。自從二〇〇八年之後，全球化浪潮日漸式微，隨著通貨緊縮的蔓延，各個國家的保守主義和民粹勢力紛紛抬頭，俄羅斯的普丁、日本的安倍晉三無一不是靠著「本國利益第一」的強硬策略贏得了民意。而在歐洲的其他國家，譬如德國、法國及義大利，右翼力量日趨強大。發生在今年夏天的兩起「黑天鵝事件」，無非是這一趨勢的極端化呈現。

在各個經濟大國之中，中國顯得十分另類，它似乎成了唯一擁護全球化戰略的國家。在今年的九月，中國政府承辦了本年度的G20峰會，這是新中國成立以來規格最高的國際政治會議，峰會的主題為「構建創新、活力、聯動、包容的世界經濟」。路透社在評論中認為，「二〇一六年的G20，將使中國成為全球治理進程的主要協調者」。

如果說，川普是政治世界裡的「黑天鵝」，那麼，在科技世界裡也出現了一隻讓人瞠目

①出自《經濟學人》，〈悲劇性的切離〉（A Tragic Split），二〇一六年六月二十四日。

結舌的「黑天鵝」，它的名字叫阿爾法狗（AlphaGo）。今年三月，谷歌的這個智慧型機器人毫無懸念地擊敗了圍棋世界冠軍李世石。

機器大腦對人腦的挑戰，早在二十年前就開始了。一九九六年，ＩＢＭ的超級電腦「深藍」在一場載入史冊的人機大戰中，以兩勝一負三平的戰績擊敗排名第一的西洋棋高手卡斯巴羅夫（Garry Kasparov）。二〇〇五年，科技學者雷蒙德．庫茲威爾（Raymond Kurzweil）出版《奇點臨近》（*The Singularity Is Near*），大膽預測到二〇〇七年電腦將在意識上超過人腦；二〇四五年左右，「嚴格定義上的生物學上」的人類將不存在。他激情地預告道，「我們的未來不是再經歷進化，而是要經歷爆炸」。

庫茲韋爾近乎瘋狂的猜想，正在一步步地走向真實。在過去的十多年裡，人工智慧ＡＩ的發展速度超出所有科學家的預計，而它對人類工作的替代效應也開始清晰地呈現出來。在去年的四月，蘋果公司發佈二〇一五會計年度第一季財報。沒過幾分鐘，美聯社的報導〈蘋果第一季營收超華爾街預測〉出爐，這篇行文流暢的報導是由「機器人記者」完成的，它每個季度能寫出三千篇這樣的報導，同時對美聯社的寫作風格瞭若指掌。

比新聞記者更擔心自己未來飯碗的還大有人在。摩根大通利用ＡＩ開發了一款金融合約解析軟體，經測試，原先律師和貸款人員每年需要三十六萬小時才能完成的工作，這款軟體只需幾秒就能做完；它的錯誤率非常之低，更重要的是，它從不放假。另外一家金融機構高盛在人工智慧上的試驗同樣令人吃驚，在二〇〇〇年的時候，高盛在紐約總部的美國現金股票交易櫃檯雇用了六百名交易員。但到去年，這裡只剩下兩名交易員「留守空房」。高盛宣稱，自己其實是一家「科技公司」。①

如同川普的當選是反全球化浪潮的極端呈現一樣，阿爾法狗與李世石的對弈，也是人工智慧進步的一次公眾意義上的引爆，它以不動聲色的方式挑戰——甚至在某些人看來是「侮辱」——人類的智力。「人會有心理上的搖擺，即使知道準確的答案，在下子那一刻還是有可能會選擇另一條路，考慮其他的選擇。但阿爾法狗不會有任何的動搖，這就是我所面對的最大困難。面對毫無感情的對手是非常難受的事情，這讓我有種再也不想跟它比賽的感覺。」李世石的這番話道出了人類面對一個自己創造出來、卻比自己更聰明的機器時的內心恐懼，他在第二局落敗時黯然落淚的鏡頭，讓所有目睹者驚心而忐忑不安。

當然，這些屬於人類的柔軟的情感波動，在科技進步面前都不堪一擊。在幾乎所有的商業觀察家看來，大數據與人工智慧將在不遠的將來顛覆幾乎所有的行業。問題僅僅在於，你是顛覆者還是被顛覆者。

今年九月，李彥宏在一次演講中認定「網際網路的下一幕，就是人工智慧」。在過去的幾年裡，這家搜索公司在行動網際網路的衝擊下一直找不到方向，股價低迷、人心渙散。就

① 交易大堂的消失：二〇一七年十月二十七日，香港聯交所永久性地關閉了交易大堂，港劇《大時代》中的喧鬧場景永不再現。

在去年的六月，李彥宏還發誓要砸兩百億元在O2O市場，全力扶持百度外賣和百度糯米。然而僅僅一年多後，他似乎突然抓到了真正的「王牌」。李彥宏宣稱，百度在三年前就啟動了百度大腦計畫，現在它已經具備了大概三歲孩子的智力水準。在這位電腦科學碩士出身的企業家看來，「中國人可能天生就適合幹這個事」，①在人工智慧方面，很多學術論文都是中國人寫的。在他的力邀之下，微軟全球執行副總裁、人工智慧頂級專家陸奇加入百度，出任首席營運長。

百度的戰略轉向，在企業界不是單一的獨立現象。在二〇一五年初，中國的機器人公司約有兩百六十家，到二〇一六年底，已經超過了兩千六百家。科大訊飛在智慧人工語音和超級大腦領域，取得了引人矚目的成就，董事長劉慶峰宣佈該公司正在研發一款「人形應答機器人」，「我們的目標是在不久的將來讓它去參加高考，被重點大學錄取」。②深圳的大疆無人機在二〇一六年實現了一百億元的營業收入，在無人機領域的技術水準領先全球。富士康在它的鄭州、成都和昆山基地新增了四萬台機器人，郭台銘的「百萬機器人」計畫看來正在有條不紊地進行中。

在今年，最令人振奮的新聞是，廣東的美的公司以兩百九十二億元的代價收購德國庫卡，後者是全球領先的機器人及自動化生產設備和解決方案的供應商，在汽車工業機器人行業名列全球市場前三、歐洲第一。《紐約時報》在一篇報導中警告說：「中國在人工智慧的軍備競賽上正在趕超美國。」

中國人的雄心引起了歐美列國的不安。

今年十月一日，人民幣加入國際貨幣組織的特別提款權（Special Drawing Right, SDR）貨幣籃子，成為繼美元、歐元和日圓之後的第四種存底貨幣，這意味著人民幣國際化邁出了決定性的一步。也就在過去的一年多裡，中國資本成為全球產業領域最兇猛的收購者，有媒體驚呼，「中國人正在用人民幣的泡沫淹沒全世界」。

在今年，有超過兩百家德國公司被中資收購，其中很多是有數十年乃至百年歷史的「隱形冠軍」，德國政經界對此驚恐不已。經濟部長公開反對庫卡收購案，他認為庫卡的自動化技術需要「遠離中國之手」。梅克爾內閣頒布新規定，限制非歐盟企業對德國公司的收購，其中主要針對的就是中國資本。③

到二〇一六年一月底，中國有兩萬五千四百六十一支私募股權投資基金，可投資規模四兆兩千九百億元。這數兆資金像餓狼一樣地四處覓食，嗷嗷待哺。隨著Ｏ２Ｏ狂潮的落幕，

①出自李彥宏在首屆世界智能大會的演講，二〇一七年六月二十九日。

②出自紐約時報中文網，〈中國人工智能趕超美國不是夢話〉，二〇一七年二月四日。

③根據美國榮鼎諮詢公司的一份海外併購報告顯示，二〇一六年，中國對德國投資增長將近十倍，從二〇一五年的十二億美元暴增至二〇一六年的一百二十一億美元。

他們相繼盯上了大數據、無人機、虛擬實境、人工智慧、區塊鏈、生物醫療及新材料等，但是這些領域的技術變革都尚處在黎明階段，變現並不容易。於是，任何能夠帶來用戶流量和現金流的專案都被認為是性感的，遭到瘋狂的追捧。

在今年，這樣的賽道有兩個，一個是網路直播，一個是共享單車。

第一個讓直播在中國火起來的是爭議人物王思聰。這位出生於一九八八年的年輕人，是首富王健林的獨子，二〇一〇年從英國讀書歸國後，他開通了自己的新浪微博，很快以挑釁名人、辣嘴評論娛樂明星而名聲大噪，成為微博世界裡最受「歡迎」的博主。他從不避諱自己對女生的追求，因而落下一個「國民老公」的痞號。而實際上，首富之子是一個頗精明的生意人。二〇一五年六月，他借鑑美國新冒出來的兩款行動直播社交產品 Meerkat 和 Periscope，投資了直播平臺「一七直播」，使用者線上直播視頻內容，與平臺廣告分成——平均一千人觀看收入有一元，達到一百美元可以提現。這款應用上線三個月，就登上中國區蘋果商店免費榜的榜首；其間，一七直播了男生吸毒、女生洗澡，甚至做愛的全過程。九月三十日，一七直播被強行下架。

王思聰的被禁，不但沒有遏制直播，反倒迅速催熱了這個產業。在接下來的一年，全國先後出現了兩百多家直播公司，一時間「全民直播」、「不直播無網紅」。到今年的四月，直播註冊用戶超過兩億，大型直播平臺每日高峰時段同時線上人數接近四百萬，同時進行直播的房間量過萬。除了創業公司，幾乎所有的大型網際網路公司都迫不及待地推出了自己的直播產品，騰訊更是一口氣開通及投資了九個直播平臺。阿里巴巴推出淘寶直播和天貓直播，試圖嘗試「邊看邊買」的新購物模式。

平臺林立的背後，當然湧動著無數的風險投資人。到十一月，已經有三十一家公司宣稱自己拿到了天使輪或A輪投資，累計融資額達一百零八億元，映客、花椒等更被認為是下一個「獨角獸」或百億級企業。其實，在今年三月，直播鼻祖美國的Meerkat已經轟然倒下，Periscope在去年被推特收購，直播演變為一類外掛程式型工具，紅利轉向大型平臺級公司。而在中國，在投資人的鞭策下，獨立的直播公司仍然希望透過燒錢殺出一片天地。

在這一過程中，直播公司之間互挖牆腳，大打口水仗，用程式刷投票、自己給自己撒花打賞等行為，更是成為行業公開的秘密。①位居行業之首的映客，在今年的一月三度被蘋果應用商店下架，原因是「刷榜」。而映客投資人的解釋是：「映客很委屈，其實是競爭對手在幫映客刷排名。中國網際網路市場環境很惡劣，競爭不擇手段。」《中國企業家》在一篇報導中，頗為諷刺地評論說：「這裡有運營資本的上層大鱷，有追名逐利的直播平臺和經紀公司，也有『被現實X翻了的』草根民眾。直播房的爭鬥、狂歡、自我催眠，儼然搭建起一個『第三空間』。」

---

①映客的財務數據顯示，在二〇一六年實現四十三億三千八百萬元的營業收入，其中有兩百一十個用戶至少打賞了一百萬元，有四百零九位打賞在五十萬元到一百萬元之間。這組數據引發很大的猜想。

如果說資本在直播行業殺得人仰馬翻、底線全無，那麼在共享單車領域，他們已經像賈躍亭所形容的那樣，只知道蒙眼狂奔了。

最早提出「共享單車」這個概念的是戴威，一個出生於一九九一年的北京大學前學生會主席。二〇一五年六月十七日，戴威寫了一篇〈這兩千名北大人要幹一票大的！〉的網文，呼籲兩千名北大師生貢獻出自己的單車，「透過ofo公眾號，可以註冊消費、獲取單車密碼」，隨後一天內，ofo收到了四百多份申請。三個月後，ofo共收到一千多輛車，他們為這些車上了車牌、刷了漆、裝了機械鎖，不需要鑰匙，根據密碼就能打開。到二〇一六年一月，ofo走出了北大校門，在人大、北航、北師大等十五所高校同時營運，獲得四十餘萬註冊使用者，服務近一百萬高校師生，日訂單量達到一萬。

金沙江是第一家找到戴威的風險投資機構，在一月底，它以一億元的估值拿到了一〇%的股份。投資人快速替戴威算了一筆帳：如果每天每輛車的使用頻率是八次，每輛車成本兩百元，騎一次〇．五元，兩個月就回本；更有意思的是，用戶要支付九十九元的押金，因此現金流非常健康。

這樣的計算公式告訴戴威，為了增加投放量，單車未必需要來自共用，而應該自己生產。也就是說，在戴威提出「共享單車」這個概念的半年後，ofo的商業模式已經與共享無關，而演變為分時租賃模式。共享單車這個名詞一直被使用下去，大概是因為它與朗朗上口的共享經濟沾上邊。

正當ofo在北京高校流行起來的時候，在南方的上海，一位女記者出身的創業者推出了摩拜單車。

「八〇後」胡瑋煒曾在《每日經濟新聞》、《新京報》和極客公園做了將近十年的汽車記者，當她把共享單車的構想告訴她的前老闆、極客公園的創始人時，後者的第一個反應是「瘋了吧，這個坑太大了」。胡瑋煒說：「不是你教我說要相信『相信』的力量嗎？」她的前導師回答說：「姑娘，我其實還有一句話沒有跟妳說，除了要相信『相信』的力量，妳還要學會計算的力量，摩拜單車的自行車肯定會全部被偷光。」

把桀驁不馴的義大利女記者法拉奇視為人生偶像的胡瑋煒，有著不認命的個性，她決定照自己的想法走下去。跟ofo不同的是，從第一天起，摩拜就著手自己造車，而從第一天起，它就在四處謀求資本的支持。

二〇一六年初，胡瑋煒造出了她的第一輛車。與眾不同的是，它使用了帶有定位功能的智慧鎖和免充氣輪胎，在摩拜團隊看來，一輛扔在馬路上的單車起碼得能使用五十個月，因此摩拜單車重達四十八斤，比普通單車重出一倍多，造價更是高達兩千元左右。

摩拜的第一家投資機構是愉悅資本，當胡瑋煒還在閉門造車的時候，它就投入了近三百萬美元。當第兩百輛車試用上路的時候，熊貓資本、創新工廠和祥峰中國基金入局。二〇一六年四月，摩拜單車正式上線，並在上海投入營運，它的押金是兩百九十九元。很快，資本如獵犬一樣地蜂擁而至。

共享單車之所以在二〇一六年成為投資界最大的熱點，除了金沙江算的那筆帳之外，還有兩個重要的原因。其一，自滴滴一統江湖之後，出行市場只剩下「最後一公里」的難題，而共享單車無疑及時地填補了這個空白。其二，公共自行車早在二〇〇九年就進入了中國，但一直是一項非營利性公共配套服務，而且推行的是劃定區域、有樁停放的制度。ofo和摩拜不但發明了分時租賃的商業模式，更是以無樁停放、隨停隨騎著稱，為使用者提供了空前的便利性。政府機構面對這一便民的新生物種無從判斷，便任由其野蠻發展。

於是，天時地利似乎都站在共享單車這一邊。一輛單車投放市場，如果能夠綁定十個用戶，押金收入就是一千元到三千元元，如同投放了一台流動的吸儲機。很快，北京、上海等大中城市的各條人行道都被小黃車（ofo）和小橘車（摩拜）一一佔領，甚至在地鐵口和鬧市區，密密麻麻的單車侵佔了所有的公共空間，它引發了一場關於「公地悲劇」的爭議。①

二〇一六年九月底，滴滴宣佈戰略投資ofo，「市場迅速沸騰了，僅僅一個星期時間，如果你人不在北京，基本上就投不進去了」。儘管並不是所有的投資人都看懂了共享單車的模式，可是在一派沸騰的氛圍中，人人都擔心自己錯過了這輛正在飛馳起來的小小單車。《財經》記錄了一個小細節：紅杉資本的沈南鵬為了投資摩拜，給相關人士打了四十分鐘電話：「就為了一點點份額，他不斷跟你說，咱這關係，咱關係這麼好，為什麼還不給我這份額？」②

到今年年底，摩拜和ofo各自完成了五輪融資，它們的身後分別站著幾乎所有重量級的風險投資機構，一邊是高瓴資本、華平投資、騰訊、紅杉資本，另一邊是滴滴、經緯和金沙江等。與創業者戴威、胡瑋煒相比，投資人顯然更焦急地希望看到戰爭的結局。十月，金沙江的朱嘯虎高調預言，「九十天內結束戰鬥」。

戰鬥當然不可能這麼快就結束，反而是有越來越多的參戰者加入混戰。小藍車、小白車、小綠車相繼上街，人們先是調侃「集齊七種顏色是不是可以召喚神龍」，緊接著第八種、第九種顏色出現。到年底，市場上冒出來三十多家共享單車公司，人們的感慨變成「顏色好像不夠用了」。

與風險投資領域的泡沫相呼應的是，深滬兩市也在經歷了不堪回首的暗黑一年後，漸漸放出了一絲明亮的曙光。去年闖下大禍的證監會主席肖鋼於二月二十日被調離崗位，此後再無任用。在離任之前，他還弄出了一個「熔斷」鬧劇。

熔斷制源於美國，指在交易過程中，當價格波動幅度達到某一限定目標時，交易將暫停一段時間。這類似於保險絲在過量電流通過時會熔斷，以保護電器不受到損傷。今年一月四日，上交所、深交所正式發佈指數「熔斷」規定：當滬深三百指數漲跌超過五％時，將暫停

①公地悲劇：公有地做為一項資源或財產有許多擁有者，他們中的每一個都有使用權，但沒有權力阻止其他人使用，而每一個人都傾向過度使用，從而造成資源的枯竭。

②出自《財經》，〈共享單車的戰爭：中國資本局中局〉，二〇一七年四月第九期。

交易十五分鐘，全天任何時段漲跌超過七%，將暫停交易至收市。

孰料，這一匆匆頒布的舶來政策，完全不適用於中國。股市一開盤很快跌至「熔斷點」，僅僅四個交易日，股民就損失了五兆六千億。到一月七日，兩市緊急叫停「熔斷」，它也因此成為中國證券史上最短命的股市政策。

接替肖鋼的，是長期在央行工作、曾主政中國農業銀行的劉士餘。他一改前任政策，先是明確中止上交所戰略新興版的計畫，接著暫停註冊制，從而化解了股民的擴張擔憂。到四月底，很多股評人士認為股市的止跌態勢已現，進入安全區間，一些激進的股評家開始鼓吹樂觀情緒，在二〇一四年底提出「國家牛市」的任澤平高喊「舉著黨章衝進A股」。

後來發生的事實是，在整個二〇一六年度，股價指數仍然處在微度下滑的情勢中，而個股行情則變得極其活躍。劉士餘做出的最堅決的決定是，貫徹中央意志，在維持指數相對穩定的前提下，加快直接融資的力度，以吸引更多的民間資本投資於實體企業。暫停於去年四月的IPO從六月開始提速，全年共核准兩百七十五家企業的首發申請，其中第四季度約占全年的一半，籌資總額一千八百一十七億元。

市場情緒的穩定及個股活躍，終於讓億萬股民平復了焦慮的情緒。

與此同時，監管當局一改躲閃態度，對資本市場的投機勢力予以明確打擊。去年鬧得滿城風雨的寶萬事件，在今年秋冬，突然出現戲劇性的情節逆轉。

為了遏阻寶能的入主，王石一邊停牌，一邊在焦急地尋找結盟者，他得到了深圳市政府的支持。三月十二日，萬科董事會宣佈以定向增發的方式，引入深圳地鐵集團為戰略投資人，涉及金額約三百億元。第一和第二大股東寶能系、華潤立即發表聲明，認定此舉違規。雙方矛盾再度激化。

六月二十六日下午，寶能系公開發起罷免王石案，理由是「長期遊學脫崗仍領酬五千萬」，而萬科已成為被內部人實際控制的上市公司，言下之意是接著將「血洗」管理層。

按照常規的公司治理邏輯，大股東的意志幾乎就代表了最後的決定。就當大家都等著王石發表辭職感言的時候，他卻在微信朋友圈裡發了兩條意味深長的消息，一條是表達對華潤的不滿：「當你曾經依靠、信任的央企華潤，毫無遮掩地公開和你狙擊的惡意收購者聯手，徹底否定萬科管理層時，遮羞布全撕去了。好吧，天要下雨，娘要改嫁。還能說什麼？」另一條是回應姚振華的「逼宮」：「人生就是一個大舞臺，出場了，就有謝幕的一天。但還不到時候，著啥子雞（急）嘛。」

七月二十日，證監會終於出手干預，一個處理寶萬事件的領導小組成立，深交所同時對萬科和寶能系發出監管函，批評前者向非指定媒體透露了未公開重大資訊，對後者則嚴厲警告「經多次督促，仍未按要求上交股份權益變動書」。孰輕孰重，明眼人一看便知。

此時的寶萬風波已經引起了最高決策層的密切關注，它成了實體經濟與資本力量博弈的指標性事件。

《南方都市報》在六月底刊出一則調查報導，詳盡描述了寶能系對深圳另一家上市公司南玻集團的「血洗案」。同樣也是在二〇一五年，寶能在二級市場大量買進南玻A股份，經過前後五次舉牌，合計擁有了二一．八%的股份，成為第一大股東。緊接著管理層與資本方的矛盾空前激化，導致多名高階主管相繼辭職，而在今年一月的董事會改選中，補選的四位董事中有三位為寶能系幹部。據記者的調查，「寶能系的資本運作具有一定的套路，從資金上看，基本上都透過質押前期買入的股份再融資、再掃貨」。

寶能對南玻的進擊基本上是寶萬事件的預演版。在今年的年中，陽光人壽舉牌吉林敖東，安邦人壽舉牌中國建築，風險資本的頻頻出擊引起實體界巨大的恐慌。

十一月中，姚振華故技重施，此次的狙擊對象換成了鐵娘子董明珠的格力電器。在短短的八個交易日內，寶能系「暴力」買入格力股票，由第六大股東升至第三大股東。董明珠勃然大怒，十二月十二日，在中央電視臺舉辦的一次財經論壇上，她以「大國重器，智造未來」為題發表演講，怒斥：「你們還是中國人嗎？很多人用經濟槓桿來發財，那是對實體經濟的犯罪！」

實體企業家的集體憤怒，顯然構成了一股不可忽視的力量。十二月三日，劉士餘在一次公開活動中罕見地情緒激動，他用前所未見的嚴厲口吻警告說：「我希望資產管理人不當奢淫無度的土豪，不做興風作浪的妖精，不做坑民害民的害人精……你用來路不當的錢從事槓桿收購，行為上從門口的陌生人變成野蠻人，最後變成行業的強盜，這是不可以的。這是在挑戰國家金融法律法規的底線，也是挑戰職業操守的底線。這是人性和商業道德的倒退和淪喪，根本不是金融創新。」

在證監會公開表明立場的同時，一直態度曖昧的保監會也立即表態「保險業姓保，保監會姓監」。十二月五日，保監會叫停前海人壽、恆大人壽等六家公司的網際網路通路保險業務。二〇一七年二月，保監會發佈處罰公告，判定前海人壽存在編制提供虛假資料和違規運用保險資金等六項具體違規行為，姚振華十年內不得進入保險業。

二〇一七年一月，華潤宣佈將所持有的一五．三一％萬科股份全數轉讓予深圳地鐵，套現三百七十二億元，告別了這段長達十六年的彆扭婚姻。六月，恆大也宣佈將所持一四．〇七％的股份轉讓予深圳地鐵，對價兩百九十二億元，以浮虧七十億元灰頭土臉地離場。至此，深鐵一躍而成為萬科第一大股東，套在王石和郁亮頭上的「姚氏緊箍咒」應聲跌落。

無論從任何角度看，寶萬事件的發生及結局，都帶有濃烈的中國特色。

因牌照制的普遍存在，以及金融混業改革對現有監管體系的政策衝撞，使得任何原教旨式的市場化立場，都無法適用於漸進改革的中國商業世界。行政干預的正當性、必要性及其邊界，在過去的三十多年裡，從來沒有在理論或實操的層面上被設定清楚，這一景象在下一年，仍將出現在民營企業跨國投資的風波中。

在這個意義上，姚振華有他無處訴說的委屈，而王石、董明珠們的慘勝，則既是他們的僥倖，也是他們的悲哀。

從二〇一二年之後，能源產業已經低迷了四年多，全國的港口堆滿了鐵礦石，原物料價格持續低迷。

在區域經濟層面，情況最糟糕的應該是東北地區。在剛剛過去的二〇一五年，吉林、黑龍江、遼寧GDP增速分別為六．五%、五．七%和三%，在全國各省市的排名榜上，東北三省與山西包攬最後四席。

二〇一五年八月三日，中國一重董事長吳生富自殺身亡。這家企業始建於一九五四年，是中央管理的涉及國家安全和國民經濟命脈的五十三戶國有重要骨幹企業之一。當年度，中國一重虧損十七億五千萬元，一位熟識吳生富的人士對《中國企業家》記者說：「在他去世前不久我們還聊過，他對於中國一重在他的帶領下陷入現在的困境感到十分焦慮，而且他還說未來看不到前景。」

記者在東北走訪時，看到的景象是「重工產業一片哀鴻。在工業重鎮遼寧省瀋陽市，位於經濟開發區開發大路兩側的大型重工企業幾乎無一倖免」。

比工廠蕭條更揪心的是，年輕人的出走和資本的不肯進入。在過去的十年裡，東北的人口一直呈現淨流出的態勢，在黑龍江農墾系統，每年考上重點大學的近兩千人，但這些學生在畢業後幾乎都不會回來。在近幾年，投資界出現「投資不過山海關」的說法，對東北的政策環境表達了極大的不信任。

從五月二十日起，國務院派出九個督察組赴北京、河北、山西、遼寧等十八個省（區、市），對促進民間投資健康發展情況開展專項督察。據新華社報導，分赴各地的督察組主要發現了四大類問題，包括：屢遭「白眼」頻「碰壁」，公平待遇未落地；抽貸、斷貸現象突出，融資難仍普遍存在；「門好進、臉好看、事不辦」，審批繁瑣依然突出；成本高、負擔重，影響企業投資意願等等。

其中，最令人擔憂的正是民間投資乏力。民間固定資產投資同比只成長了三．九％，相較於去年年底民間投資一〇．一％的增速，可謂斷崖式下跌。作為民營經濟大省的浙江，上半年民間投資增速呈現出罕見的低位，從九．二％驟降至四．五％。

七十歲的曹德旺沒有想到會在晚年突然出了一回名，原因是他對媒體講了一句「大實話」：「在中國辦工廠的成本，除了人便宜，什麼都比美國貴。」

曹德旺的福耀玻璃是中國最大的玻璃生產商，十月二十六日，《華盛頓郵報》在頭版刊登了他在美國俄亥俄州投鉅資開工廠的新聞。「這間龐大的工廠大到足以裝下四十一個美式足球場，它是福耀的最大單筆投資，全載運行時將有兩千五百人在此工作。此前，福耀已經在伊利諾州開設了一座生產原片玻璃的工廠，並在密西根州設立了一座裝配工廠。總投資額將達到約十億美元。」①

---

①出自《華盛頓郵報》，〈前頭路風景〉（A View of The Road Ahead），二〇一六年十月二十六日。

「曹德旺跑了」，這個新聞在國內引起了不小的爭論。人們拿他與「跑路的李嘉誠」相提並論，質疑他為什麼要跑去幫助川普發展美國經濟。而曹德旺則對《第一財經》的記者算了一筆帳，「中國製造業的綜合稅務跟美國比的話，比它高三五%」。

具體的帳是這樣的：「美國沒有增值稅，我們有增值稅。他只有所得稅，你賺到錢，他的所得稅三五%，加地方稅、保險費其他的這些五個百分點，就是四〇%，因此在美國開工廠的利潤比中國高。在工業用地上，美國的土地基本不要錢。能源，美國電價是中國一半，天然氣只有中國的五分之一。運輸成本，美國的運輸成本算下來，一公里還不到一元人民幣，我們這裡過路費比較高。中國便宜的只有勞動力成本，美國藍領工資是中國的八倍，白領是中國的兩倍多，白領便宜，藍領貴。即便這樣，中國製造業的勞工成本上升得很快，在過去的四年裡，福耀工廠的工人工資漲了三倍。」

再具體到一塊玻璃上，「做一片夾層玻璃，在中國要一·二元，在美國要五·五元。我們出口美國，出口是先徵後退，在這基礎上還要交四%，這樣，一塊玻璃出口需要交一元多稅錢，這就省去了一元多。那麼在美國還有電價便宜、氣價便宜，以及很多優惠條件。總的來說，算起來他那裡比中國這裡，總利潤會差一〇%」。

曹德旺的這個帳算得很精細，讓人無從反駁。這位心直口快的老企業家說：「整天講明年會好，明天會好，誰不想明天好。不切實際地去做，那明天會好嗎？我不這樣認為。我認為我們應該改變這個方式。」

似乎為了應和曹德旺的算帳，在十一月初舉行的「大梅沙中國創新論壇」上，天津財經大學教授李煒光提出了「死亡稅率」這個新名詞。根據統計，在二〇一五年，我國企業的大口徑總體稅負約為三七％——最高的年份曾達到四〇％左右。在李煒光看來，如果企業的總體稅負達到三〇％到四〇％之間，就有可能導致企業留利過低，失去投資和創新的能力。稅費徵到這個份兒上，就屬於「死亡稅率」了。

中國實體產業的困局與轉機，還可以從一包速食麵裡讀出來。

在二〇一六年，你隨便跑到社區的便利商店買回一包康師傅「香爆脆」乾脆麵，袋裝一百克的零售價為一．五元，它被老闆堆放在後架一個不起眼的角落，顯然是一個早已被冷落的廉價食品。

如果時光倒流到一九八六年，在各個城市的便利商店裡，這包速食麵一定被擺放在最為顯眼的前櫃，它的標價是〇．三五元。

三十年以來，中國城市居民的可支配收入增加了四十一倍。在一九八六年，一位上海應屆大學畢業生的月薪為七十六元，二〇一六年的平均月薪為四千九百九十元，而速食麵的價格卻只漲了四倍。也就是說，速食麵肯定是當今中國漲價幅度最小的食品，也是性價比最高的食品。

可是，在過去的二〇一五年，速食麵產業陷入了空前的危機之中。全行業銷售下滑一二．

五％，這個行業裡最大的企業康師傅淨利下降四一．九％，幾乎是斷崖式的墜落。二十二家龍頭企業中，已經有六家宣佈退出市場。

作為一種最便捷的食品，速食麵由台裔日本人吳百福發明於一九五八年，當時正值日本戰後重建的繁忙時代，速食麵大大提高了人們進食的速度，從而有更多的時間投入於生產勞動。它進入中國的時間是二十世紀八〇年代中期，與二十世紀五〇年代的日本幾乎處在非常類似的經濟重建期，所以很快就受到了市場的歡迎。

從數據上看，速食麵的巔峰時間出現在二〇一二年，那一年，全球速食麵銷售突破一千億包，其中中國大陸市場占了四百四十億包，相當於每人每年平均吃掉三十四包。也就是從這一年之後，速食麵的銷量直線下滑，幾年之後終於淪落為一個夕陽品類。

一袋速食麵裡，藏著中國消費和產業轉型的兩個大秘密。

第一個秘密是消費升級。

在過去的幾年裡，對食品飲料行業影響最大的，不是網際網路模式，而是人們對健康理念的升級。中產階級的崛起以及公共健康意識的覺醒，使得人們越來越關注添加劑、基因改造、純天然等概念，相對應的，以速食麵為代表的強加工型、含有大量添加物的食品或油炸類食品，一概被視為了「垃圾食品」。

這一趨勢是不可逆的，它直接導致了整個快速消費品市場的勢力版圖正在發生劇烈的變化。

今年一季度，康師傅除了速食麵業務持續下滑之外，其飲料產品線也出現滑坡，收入同比下跌五．四％，淨利更是大跌三六％，旗下的茶、果汁、水的銷量悉數下跌。另外一家大型企業娃哈哈，也已經連續三年業績下跌，特別是它的明星級產品「營養快線」的銷量幾乎腰斬。

甚至連可口可樂這樣的公司都感受到了巨大的壓力。七月底，可口可樂發佈了二〇一六年上半年財報，全球利潤成長五．七％，但營業收入卻下跌了四．五七％。中國市場成為拖累可口可樂營收成長的一大原因。

相映成對照的景象則是，帶有健康概念的品類及企業卻走在高速成長的道路上。去年，全國優酪乳類產品的銷售額猛增二〇．六％，功能型飲料成長六％。牛奶公司伊利在二〇一五年實現營業總收入六百零三億元，同比成長一〇．八八％，今年一季度淨利同步成長一九．二六％，並進入了全球乳業的八強。

第二個秘密是「農民工紅利」的消失。

作為獨特的「中國優勢」，數以億計的農民工群體一直以來是中國製造低成本的核心能力之一，而他們也正是速食麵最大的消費人群。

二〇一一年以來，農民工總量增速持續回落。從二〇一二年到二〇一五年，農民工總量增速分別比上年回落〇．五％、一．五％、〇．五％、〇．六％。二〇一六年農民工監測調查報告顯示，全國農民工總量為兩億八千一百七十一萬人，比上年增加四百二十四萬人，成長速度僅為一．五%。

如果把速食麵的銷量下滑曲線與農民工增速的回落曲線做一個對照，就可以看到一個驚人的事實：它們幾乎都是在二〇一二年前後達到歷史的峰值，然後呈現同步下滑的一致性態勢。

也許沒有什麼理論比「曹德旺算帳」和「速食麵經濟學」更為直觀。如果把中國的產業經濟轉型稱為「下半場改革」，那麼，消費升級、勞動力優勢再造和合理減稅，無疑是其中最為核心的幾個大主題。

自去年初，李克強總理提出「互聯網＋」之後，在相當長的時間裡，製造業者一直在爭論，到底是「＋互聯網」還是「互聯網＋」。在他們看來，這是一個主次和體用的關係，乃至關乎自尊。不過漸漸的，他們發現這是一個無解且很無趣的話題，關鍵還是在於新的模式到底能不能被創新出來。

出生於一九六四年的李連柱畢業於華南理工大學機械系，在學校教了七年的書。九〇年代初，他跟兩個夥伴下海，在佛山創辦了一家機械軟體設計公司。佛山是中國最大的建材和家具製造集散地，他們的生意漸漸地就聚焦在這一行業，為製造工廠提供「室內設計系統」服務。

到二〇〇六年，李連柱手癢了，決定從軟體服務直接跳進產銷領域，做訂製櫥櫃和衣櫃。

他的團隊收集了數千個房地產、數萬種房型的資料建立「房型庫」，隨後拓展到「產品庫」和「空間解決方案」。花了兩年多的時間，他創立的尚品宅配開發出了能滿足全屋家具需求的第一套「元產品」系統。

就這樣，李連柱以客製化的方式，重構了傳統家具業的全部流程。尚品宅配並沒有像其他工廠那樣，把成千上萬的家具生產出來並鋪進各地的家具市場，而是派出設計師小組，為每個家庭入戶測量，設計個人化的家具組合，在簽下訂單後，把圖紙傳回工廠進行生產。這是一個沒有鋪貨、沒有庫存，完全以銷定產的全新商業模式。

進入二〇一二年之後，隨著機器人、虛擬實境雲計算以及行動互聯雲設計技術的廣泛應用，尚品宅配的生產線柔性化程度大大提高，公司進入快速成長期。在同行陷入成本高漲和消費乏力困境的時候，尚品宅配一枝獨秀，連年取得六〇%的複合成長，成為家具業轉型升級的指標性公司。在它的示範效應之下，個性化的「全屋訂製」成為全行業的轉型方向。①

在青島，一家叫紅領的西裝製造企業也完成了類似的訂製化試驗。

西裝與家具業一樣，多年以來也是大規模標準化生產的典範模式，一件西裝的通路成本占了售價的四成以上。出生於一九七九年的張蘊藍從加拿大留學歸國後，進入父親的企業接

① 出自《尚品宅配憑什麼》，段傳敏、徐軍著。

班。從二〇一三年開始，服裝行業庫存滯銷、門市關閉、電商衝擊等消息不絕於耳，張蘊藍創辦一家「魔幻工廠」，用訂製化的思路再造西裝業。

紅領建立了一套完善的大數據資訊系統，整個訂製生產流程，包含二十多個子系統，全部以數據資料驅動營運。一件西裝，整個量身過程只需要五分鐘，採集十九個部位的資料，然後顧客對布料、花型、刺繡等幾十項設計細節進行選擇，細節敲定、訂單傳輸到資料平臺後，系統自動完成版型匹配，並傳輸到生產部門。顧客從量身到穿上一件訂製西裝，只需一週時間。「魔幻工廠」每天可以生產數千件不同款式的訂製西裝。依靠這套新的製造流程，過去兩年裡，紅領在零庫存的情況下實現一．五倍的業績成長。

「南有尚品，北有紅領」，這兩家中型企業在最傳統的家具和服裝業出了一條新路，成為今年「互聯網＋」潮流裡的新星。在這個意義上，世上本無夕陽的產業，而只有夕陽的企業和夕陽的人。

梁建章有兩個微博號，一個是「梁建章─關注人口問題」，粉絲數有八十多萬，另一個是「攜程梁建章」，粉絲數不到十萬。他覺得這樣挺好的。在過去的幾年裡，有兩個梁建章，一個是企業界的「攜程董事局主席」，另一個是學術界的「知名人口學者」。

從今年一月開始，中國廢止了嚴格執行長達三十年的計劃生育，轉而推行「全面二孩」政策，這其中有梁建章的一份推動之功。

他是一個上海人，從小被視為「天才少年」，十三歲在第一屆全國中學生電腦競賽上獲獎，十五歲進入復旦「少年班」，二十歲獲得喬治亞理工學院電腦碩士學位。一九九九年，三十歲那年，與沈南鵬、李琦和范敏創辦攜程旅行網，他出任首席執行官兼董事長，二〇〇三年十二月，攜程在納斯達克上市，成為百億市值的公司。二〇〇七年，梁建章「百戰歸來再讀書」，卸去全部職務，遠赴史丹佛大學讀經濟學博士。

也就在求學時期，他關注到了人口問題，「分析了許多國家的數據後，我發現，創新、創業與人口結構有很大關係」。①二十世紀九〇年代，中國每年還有大約兩千萬新生人口，到二十一世紀，這個數字已經降到了一千五百萬，「如此劇烈的人口結構的變化，是世界歷史上絕無僅有的」。②

開始於一九八〇年的計劃生育，一度被視為「基本國策」。根據計算，如果多生一億人口，就必須多生產八百億斤糧食，這對於陷入短缺經濟困境的中國而言，確乎是巨大的包袱。因此，計劃生育的執行十分嚴格，號稱「天下第一難」。

然而，三十多年之後，情況發生了微妙而轉折性的變化。到二〇一〇年，中國的生育率下降到了一．五以下，在梁建章的家鄉上海，生育率已經降到了世界最低的〇．七，這意味

①出自財新網，〈中國「人口禁區」的叩門者——專訪梁建章〉，二〇一四年九月九日。
②出自《中國人太多了嗎?》，梁建章、李建新著。

著這代人比上一代人起碼要少三〇%，中國人口將進入一個長期負成長的路線。根據教育部的統計，二〇〇九年全國的小學數量，比上年減少了整整兩萬所。

博士畢業之後，梁建章繼續留校從事研究工作，師從一九九二年諾貝爾經濟學獎得主、人口問題權威蓋瑞．貝克（Gary Becker）。透過大量的理論和數據模型研究，他取得了幾個令人吃驚的結論：中國人口將在二〇一七年前後停止增加；如果現行政策不變，到二十一世紀末，中國人口將減少三分之二，剩下四．六億；再過一百年到二二〇〇年，只剩下六千八百萬人；取消計劃生育後不可能發生生育率的大幅度反彈，恰恰相反，鼓勵生育會是一個絕不輕鬆的工作。①

梁建章變得非常焦慮，他自費拍攝了一部介紹中國人口問題的紀錄片，也開通了博客和微博，呼籲更多人關注人口政策。然而在很長的時間裡，反對計劃生育——特別是在媒體上公開討論——是一個比較敏感的行為，國內響應者寥寥無幾。

二〇一二年四月，梁建章和北大社會學系李建新教授共同出版《中國人太多了嗎？》，這是中國大陸第一本直接批評計劃生育政策的圖書。他把這本書想方設法送給那些可能影響政策的官員、學者和媒體人，還與茅于軾等四位知名學者聯名發起了一份題為「停止計劃生育政策的緊急呼籲」的建議函，向全國人大提交了「儘快啟動《人口與計劃生育法》全面修改的公民建議書」。

二〇一三年二月，攜程發生嚴重的經營危機，梁建章臨危歸國、重掌帥印，然而他依舊沒有放棄對「基本國策」的質疑。二〇一四年八月二十八日，在他的推動下，史丹佛大學經濟政策研究院和人文經濟學會舉辦「二〇一四人口與城市化發展論壇」，其中，中國的人口問題是討論焦點。

在梁建章等人的努力下，對人口政策的討論終於不再是一個禁區。二〇一五年十月，黨的十八屆五中全會上正式宣佈，推行「全面二孩」政策。如果說，三十多年前的中國害怕新生人口把國家吃窮，今天這筆帳則換了一種演算法。政策放寬後，未來每年平均新增的兒童規模預計在兩百五十萬左右，這將直接產生七百五十億元的育兒費用，再加上對房屋、教育和基礎建設等投資的拉動，每年總計可能增加三千億元的消費力，這相當於中國GDP額外成長〇．五%左右的水準。

在放開計劃生育的同時，戶籍制度的改革也在快速地推進。

二〇一六年九月十九日，北京市頒布《進一步推進戶籍制度改革的實施意見》，取消農業戶口和非農業戶口性質區分，統一登記為居民戶口，並建立與統一城鄉戶口登記制度相適應的教育、衛生、就業、社保、住房、土地及人口統計制度。至此，全國三十一個省分均已頒布各自的戶改方案，且全部取消農業戶口，在中國存在了半個多世紀的「城裡人」和「鄉

①出自梁建章博客，〈停止計劃生育政策的緊急呼籲〉。

下人」二元戶籍制度退出歷史舞臺。

在今年年底，那幢在二〇一二年的大暴雨後打樁開建的「中國尊」終於主體封頂了，它的建築總高五百二十八公尺，即將成為北京城的第一高樓。也就在這段時間，關於中國尊的高度突然發生了討論，原因是有人算了一下，它居然比紐約的新世貿中心矮了十三公尺。

紐約是摩天大樓的指標性城市。一九三一年建造的帝國大廈，以三百八十一公尺的高度，在很長時間裡是世界最高樓。一九七六年，四百一十一公尺的世貿中心取而代之，二十五年後，它作為西方文明的標誌遭到宗教極端分子的攻擊。

到二〇一五年，新世貿中心建成，原本設計的主樓高度為四百一十七公尺，為了超過芝加哥的兩棟大樓，繼續保持美國第一高樓的紀錄，營造者硬生生地在樓頂豎了一根四百零八英尺（約一百二十四公尺）高的桅杆，把大樓高度拉抬到五百四十一公尺。這種做法遭到芝加哥人抗議，但最後還是獲得美國高層建築與城市住宅委員會的認定。

「紐約人會『作弊』，我們北京人為什麼那麼傻？難道我們不能眾籌一根十五公尺的桅杆嗎？」很多北京人在這麼半開玩笑地議論著。

北京人暗暗與紐約人鬥氣，已經不是一天兩天的事情了。

七月初，有一家仲介機構算了一筆帳。經歷最近幾年的地價和房價暴漲之後，中國前二十大城市的房屋總值之和，居然已經超過了美國國土面積上所有房屋的總值，其中北京的房屋總值是紐約的五倍，西城區金融街的辦公大樓租金也早已超過了著名的曼哈頓。

另外兩個趕超的資料，是世界五百強的總部數和超級富豪人數。

在《財星》公佈的二〇一六年度世界五百強企業榜單上，中國上榜企業共計一百一十家，再次刷新紀錄；總部位於北京的企業有五十八家，遠遠超過了紐約的二十五家。

趕來湊熱鬧的還有胡潤。根據百富榜的最新調查資料顯示，目前居住在北京、身價在十億美元之上的超級富豪人數大概有九十四位，而紐約只有八十六位。「我想這兩個數字會越拉越大。」已經在中國居住了二十年的胡潤對記者說。相比北京，他更喜歡上海，但他每年的百富榜都會在北京發佈。

摩天大樓和財富，也許能證明一些什麼，但一定不能證明全部。

新華社記者王軍寫過一本《城記》，詳盡地記錄了老北京城「死亡」的過程。在二十世紀五〇年代末期，大量的明清城牆被拆毀，梁思成咬牙切齒地詛咒說：「今天，你們拆了舊的，明天你們會後悔，會再去建假的。」

今天的北京城裡，不但有假的永定門城樓、假的西單牌樓、假的前門大街和五牌樓，同時更有奇裝異服般的大型建築，它們與鑼鼓巷胡同等一起，不可逆轉地混搭成新北京的全部特徵。

就如同當今的中國社會和中國經濟一樣，北京充滿了一言難盡的泡沫化氣質，它絢麗、快速變化而顯得不太真實。在經濟學的意義上，北京無疑正處在進步狀態，哪怕是與公認的

「世界都市之王」紐約相比。而這種進步到底意味著什麼，卻會引起很大的爭議，甚至是焦慮。

對於北京的計程車司機來說，這種進步好像與他們並沒有太大的關係。

在一九八六年前後，北京是一座被「麵的」統治的城市。①混亂的交通，無序的胡同，在二環邊上偶爾還能看到驢車在奮蹄。一位計程車司機的月收入約為三千元，是一個相當體面和讓人驕傲的職業。在當時，西城區的房價大概在每平方公尺三千五百元左右。

三十年後的今天，北京計程車司機的平均月收入為五千元，而西城區的房價沒有低於每平方公尺五萬元的。

在二〇一三年，北京市發佈限購令，宣佈本市戶籍成年單身人士限購一套住房，對已擁有一套及以上住房的，暫停向其出售住房。在後來的幾年裡，很多北京人用假離婚的方式「繞開」這條政策，這也許是人類婚姻史上最奇葩的一幕，特別是在二〇一五年以後，隨著房價的新一輪暴漲，各區民政局的門口更是人滿為患。

在二〇一六年，北京市的離婚人數達到九萬七千六百二十六對，比二〇一四年上漲七三%，同時，重婚數比二〇一四年上漲一三二%。一位房地產仲介算了一筆帳，同樣是三百萬元貸款三十年等額本息還清的情況下，首套住房比二套住房少出八十萬元。而二〇一六年度北京職工年均工資為八萬五千零三十八元，也就是說，一次「假離婚」，單是利息的差距就相當於一個平均工資水準的職工「不吃不喝幹十年」。

「如果你愛他，請送他去紐約，因為那裡是天堂；如果你恨他，請送他去紐約，因為那裡是地獄……」很多北京人記得這句臺詞。

一九九四年，一部名為《北京人在紐約》的電視連續劇熱播全中國，大提琴家王起明和妻子郭燕逃離北京，寧可從貧民窟的地下室重新開始他們的人生。在那裡，他們學習端盤子、開工廠、爾虞我詐和咀嚼金錢的甘苦，在故事的最後，扮演王起明的姜文用他的大舌頭狠命吼道：

「你說清楚誰是失敗者。我不是失敗者，我是厭倦，我討厭，我討厭他媽的紐約，我討厭他媽的美國，我討厭這兒的一切。」

其實，當王起明討厭這一切的時候，他已經成為紐約的一部分。就如同在今天的北京，三環之內的居民，絕大多數是近二十年間衝進來的新北京人。他們討厭北京的空氣，討厭北京的交通，討厭北京的勢利，討厭這兒的一切，但是，他們就是北京的一部分。

在這一點上，北京與紐約非常相似。它們所有的榮耀都與摩天大樓和金錢有關，而它們的憂傷，或許也就是權勢和財富本身。

---

①繁中版編注：「麵的」指廂型計程車。中國把廂型車稱為「麵包車」，再結合從香港傳入的計程車粵語「的士」，兩者結合便成「麵的」。

風雲人物●莆田醫生

一開年，陳德良就有點煩。最近總有記者堵在廟門口要採訪他，而他一概回答的是七個字：「我不評論，不過問。」他有點後悔自己在前年輕易應允當了一個什麼「終身榮譽會長」。

老陳是一個沉默寡言的人，在很長時間裡，他是莆田秀嶼區陳靖姑祖廟的管委會主任，這是一份與信仰有關的工作，必須由當地的長老級人物擔任。每天，他開著一輛深紅色的電動高爾夫球車去廟裡辦事，顯得非常的特別。陳德良生於一九五〇年，早年是一個鄉村醫生，他四處拜師學藝，據說得到了一個治療皮膚病的秘方。他靠這個治好了不少人，也收下了八個同村徒弟，其中包括他的侄子詹國團、鄰居陳金秀和林志忠，還有一個叫黃德峰的「徒孫」，這些人走出莆田，用二十多年時間「統治」了中國的民營醫院。

截至二〇一三年底，國內共有一萬零七百家民營醫院，這其中的八〇%來自「莆田幫」，①而莆田人中的絕大多數，又來自陳德良的老家秀嶼區東莊鎮。二〇一四年六月，莆田幫籌建成立莆田（中國）健康產業總會，由陳德良出任終身榮譽會長。這家總會宣稱有八千六百個會員單位，涉及三千四百億元投資規模，每年創造兩千六百億元營收，從業人員近兩百萬，已獲銀行集體授信一千六百三十億元。

東莊鎮位於福建省莆田市西南部，地處湄洲灣北岸的禮泉半島，轄區面積三十五平方公里，總人口約八萬人，在歷史上是出了名的窮鄉。東莊的人均耕地面積只有〇．三五畝，根本不夠溫飽，在清朝這裡是「界外地」，因為實在太窮苦，連官方都懶得去徵稅。陳德良在這裡幾乎是「神」一般的存在，正是因為他的醫術及育徒，讓東莊人控制了一個介於灰色之間的領域。據莆田當地的《湄洲日報》報導，東莊鎮有兩萬一千外出人口，在全國一百多個大、中城市從事醫療行業。

莆田人被稱為「遊醫」，即身分可疑、行無定所的醫生。所謂的「遊」，有兩層含義。其一是治療效果無法認定。他們所醫治的疾病，以男科、婦科和皮膚病等為主，病人求醫時難以啟齒，所用藥物功效可有可無，而正規醫院又不屑收治，這便給莆田人極大的牟利空間。

其二是治所和身分的粗鄙可疑。在早年，莆田人普遍把自己包裝成「老軍醫」，將巴掌大小的治病小廣告貼遍了全中國的電線桿和廁所的四壁，被人蔑稱為「牛皮癬」。稍有積累後，他們從僻陋的民居中搬出，以科室承包的方式「靠行」正規醫院。

詹國團是陳德良的侄子和八大弟子之首，也是出名最早的莆田遊醫。二十世紀九〇年代中期，他在北京黃寺的一個軍隊幹部休養所大院內，租了兩層樓作為辦公室，開展他的醫療生意。據媒體報導，「幹休所所長看到他開著賓士、寶馬，像賺大錢的派頭，又有正經的工

①出自第一財經，〈「莆田幫」：壟斷中國八〇%民營醫院〉，二〇一四年二月二十一日。

商註冊執照，也就沒多問」。①一九九八年，衛生部糾風辦第一次整治非法行醫，在嚴查通報中稱「莆田市農民遊醫詹國團、陳金秀以金錢開道」，對患者實行矇騙，並將其定調為「詐騙集團」。詹國團避居新加坡，五年後歸國重操舊業，他以新加坡籍身分註冊成立中嶼集團，暗中控股和經營了十多家醫院，其中規模最大的一家，據稱是獲得了衛生部批准的三甲級國際醫院。

在二十一世紀的前十年，詹國團們告別了「牛皮癬」時代，他們投入資金，籌建獨立品牌的男科、婦科及美容醫院，甚至不惜重金引入國際最先進的醫療儀器，同時近乎瘋狂地在廣告投入上狂轟濫炸，成為全國各大都市報紙和公車站、車體的最大金主。在網際網路上，他們是百度競價排名最重要的合作夥伴，每年要交給這家搜索公司上百億元的廣告費用，以致當人們在百度搜索欄中輸入男科、婦科疾病時，刷出來的第一頁，幾乎清一色是莆田系醫院。

到二〇一〇年前後，莆田行醫者形成了詹、黃、林、陳四大家族，他們以十分強悍的執行能力，建構了中國醫療行業最具吸金力的神秘組織，同時也因誇大宣傳、過度醫療及亂收費等問題，一直廣受詬病。

與莆田醫生頗有接觸的馮侖曾評論說：「這四大家族像一串葡萄一樣——大哥帶兄弟、兄弟帶子侄、子侄帶旁系親屬——形成了一種利益紐帶。他們的經營模式和傳統連接得過於緊密，因此無論莆田人在哪裡工作，他們的文化、習俗、觀念都不會改變，也就無法衍生出一套適合現代公司的治理體系。一旦遇到問題，他們都會回到村裡解決。」

二〇一五年初，百度宣佈將提高莆田系醫院的廣告費用，從過去的最低五百萬元提升至最低一千萬元，還要求以後每年同比提升四〇%。[2]這一政策當然遭到了莆田人的集體抵制，莆田總會宣佈所有會員單位暫停與百度的合作。這一抵制行動導致百度股價大跌，同時也將該行業的醜陋徹底地暴露在民眾面前。

來自摩根大通的分析報告估計，醫療相關廣告主在百度二〇一四年的四百九十億元總營收中，約占一五%到二五%，其中主要由莆田系貢獻。據莆田醫院的人介紹，一般百度競價關鍵字或長尾關鍵字的點擊費用在三百元左右，比如「某某整形美容醫院」，但有些產品的點擊費非常貴，「從客戶點擊到進店，有些產品的點擊費高達兩千元，還有高達四、五千元的」。[3]

這樣平均算下來，意味著每位顧客人均消費至少兩千元才能將廣告成本打平。莆田人對記者抱怨說，市場上很大一部分的私營醫院六〇%到八〇%的利潤都花費在百度競價上，幾乎淪為百度的打工仔。為了把錢賺回來，他們採取提高藥價、檢查費用、治療費用等方式，

---

①出自《中國經營報》，〈莆田幫：從街頭游醫到資本大亨〉，二〇〇九年九月二十一日。

②出自財新網專題，〈莆田大戰百度一周年〉。

③出自財新網，〈百度與莆田再陷「虛假廣告」爭議，兩者為何難解難分？〉，二〇一六年五月一日。

將成本轉嫁給消費者。

由此，一條充滿惡意的產業鏈便赫然生成了。

莆田系對百度的抗爭只持續不到一個月，隨後雙方達成「和解」，莆田人向百度「妥協」，百度方面也在個別地方增加了折讓回饋，同時「雙方都希望低調處理」。

對網路醫療搜索廣告的整頓，發生在接下來的二〇一六年。

二〇一六年四月十二日，二十一歲的大學生魏則西因滑膜肉瘤病逝。他得病後在百度上搜索出武警北京第二醫院的生物免疫療法，隨後在這家醫院治療花費近二十萬元，此後才瞭解到，該技術在美國已被淘汰。後經查實，魏則西看病的診療中心為莆田人承包。

魏則西事件引起全民的憤怒。國家有關部門成立聯合調查組入駐百度，在調查期間，百度對全部醫療類機構的資格進行了重新審核，下架了兩千五百一十八家醫療機構的一億兩千六百萬條廣告資訊。

在相當長的時間裡，莆田系賺得盆滿缽滿，但是他們在外界乃至新聞界，都是一個非常低調的存在。如果不是發生了抵制百度漲價和魏則西事件，他們也許願意像過往十多年那樣，永遠潛伏在公共視野的水面之下。

2017 新中產時代到來

「你有 freestyle 嗎？」①

——《中國有嘻哈》

孟寶勒（Paul Mozur）是《紐約時報》報導亞洲科技新聞的記者，今年年初從香港搬到上海居住。在最初的幾個星期裡，他發現，自己「在這個擁有兩千四百多萬人口的大都市裡，是被撕裂在體系之外的」。原因很簡單，由於銀行的問題，他的私人帳戶不能立即與微信或支付寶綁定，而絕大多數的上海店鋪更願意接受手機支付。每一次當他遞出紅色百元鈔票的時候，對方的眼光好像在看一個來自上世紀的人，孟寶勒在上海突然有了一種落伍感。

似乎是為了印證孟寶勒的觀察，今年三月，杭州的地方報紙刊登了一條新聞。一對「九〇後」兄弟從雲南坐飛機到杭州，策劃實施搶劫。二十七日凌晨，兩人持刀連搶三家不打烊

① freestyle意為即興說唱。

便利商店，只搶到兩千多元，連來回路費都不夠。在被現場逮捕後，兩人非常沮喪地說：「你們杭州人怎麼回事，出門都不帶現金！」

在七月發表的一篇報導中，孟寶勒寫道：「在中國城市，現金正變得過時。如今，手機支付已成為人們日常生活中不可缺少的部分，在中國的每一個商家和品牌都接入了這個生態系統。那些希望賣東西給中國消費者的外國公司，如今必須與阿里巴巴和騰訊打交道，否則有可能無法收款。」①他還引用了艾瑞調查的資料，在剛剛過去的二〇一六年，中國的行動支付達到五兆五千億美元，約為美國的五十倍，這大概是網際網路或零售經濟領域，中美之間差距最大的一對數據。

行動支付的普及速度，甚至已經引起了系統性的危機感。在今年的八月一日，支付寶宣佈啟動全球首個「無現金城市週」活動，預計將有超過一千萬線下商家參與，阿里巴巴計劃在五年內推動中國進入無現金社會，同時覆蓋一百個國家。數日後，央行約談該公司，以「干擾人民幣流通」為理由，要求去掉「無現金」字眼，並公開告知參與商戶不得拒收人民幣現金、尊重消費者支付手段的選擇權。

在今年，「新零售」成為財經界最炙手可熱的名詞。去年十月，馬雲在杭州的一次活動中第一次提出了這個概念，很快引起不小的爭議。有人認為，零售行業每天都在變化，只有零售，沒有新零售。還有人認為，這是網際網路流量窮盡的結果，馬雲要到線下來搶流量了，

「誰都有資格談新零售，除了馬雲」。

更確切地說，新零售是一次「體驗革命」和「品類革命」。它基於兩個前提。其一，新技術的持續出現，為線上與線下的交互融合創造了新的可能性，工具創新成為空間再造和消費者關係重建的重要手段，它讓沉悶的零售業突然變得性感起來。其二，年輕的中產消費者不再滿足於網上的廉價商品，他們開始願意為高性價比、具有個性的商品買單，同時更願意回到真實的場景中，即買即得。由獨特內容構成的場景成為新流量入口，成為在行動網際網路時代人們與世界的連接方式，進而成為新的商業生態。商業觀察家吳聲提出「場景革命」的新概念，「打動人心的場景成為商業的勝負手。人們喜歡的往往不是商品本身而是產品所處的場景，以及場景中人們浸潤的情感體驗」。②

在去年的十二月，亞馬遜開出了全球第一家無人值守的線下全自動智慧便利店 Amazon Go，它採用了電腦視覺、感測器和深度學習等技術，顧客在店中的每一次行為都被追蹤記錄，離開時也無須去收銀台排隊結帳。事實上，在中國地區的新零售創新，遠遠多於亞馬遜所在的美國。

---

① 出自《紐約時報》，〈在中國城市，現金正迅速變得過時〉（In Urban China, Cash Is Rapidly Becoming Obsolete），二〇一七年七月十七日。

② 出自《場景革命》，吳聲著。

今年七月，阿里巴巴開出了無人超市「淘咖啡」，消費者第一次進店時，打開「手機淘寶」，掃一掃店門口的二維碼，獲得一張電子入場券，進入店內就可以購物，其技術和體驗與Amazon Go相似。九月，阿里巴巴再在它參與投資的肯德基速食店試驗了刷臉技術，消費者在自助點餐機上選好餐，進入「刷臉支付」的頁面，然後進行人臉識別，再輸入與支付寶帳號綁定的手機號，確認後即可支付，整個過程不到十秒。此外，阿里還內部孵化了一家叫盒馬鮮生的生鮮超市，全店只接受支付寶，其最大的特點之一就是快速配送——門市附近三公里範圍內，三十分鐘送貨上門。

網易的嚴選是近年來突然火爆起來的新電商平臺，丁磊探索出了一條與淘寶不同的選貨模式，他找到廣東和浙江的外銷企業，鼓動他們把同款商品以更低的直銷價格放到嚴選來銷售。在嚴選的合作名單中，不乏Coach、無印良品、雙人牌、Levi's等各類知名中高端品牌的中國製造商。到今年年底，嚴選賣貨突破七十億元，超過無印良品在中國的銷售額。與此同時，嚴選迅速地開出了自己的線下體驗店和精品酒店。

這些新零售業態的試驗，都處在試水溫階段，甚至在互動、成本及用戶體驗上有很多亟待改進之處。可是，它們所呈現出來的新業態和咄咄逼人的進取姿態，卻讓人看到了一個陌生的未來。

當網路人在技術上尋求突破點之際，另外一個新變化是書店的復興和新匠人產品的湧現。

在近年，日本蔦屋書店和臺灣誠品書店成為新的效仿偶像，它們以書為介質，把咖啡、匠人商品、日用雜貨乃至家電跨界混搭在一起，形成了一個與生活方式有關的新空間。言幾又、鐘書閣等新的書店品類，流行於大、中城市。

在十多年前，「匠人」是一個略帶貶義的古舊稱謂，而今天它成了個人化、本土創新的代名詞。美國、日本等國家的現代化歷程表明，當一個國家進入中產社會之後，主流消費者的本土意識必然覺醒，伴隨著審美能力的提高及分化，他們更鍾情於具有本國文化屬性的商品提供者和設計師，由此將能大大推動商業文明的再次蛻變。在今年，北京和上海的姑娘不再關心紐約或倫敦姑娘穿什麼樣的裙子，一水大眾化的奢侈品也不再是唯一的流行趨勢，她們開始追逐中國自己的時尚設計師，「中國風」和「匠人產品」成了新的潮流。所謂的「新匠人」，不完全是藝術家，而更是「有藝術才技的創業者」。

曾德鈞是一個年過半百的「五〇後」，他從小對收音機就非常癡迷，一九九二年，曾德鈞設計出中國第一台 Hi-Fi 放大器和電子管多媒體音響。儘管技術很好，可是收音機實在是一個徹底沒落的行業，很多年裡，曾德鈞就像是一具沾滿灰塵的老古董，蜷居在深圳的一個小圈子裡，被歲月撕啃得沒有一點脾氣。三年前，隨著中產消費的崛起以及網際網路音訊的爆發，上帝突然把一縷陽光打到了老曾的身上。在一幫「八〇後」小夥伴的攛掇下，曾德鈞推出了帶有藍牙功能的貓王音響，他學會了路演和群眾募資，嘗試做線上直播，他的公司融到了京東和騰訊產業基金的天使投資。

一九八九年出生的崔懷宇是一位漆藝師。漆藝是一種古老的工藝，中國是世界上最早使用漆的國家，兵馬俑便是最著名的漆器。在崔懷宇看來，傳統漆器雖精良，但顏色深褐沉悶，遠離現代人的審美和使用場景。他多方嘗試，透過對工藝步驟的調整和材料的比對，調製出明快亮眼的馬卡龍色，據此做出了新茶具、新果盤、新咖啡墊。崔懷宇的這個試驗遭到了老師的指責，在老師看來，改變漆的顏色是對漆的一種不尊重，師徒因此分道揚鑣。

林依輪是一個已經過氣的歌手，從小愛吃的他推出了「飯爺」辣醬。在這個行業，已經有了傳奇的老乾媽，林依輪的辣醬售價是它的四倍，不過卻因熱烈的網際網路傳播和口味獨特而受到年輕人的歡迎，在一次線上促銷中，兩個小時賣出了三萬瓶。

他們不是人們以前所非常熟悉的大企業家，也不是站立在風口之巔的網路人，而是一些守在寧靜的角落裡、打磨一個個平凡物件的匠人。沒有光打在他們身上，他們自己就在發光。傳統在被繼承的同時，更在被顛覆和超越，在當代，技術創新讓這一切成為可能。新的材料、冶煉技藝和設計理念已經成熟，甚至藍牙、晶片和人工智慧也被植入到最傳統的產品裡。而行動網路的工具普及，讓審美相近的人更容易互相找到。

新審美、新技藝、新的連接方式——曾德鈞、崔懷宇和林依輪們，代表著中國新匠人產品的方向，他們與阿里巴巴、網易等大型網際網路公司的試驗，一同構成了零售產業的變革路徑。在某種意義上，中國的新零售實驗，代表了世界新零售的未來。

如果說，新零售是真實的，那麼仍然有一些瘋狂的泡沫讓人啼笑皆非，它們的此起彼伏意味著這依然是一個被財富焦慮困擾的國家。

李笑來是一個口才很好的東北人，與羅永浩曾同為新東方的英語輔導老師。據說李笑來是中國的「比特幣首富」，還在知識付費平臺「得到」上賣過「通往財富自由之路」的課程。在今年，他決定發行自己的「貨幣」。

自二〇〇八年中本聰發明比特幣之後，這一「電子現金系統」就獨立地形成了一個「挖礦」、炒賣的閉環市場，其中很大一部分的炒家和交易額來自中國，二〇一三年曾高達九成。比特幣的底層技術是區塊鏈，又稱分散式記帳（Distributed Ledger Technology，DLT），有人預言，區塊鏈技術是繼電力、蒸汽機和網際網路之後的又一個技術浪潮。在過去的幾年裡，基於這一技術，市場上又冒出來很多「貨幣」，如以太坊（Ethereum）、瑞波幣（Ripple Credit）和萊特幣（Litecoin）等，有六百種之多。在今年上半年，比特幣的價格突然暴漲，從四月到七月間居然漲了三倍。

正是在這股狂潮之下，有人開始在中國發行自己的「貨幣」。他們類比股票市場的ＩＰＯ，提出了ＩＣＯ（Initial Coin Offering，首次代幣發行）的概念，雲幣網、聚幣網、比特兒等交易所應運而生。二〇一七年以前，中國境內ＩＣＯ專案只有五宗，但二〇一七年光是上半年就出現了六十五宗，募資金額超過二十六億元。於是，在「一個月翻幾番」的暴富誘惑下，區塊鏈、ＩＣＯ這些原本只在科技圈耳語的新名詞，幾乎在一夜之間飛入尋常百姓家。

六月底，李笑來發佈了一個名叫ＥＯＳ的區塊鏈專案，開盤價為五．八七元，兩天後漲到三十元，五天內完成一億八千五百萬美元的融資；到七月初，這個專案在二級市場的市值衝到了不可思議的五十億美元，有人戲稱這是「價值五十億美元的空氣」。

七月十日，春風得意的李笑來宣佈再啟動一個ＩＣＯ專案——Press.One幣的融資。這一次，他索性連專案白皮書也懶得寫了，僅在官網放了幾百個字的介紹。他給出的理由是：「不提供那個，即使提供了也沒多少人看得懂，甚至沒幾個人看那東西。」①他將要群眾募資的金額為兩億美元。

很顯然，李笑來僅僅是這場瘋狂遊戲中的一個明星演員，在今年的前三個季度，數以百計的類似專案在網際網路上打通了一條又一條通往財富自由之路。

三月，一個名為「量子鏈」的專案開始群眾募資，初始價格不到三元，一個多月後被炒到接近六十元；一個叫「小蟻幣」的項目在四月二十一日的價格是一．二一元，到六月十九日竟漲到了七十二元；五月，一個號稱要「與世界各地的黃金存儲機構達成合作，對每一克黃金進行實名確權」的「黃金鏈」專案開始ＩＣＯ，在工作日下午的半小時內被搶完。

七月，投資界的「老頑童」薛蠻子突然也衝進了區塊鏈市場，他在短短八天時間裡像掃貨一樣地投資了十二個區塊鏈項目。他與李笑來搭肩狂笑的照片，傳遍了朋友圈。有意思的是，兩人還聯手投了一個「很有前途」的項目，它的核心創業團隊的名字均以英文呈現，其中有「北美物理學博士」、「人類第一顆ＢＴＣ／ＬＢＣ雙控晶片公司創始人」、「國內收入最高的遊戲公司技術長兼創始人」等，他們發行的貨幣叫「馬勒戈幣」。

這個國家所有投機者的成功，都因為的確存在著一塊無比肥沃的盲眾土壤。在ICO這個近似股票交易的虛擬市場，既沒有規則制定者，也沒有監管部門，更沒有懲罰制度，「貨幣」發行人幾乎不用承擔任何後果，但交易平臺卻要直接面對上百萬的不理智散戶。

九月四日，中國人民銀行等七部委聯合發佈《關於防範代幣發行融資風險的公告》，措辭空前嚴厲，把ICO定位於「本質上是一種未經批准非法公開融資的行為」。公告要求即日起停止各類ICO融資活動，對已經融資完畢的專案也應當做出清退。這次監管出手之快、力度之大，令李笑來們措手不及，區塊鏈泡沫瞬間破滅。

這個世界上的很多戲劇，你看懂了開頭，卻每每猜不中結尾，不過無論如何，所有的戲劇都有落幕的時刻。二〇一五年企業界最耀眼的明星賈躍亭終於走到了職業生涯的「謝幕時間」，他的發表會再也開不下去了。

七月四日，賈躍亭飛抵三藩市國際機場，有網民戲稱他終於闖過了人生最大的難關——中國海關。就在前一天，媒體曝光賈躍亭夫婦及樂視系公司的十二億三千七百萬資產被司法凍結。

①出自《新京報》，〈失控ICO：項目造假，投資者賭新手接盤〉，二〇一七年八月二十八日。

沒有證據顯示賈躍亭從一開始就想做一齣龐氏騙局。他是全公司最勤勉的人，他幾乎每天都在樂視大廈不同樓層的辦公室裡開會；他的眼袋越來越明顯，應該是操勞過度的原因。為了樂視生態線上的各項業務，他不惜重金挖來重量級人才，有中國銀行的副行長、上海通用汽車總經理，以及眾多的大牌媒體人。

可是，百般的勤奮都無法掩蓋戰略的空虛，樂視的局實在太大了，而且沒有一隻能夠源源不斷產生現金的乳牛。在樂視股價高漲的時候，賈躍亭和他的姊姊先後套現一百一十七億元，他承諾所有資金全部借給上市公司用於經營，時間為五年，並且免息。在一次採訪中，他嘆著氣對記者說：「我是世界上最窮的執行長，沒有之一，一家八口在北京的住房不足兩百平方公尺。」①

賈躍亭把最大的賭注押在汽車上。在去年的北京汽車展上，樂視的 LeSEE 電動概念跑車粉墨亮相，賈躍亭用賈伯斯式的口吻對路透社記者說：「我們用全新的方式來定義汽車。我們希望超越特斯拉，引領產業跳入到新時代。」②他宣佈 LeSEE 將在美國內華達州的法拉第工廠生產，還與奧斯頓馬丁達成了合作。

危機端倪的出現，是在去年的十一月六日。賈躍亭突然發佈了一封致全體員工的信，承認公司的資金供應鏈出現了問題，他正在全力解決，並表示本人自願永遠只領取公司一元年薪，同時發誓仍然會「把海洋煮沸」。幾天後，他在長江商學院總裁班的五十多位同學伸出了援手，他們籌資六億美元支持賈同學的夢想。

不過看上去，賈躍亭需要更多的「血液」，新的援助者在今年的一月及時出現，他是山西老鄉孫宏斌。一月十三日，融創中國宣佈以一百五十億四千一百萬元入股樂視，成為其第二大股東。記者會上，三年前在綠城事件中吃過苦頭的孫宏斌依然表現得十分的江湖氣。他說：「雙方合作時，我們基本上沒有談價，老賈說就這麼定個價就完了，老賈一定就完了，就特別簡單。」

接卜來發生的情節不但很江湖，而且很「糊糊」。樂視的窟窿顯然比想像中的還要大，種種跡象顯示，賈躍亭似乎一直在努力「做大」自己的營收和利潤。根據樂視網的年報，二〇一五年底公司的應收帳款為三十三億五千萬元，但是到了二〇一六年底，暴增為八十六億八千萬元，而這期間樂視的營收只增加了八十億元，多出來的應收款大部分來自樂視系企業。顯然這是壓貨的結果，是上市公司與關係企業之間的一次財務遊戲。更要命的是，樂視的實際銷售額也遭到質疑。據賈躍亭的自述，樂視超級電視在二〇一六年的銷售台數為六百萬台，可是根據奧維雲網的數據推算，它的年銷量應該少於一百萬台，而兩千萬支樂視手機的銷售數據同樣可疑。

---

①出自《二十一世紀經濟報導》，〈賈躍亭：我是世界上最窮CEO，沒有之一〉，二〇一六年十一月九日。

②出自鳳凰科技，〈賈躍亭的汽車夢：超越特斯拉最終走向免費〉，二〇一六年四月二十五日。

從今年一月開始，樂視大廈的門口就出現了債權人，一開始是幾個人，後來多達數十人。他們舉著「樂視欠債樂視還」的標語，在各個樓層四處追逐看上去像是管事的人；到了晚上，有人索性攤開鋪蓋，徹夜露宿。

那些被賈躍亭重金請來的大咖及明星媒體人都悄無聲息地撤了。上百名樂視員工因被欠薪到朝陽區勞動人事仲裁院討說法。幾乎每隔一段時間就會爆出新聞，又有銀行或證券機構凍結了樂視的抵押資產。在很長的一段時間，人們仍然願意相信賈躍亭的誠意。財經人士秦朔評論說：「賈躍亭的夢想聽起來比貝佐斯的還要大，他敢於挑戰一切的姿態是令人尊敬的，即使失敗，也會拓寬後來者的想像力。」可是，漸漸地，所有人都開始失去耐心。

在抵達洛杉磯的第二天，賈躍亭發了一條微博，宣稱「樂視至今日之巨大挑戰，我會承擔全部的責任，會對樂視的員工、使用者、客戶和投資者盡責到底」。就在當晚，樂視網公告稱，賈躍亭先生已辭去樂視網董事長一職，退出董事會，將不再在樂視網擔任任何職務。

《財經》雜誌派記者專赴樂視在內華達州的汽車工廠，結果發現，這是一片茫茫沙漠中的荒地，「目前整個廠區只有兩棟很小的白色建築和一個藍色的大型貨櫃，現場顯得冷清」。

有人在網上爆料，賈躍亭在加州的一個濱海小鎮擁有五套別墅，市值四千萬美元，他當即在微博上予以否認，「感謝又『被富貴』了，呵呵。變革百年汽車產業的夢想，只有懂得的人才懂」。可是接著就有人展示證據，這些房子的購買者雖然是一家公司，但是它的唯一控制人是賈躍亭。八月，又有媒體披露，他和姊姊套現的上百億資金只有少部分借給了樂視，而到他出國的時候，已全數提回。

九月二十七日，樂視更名新樂視，一字之別，完成了與賈躍亭的切割。十月三十一日，媒體爆料樂視網在上市的時候涉嫌財務造假，多名發審委委員已被警方採取強制性措施，一旦罪名成立，樂視將被勒令退市。

這是一個撲朔迷離的創業故事，介乎夢想和騙局之間。謬誤與真理一樣，都需要時間來證明。自樂視二〇一〇年上市以來，賈躍亭透過定增、發債、股權質押、風險投資等多種手法，累積籌資超七百二十五億元。他不斷召開記者會，宣稱自己有一個別人無法想像的夢想。最終，確實如他在那封致員工的信中所寫，成則征服海洋，敗則被巨浪捲走。

他唯一沒有言明的是，當巨浪滅頂之際，他本人身在何處。

在今年，首富王健林有點「流年不利」，私底下，他一直覺得自己很委屈。

他的名字第一次出現在胡潤富豪榜的前十人名單上是二〇〇九年，排名第九，資產兩百九十億元，到二〇一三年躍居首富，二〇一四年被馬雲超越，二〇一五年再次奪回，二〇一六年蟬聯，資產已達兩千一百五十億元，簡單算一下，八年間，資產增加了七．四倍。

萬達的模式是大商業地產，業界稱為城市綜合體，王健林雖然不是這個名詞的發明者，卻是最成功的實踐者。他常年坐著私人飛機奔赴各地，說服正在為城市擴張雄心勃勃的市長們以極其低廉的價格拿出一塊地，建造面積在四十萬到兩百萬平方公尺的萬達廣場。萬達出售一部分店鋪、辦公樓及配套的住宅，基本可收回成本，然後將自持物業抵押給銀行，繼續滾向下一個目標。萬達模式被視為中國式城市化運動的最佳範本。

二〇一三年，正值老首富李嘉誠拋售內地物業的時候，王首富也開始轉型。他的戰略有兩個：第一，從重資產企業轉型為輕資產企業；第二，從國內企業轉型為跨國企業。

輕資產的方向是電影院線。在數以百計的萬達廣場中，電影院是標準配備，王健林以此為支點堅決切入：他在國內收購了一批中小院線和票務網站；在國際市場上，他以二十六億美元收購美國第二大院線ＡＭＣ連鎖電影院，以九億兩千一百萬英鎊併購歐洲第一大院線歐典，以三十五億美元購入美國傳奇影業。二〇一五年一月，萬達院線在深交所上市。到二〇一六年底，萬達共擁有影院四百零一家、三千五百六十四塊銀幕，其中國內影院三百四十八家、三千一百二十七塊銀幕，總計約占全球一二%的票房市場份額。

跨國公司的戰略實施，除了收購歐美院線，王健林將更多的資金投入其他的文化領域和不動產。萬達以三億兩千萬英鎊收購了英國的一家遊艇俱樂部，以六億五千萬美元收購美國鐵人公司ＷＴＣ，還入股了馬德里競技足球隊。他宣佈以九億美元建芝加哥第三高樓，以十二億美元拿下洛杉磯的一塊土地，以二十億到三十億英鎊在倫敦建一個城市綜合體，與法國歐尚集團聯手以三十億歐元在巴黎建娛樂城。金額最大的項目在印度的哈里亞納邦，王健林宣佈將投資一百億美元建設一個「世界級的產業園區」。

萬達的高調國際化，在王健林看來是理所當然的事情。在牛津大學的一次演講中，他引用了那位任性的鄭州中學女教師的名言，「世界那麼大，我想去看看」。

二〇一五年十一月，在哈佛大學的另外一次演講時，他更直率地承認，我就是在「轉移資產」。

他說：「你問海外投資是不是轉移資產？確實是轉移資產，但關鍵要看是合法還是非法，這才有對錯。萬達的錢既不是偷的搶的，也不是自己印的，完全是我們自己辛辛苦苦賺出來的。我們自己辛苦賺的錢，愛往哪兒投就往哪兒投。企業的投資自由或者資本流動自由本身，就是國家法治水平的基本衡量標準。企業如果沒有投資自由權，這個社會也就無所謂自由和公平了。」

但是，他的這番話在另外一些人聽來，卻是「可圈可點」的。首先，中國國內的經濟建設仍然需要大量的資金，而民營企業家的投資熱情下降讓決策層頭痛不已，如果「王健林效應」發酵，那一定不是一件愉快的事情。其次，萬達涉嫌「內貸外投」，今年年初，有媒體統計萬達的海外投資額已達兩千兩百五十億元，與此同時，萬達在國內金融體系的貸款額也達到兩千億元的規模。這一景象很難說是正常的，從金融安全的角度看，王健林投出去的錢既是他的，也是銀行的。

萬達現象在國內並非孤例，據經濟合作與發展組織統計，中國的對外直接投資從二〇〇五年的一百三十七億美元，激增至二〇一五年的一千八百七十八億美元，成長了十二·九四倍。在剛剛過去的二〇一六年，中國企業的海外投資併購交易達到四百三十八筆，累計宣佈交易金額為兩千一百五十八億美元，較二〇一五年又大幅成長了一．四八倍。相對應，中國的外匯存底在過去的一年半裡縮水近一兆美元，伴隨海外併購而來的資本外流景象成為各方關注的焦點。

在這一波以民營資本為主力的對外投資潮中，也分實體資產和輕資產兩部分。以美的為代表的製造業，實施的併購物件為擁有核心技術和製造能力的歐美工廠；另外一部分資本集團，則聚焦於房地產和影院、俱樂部等文娛產業，它們的價值標的非常模糊，涉嫌資產轉移。

二〇一五年二月，安邦保險以十九億五千萬美元收購紐約曼哈頓的華爾道夫酒店，創下美國酒店交易最高金額，此外，安邦還以十六億美元買下了倫敦蒼鷺大廈和曼哈頓美林金融中心；二〇一五年三月，復星集團以九億七千萬歐元收購處於虧損的法國地中海俱樂部；二〇一六年四月，海航以四十億美元全資收購卡爾森酒店集團，在過去一年多裡，海航完成了三十五項、總額兩百七十億美元的收購案。

二〇一六年六月，蘇寧集團以兩億七千萬歐元購買義大利國際米蘭足球俱樂部約七〇%的股份。今年四月，一名叫李勇鴻的廣東商人以七億四千萬歐元全資收購ＡＣ米蘭足球俱樂部，在一場球賽的看臺上，有人扯出一條「驕傲」的橫幅——「We are so rich」（我們是多麼的有錢）。

中國人的「一擲千金」讓世界瞠目結舌。

六月中旬，銀監會緊急電話要求各銀行，對海航、安邦、萬達、復星和浙江羅森這五家公司的境內外融資支援情況及可能存在的風險進行徹查，重點關注所涉及併購貸款、「內保外貸」等跨境業務風險情況。海航、萬達和復星的股價應聲暴跌。

正是在這一背景之下，七月十九日，王健林舉辦記者會，宣佈將總值六百三十七億五千萬元的資產打包出售給孫宏斌的融創中國和李思廉的富力地產，其中包括十三個文旅項目和七十七家酒店。

富有戲劇性的是，這一消息在十天前已經披露，而購買人僅為融創一方。七月十九日的發表會上，記者們意外地發現，背板成了「萬達商業、融創中國、富力地產戰略合作簽約儀式」，而過了一個小時，主辦方匆忙更換背板，富力消失了。又過了一個多小時，再換板，富力又回來了。《中國企業家》在一篇報導中描寫了一個細節：「突然，貴賓室裡傳出比較大的聲響，據一位靠近的記者說，聽到了大聲爭吵和摔杯子的聲音。」

萬達此次的鉅額出售，創下民營企業史上的新紀錄。但它顯然非深思熟慮之舉，也與萬達既定的戰略目標不符，僅在兩個月前，王健林仍公開宣佈文化旅遊產業是未來的核心業務之一。他的匆忙出售，更像是為了應對銀行斷貸的「儲血應急」之舉。

監管當局對海外投資的新態度，對那些「走出去」的企業造成了巨大的影響。七月二十七日，王健林對媒體表態：「積極回應國家號召，我們決定把主要投資放在國內。」七月二十九日，郭廣昌在從法國返回的飛機上給復星的員工寫了一封信，他寫道：「我始終相信走出去是為了更好地回來，整合全球資源是為了讓我們更好地在中國發展。」

今年二月二十八日，小米發表松果晶片，成為全球繼蘋果、三星和華為之後，第四家擁有晶片能力的手機公司。細心的記者發現，雷軍沒有像以往那樣，穿著賈伯斯式的黑色圓領T恤，而是換上了一件嶄新的藍色襯衫。

在過去的兩年裡，小米陷入了始料未及的低潮，賈伯斯式的網際網路思維造就了雷軍，卻也讓他掉進了「偶像的陷阱」。因為對線上行銷和口碑傳播的極端迷信，小米在實體通路上幾乎毫無作為，這給予了OPPO、vivo和華為趕超的空間。

從二〇一三年中期開始，雷軍決意把小米模式向更廣的產品領域擴展，「從零開始，孵化生態鏈企業，每家公司只做一個產品，最終形成一支艦隊」。

這是一個極富想像力的構想。在企業組織上，這是典型的蜂窩型架構，以資本和流量為紐帶，各自為戰，失控發展。小米確實也打出了幾款頗有指標意義的產品，比如它的行動電源和AC路由器，都僅用短短一年多時間，就擊垮所有對手，做到了全球第一，小米手環的銷量比蘋果手環還多。

可是，小米的生態鏈戰略也許打贏了一場又一場的戰鬥，卻在戰役的意義上陷入了始料未及的空心化危機。

雷軍比賈躍亭更早提出「網際網路硬體生態閉環」的構想——準確地說，後者是前者的積極效仿者。一度，他把小米的下一個戰略目標設定為「智慧家居」，他設想在手機上做一個超級APP，開發通用智慧模組和專業雲服務系統，然後以小米手機為連接設備，把小米生態鏈產品全部打通，將電視機、空氣淨化器、家用智慧攝錄機、行動電源甚至燈泡都連成一體，從而「涵蓋人們的衣食住行」。二〇一五年一月，小米聯手金地，宣佈將打造「中國首個網際網路住宅」專案。

這一激進而危險的戰略差點要了雷軍的命。隨著智慧手機的技術迭代週期終結，廠家之間的競爭完全地聚焦於性價比和通路能力。OPPO和vivo在三、四線城市廣布據點，截走大量年輕消費者，而在高端手機市場上，小米則遭到蘋果和華為的狙擊，從而陷入進退兩難的窘境。也就是說，小米的「啟蒙紅利」吃光，陷入肉搏式的苦戰。二〇一六年，小米手機全年出貨量下跌三六％，市場份額從一五．九％下降到八．九％，在國產手機中也落到了第四位。

如果小米生態鏈是一支艦隊，那麼，旗艦的危機就是全艦隊的危機了。

比賈躍亭幸運的是，雷軍有清醒的自我糾錯能力，他迅速調整了戰略。二〇一六年底，小米宣佈將全力擴大實體通路的建設，在三年內開設一千家「小米之家」。雷軍甚至跑到河南農村的雞毛小店去「取經」。

原本為「智慧家居」而投資的小米生態鏈企業也改變了策略，不再刻意謀求產品之間的互聯互通，而是在銷售平臺上予以賦能和整合，除了原有的小米商城之外，又獨立開出米家有品，專注於新興的中產消費。

戰略簡單化之後的小米，花了一年多時間漸漸走出了低迷期，二〇一七年九月，小米手機創下月銷一千萬支的歷史最好紀錄。在記者會上，雷軍很僥倖地說：「世界上沒有任何一家手機公司銷量下滑後，能夠成功逆轉的，除了小米。」

雷軍的僥倖是有道理的，因為就在他說這句話的時候，昔日的偶像蘋果也已經暮氣沉沉。自二〇〇七年賈伯斯發表 iPhone 以來，蘋果是全世界最成功的企業。十年間，蘋果賣出了十一億七千萬支手機，創造營收七千七百五十億美元和兩千五百億美元的利潤，一躍而成為全球市值最高的公司，在二〇一五年，蘋果一家的利潤占了全部手機企業利潤的九一％。

可是，轉折便在這時出現。除了「最賺錢的公司」之外，蘋果在科技創新上乏善可陳，它似乎不再是那個讓人尖叫的品牌。在過去的一年多裡，蘋果在全球各市場的表現都不盡人意，iOS 的市場佔有率從二三・二％一路下滑至一三・二％。在中國市場，蘋果更是遭到了中國軍團的圍剿，二〇一六年第二季以來，業績持續下滑，二〇一七年第二季的營收相比去年四季度暴跌三四％，排名落在四家中國公司之後。九月，庫克發表 iPhone 8，銷量慘不忍睹，居然在淘寶上出現自降五百元的現貨手機。

在這部企業史上，一個又一個的企業起落故事告訴人們，成功是多麼不可靠的一件事，如歷史學家湯恩比（Arnold Toynbee）所發出的那個著名的設問：「對一次挑戰做出了成功應戰的創造性的少數人，需多長時間才能經過一種精神上的重生，使自己有資格應對下一次、再下一次的挑戰？」

在今年，徘徊多時的國有企業產權改革終於實現了頗有象徵意義的突破。一月，雲南白藥的產權試驗轟動全國，而到十月，央企中國聯通的股權增發方案獲得通過。

雲藥改革可謂一波三折。早在二〇〇九年八月，「福建首富」陳發樹以二十二億元從雲南紅塔菸草手中購得雲藥六千五百八十一萬股的股票。可是這筆交易在紅塔的上級公司中煙集團那裡被擱置了，理由是「為確保國有資產保值增值，防止國有資產流失」。二〇一二年，這筆股票的價值已上升到四十億元，陳發樹憤而向法院起訴紅塔，而後者表現得無能為力。

這一官司體現了國企產權改革的內在衝突性：如果是一筆爛資產，沒有人會接手，而如果是一筆好資產，則「必然」涉嫌國有資產流失。在二〇一三年底的中共十八屆三中全會上，中央首次提出「以管資本為主加強國有資產監管」，國有企業的混合所有制改革提上日程，可是「陳發樹悖論」卻始終讓人視之為畏途，因此在過去的幾年裡，混改一直雷聲大雨點小。《財經》雜誌在一篇題為〈對症國企改制〉的時評中寫道：「細查究竟，就會發現熱潮之下，其間有著明顯的改革錯位和頂層設計缺失，迫切需要當局者自省和補救。混合所有制構想遇冷，外界對國企治理結構充滿疑慮。」

二〇一四年，雲南省在全國率先推進國有股權開放性市場化重組試辦，一次性端出三十三家國有企業進行測試。二〇一六年十二月，雲藥混改方案獲得省政府批覆，陳發樹以兩百五十三億七千萬元取得白藥控股的五〇%股權。這是國企改革史上單筆交易額最大的控股式民營化方案。

與雲藥改制相比，中國聯通則在「國家隊」的改革層面上更進了一步。

在中國通信業有「兩王一常」之稱，在過去的十多年裡，王建宙、王曉初和常小兵三人輪番執掌中國移動、中國電信和中國聯通的帥印，可謂影響這一產業發展的「三巨頭」。到今年，王建宙退休，常小兵因貪腐入獄，只有王曉初推動了聯通的決定性改革。

聯通被獲准改革，還是因為它的規模不大，且在寡頭競爭中落入下風。今年上半年，它的淨利只有二十四億兩千萬元，不到中國移動的四%和中國電信的二〇%，隨著5G將在二〇二〇年商用，如果沒有充沛的資金和靈活的機制，聯通似乎已沒有任何翻盤的生機。王曉初提出的改革方案非常大膽，即參照雲藥模式，把整個聯通集團——而不是某一塊資產，拿出來進行混合所有制改革，同時允許聯通內部的高階主管持有公司股票。在他看來，要讓聯通像「獵豹」一樣地奔跑，必須改變「豬」一樣的生理結構。

聯通混改得到了最高層的支持，中央財經領導小組辦公室主任劉鶴親自主掌，國家發改委牽線協調，在大半年時間裡，王曉初奔波於十多個部委。但是，即便這樣，也在最後時刻鬧出了一個烏龍事件。

八月十六日，王曉初在香港的業績發表會上宣佈了聯通的改革方案，以中國聯通A股為平臺，透過「發行新股＋轉讓老股」方式，引入騰訊、阿里巴巴、百度、京東等十四家外部投資人，同時對核心員工施行持股計畫，總共募集資金七百七十九億一千四百萬元。完成股改後，這家央企基本形成了中國聯通、投資人和公眾股東的「三三開」混合多元股權結構。

這個方案發佈三個小時後，中國聯通突然從它的官網上撤下了相關公告。原因仍然是不符合現行規定和「涉嫌國有資產流失」。根據證監會的現行制度，上市公司的發行股份數量不得超過本次發行前總股本的二〇％。但中國聯通方案這一比例已達到四二．六三％。此外，定向發行價低於停牌時的股價，核心員工的購買價格更是只有公開市場價格的一半左右，讓參與混改的投資人「平白賺了錢」。

博弈在水面下進行。三天後，證監會發佈公告，稱在認真學習中央精神之後，將對聯通的股票定增「作為個案處理」。兩個月後，聯通方案以「豁免」的方式得到了批覆。

雲藥和聯通的混改成功，分別在地方國企和中央企業兩個層面蹚出了新的天地，它們體現了從「管企業為主」向「管資本為主」的改革思路轉變。然而，這一改革的擴大化和普遍化，仍然在觀念、路徑和制度上，充滿了種種盲點和障礙。

「中國經濟是否進入了改革開放以來的第五個大週期？」在這一年夏天，經濟界突然對這個問題展開了激烈的爭論。

從資料上看，今年的總體經濟形勢波瀾不驚，然而在具體的呈現上，卻是暗流湧動，仍然處在極大的不確定性中。

核心經濟指數的表現比想像中要好。首先是GDP，上半年同比成長了六．九％，好於去年同期，一到七月，國有企業利潤成長更是高達二三．一％。其次是人民幣的陡然強勢，在年初，幾乎所有重量級的金融機構都認為貶值態勢難以逆轉，人民幣兌美元破七指日可待。

可是誰料得到十月初，人民幣竟逆勢大漲五．七六％，站穩一美元兌人民幣六．六元的位置，讓做空集團付出了慘重的代價。

在七月國務院召集的經濟形勢座談會上，經濟學家賈康展示了一個「挖掘機指數」，它由中國最大的機械裝備企業三一重工提供，包括了混凝土、挖掘、吊裝、路面、港口、樁工等二十餘萬台工程機械的即時大數據。依據這套系統提供的指數，上半年，全國二十六家主機製造企業的挖掘機銷量翻倍，已經超過去年的全年銷量，全年可實現兩倍至兩倍半的成長。

對於這個另類指數，專家們得出的結論不太一樣。

有人認為這意味著產業經濟步入復甦軌道。今年上半年，房地產投資成長八．五％，出口成長八．五％，消費成長一〇．四％，基建投資成長一七．五％。「當一台台設備成為螢幕上跳動的亮點時，這不就是基礎建設行業的活力圖嗎？」

有人則擔憂「挖掘機」有可能讓製造業掉進成本抬高的大坑裡。隨著基建投資的高昂成長，鋼材、焦炭及鐵礦石的價格也開始水漲船高。最誇張的是螺紋鋼，從去年年初的一千五百元／噸，一路上漲到今年八月的四千元／噸。一家叫華菱鋼鐵的企業，去年上半年巨虧七億元，幾乎陷入絕境，而在今年上半年，居然獲利十五億元，猛然間鹹魚翻身。與此同時，家電、汽車企業的價格卻不可能同步漲價，因此叫苦不迭。上游企業的利潤回暖其實是利潤在不同行業間的再分配，這可能導致下游行業的利潤受到進一步的侵蝕。

八月，一個「新週期」的論點橫空出世，它的提出者正是兩年半前高呼「國家牛市」、「黨給我智慧給我膽」的總經分析師任澤平。在他看來，二〇一七年是第五個大週期的開始之年，「經過長達六年多的去產能、通縮和資產負債表調整，從來沒有像今天這樣深信，我們正站在新週期的起點上」。據此他提出，舊產能已經出清，應放鬆能源業的去產能政策。

任澤平的「新週期」論在業界引起激烈的紛議，大部分經濟學家對此並不認同，有人認為「僅靠供給側約束是不能帶動需求的，無需求就無週期。而目前國內消費仍顯不足，要增加消費需求，需要提高中低收入群體的收入水準，這不是一蹴而就的事情」。①更有學者嘲諷說：「高呼中國經濟走出『新週期』的人，不是無知就是投機。」②

二〇一七年，唯一一個讓世界驚豔的新人，可能是「索菲亞」。

她是一個女性機器人，擁有仿生橡膠皮膚，會做鬼臉和拋媚眼，臉上甚至有四到四十毫微米的毛孔，幾乎跟人類一模一樣。十月底，沙烏地阿拉伯授予「她」公民身分，這是世界上第一位「機器人公民」。

除了性感的「索菲亞」，今年的全球政壇和企業界都沒有出現一張新鮮的面孔。

①出自李迅雷，〈不要用顯微鏡來尋找經濟周期拐點〉，二〇一七年十月十一日。
②出自《北京晨報》，〈任澤平提「新周期」被懟〉，二〇一七年八月四日。

美國的川普幹得並不順利，他因為一番種族主義言論把自己弄得灰頭土臉，特斯拉、迪士尼、優步以及默克藥廠等多位大公司的執行長辭去白宮的委員會顧問職務。不過，在九月，他發佈了一項幅度驚人的減稅計畫，迅速扳回了民意；十一月，川普訪華，簽下兩千五百三十五億美元的經貿協議大單，創下了世界貿易史上的新紀錄。

今年十月，北京召開了中共第十九次全國代表大會，再次確認了習近平的領導核心地位。他提出：「我國社會主要矛盾已經轉化為人民日益成長的美好生活需要和不平衡不充分的發展之間的矛盾。」①

德國的梅克爾第四次當選總理，她超過「鐵娘子」柴契爾夫人，成為歐洲在任時間最長的女性國家領導人。俄羅斯的普丁在忙著籌備明年的足球世界盃，他的一位中將在敘利亞戰場陣亡了，這讓他很憤怒。日本的安倍晉三不出意外地贏得了「國政選舉五連勝」。英國正在有條不紊地脫歐，最初的震撼期已經度過，今年英鎊兌美元暴漲一二%，做空的巴克萊銀行總裁公開檢討，「我們錯了」。

在經濟界，所有的企業都掙扎在產業變革的「空窗期」。在今年的漢諾威工業展和拉斯維加斯消費電子展（Consumer Electronics Show，CES）上，人機協作、機器人和工業雲服務亮點頻現，不過大多仍處在概念型產品階段。汽車廠家紛紛推出了自己的新能源汽車，而它們的量產時間被集體定在二〇二〇年。

高科技公司的勢力空前壯大，如果把美國五強——蘋果、谷歌、微軟、亞馬遜、臉書

——和中國雙雄騰訊、阿里巴巴的市值加在一起，將達到三兆美元，超過了英國的GDP。但是，越來越多的人開始擔憂，網際網路以無比開放的姿態，正在形成絕對的壟斷，科技巨頭的過度集中將成為經濟的最大頑疾。

在中國，BAT的勢力無遠弗屆，它們在社交媒體、電商和搜索市場形成了壟斷性的優勢。在今年上半年，中國有九十八家「獨角獸」公司，其中八成與BAT有關。②

在美國，谷歌佔據搜索廣告市場約七七%的營收，亞馬遜佔據電商銷售額的三八%，臉書的行動社交媒體流量占比更高達七五%。而且美國五強過去十年共進行了四百三十六筆收購，總價值高達一千三百一十億美元。③經濟學教授特普林（Jonathan Taplin）在〈誰能讓科技巨頭停步？〉（Can the Tech Giants Be Stopped?）的論述中警告，頂尖科技公司借助資本和網際網路的觸角排擠對手，成為贏家通吃的「超級明星」，這在「很大範圍上」限制了創新的出現。

---

①主要矛盾：一九八一年召開的黨的十一屆六中全會，提出了「社會主義初期階段主要矛盾」的說法，認為這一主要矛盾是「人民日益增長的物質文化需要同落後的社會生產之間的矛盾」。

②獨角獸：根據德勤發布的《中美獨角獸報告》，截至二〇一七年六月，全球共有兩百五十二家非上市公司的估值大於十億美元。這些「獨角獸」分佈在全球二十二個國家和地區，其中，美國和中國的數量分別達到一百零六家和九十八家，佔到了八一%的比重。

③出自彭博社，〈美國科技巨頭規模過大，再擴張可能被拆分〉（Should America's Tech Giants Be Broken Up?），二〇一七年七月二十四日。

於是，對於二〇一七年的人們來說，「活在當下」也許是沉悶的，不過如果想認真地展望一下未來，卻又令人莫名地焦慮不安。

今年全球最暢銷的非虛構圖書，是以色列人尤瓦爾．哈拉瑞（Yuval Noah Harari）寫的《人類大命運》（*Homo Deus*）。在他看來，幾千年來，人類面臨過的三大重要的生存課題——饑荒、瘟疫和戰爭，在未來都將不再是最重要的挑戰，甚至在不遠的時間裡，克服死亡也僅僅是技術的問題。人類面臨的新議題是人工智慧革命，它將造成個人價值的終結，除了極少數的精英，九九％的人將成為「無用之人」。

今年四月二十七日，在北京的行動網際網路大會上，史蒂芬．霍金（Stephen Hawking）發表了影音演講。這位只能動三根手指卻擁有人類最傑出大腦的物理學家警告說：「我認為生物大腦能實現的東西和電腦能實現的東西之間沒有真正的區別，人工智慧的崛起，要麼是人類歷史上最好的事，要麼是最糟的。」

李開復也在今年出版了他的新書《人工智慧來了》。他的預測是，「人工智慧將在未來十年取代一半人的工作。在需要考慮少於五秒的領域，人根本不是機器的對手，它們不喊累、不鬧情緒、犯錯率極低」。他提醒中國的父母，必須讓孩子慎重地選擇大學的專業，因為弄不好，等他們畢業的時候，工作已經消失了。

作為一個普通人，一而再，再而三地聽到這些「最強大腦」的預測、警告和提醒，內心一定爬過成千上萬隻螞蟻。大概在人類歷史上，從來沒有一個時刻像此時這樣，對即將如期而至的未來有如此熱烈的好奇和明確的集體無力感。當然，預言家們永遠會在宿命論的最後留出一扇可以窺見陽光的小窗，哈拉瑞便寫道，「認可人類過去的努力，其實傳達出了希望和責任的訊息，鼓勵我們在未來更加努力」。

還是讓我們再回到現實的世界。

在今年的文化產業出現了三個爆紅級的產品。騰訊出品的一款即時對戰手機遊戲《王者榮耀》開啟了「全民瘋玩」模式，它的日活躍人數達到五千萬，相當於韓國總人口。騰訊不得不在七月發佈「限時令」，規定十二歲以下未成年人每天限玩一小時，十二歲以上未成年人每天限玩兩小時。根據蘋果應用商店的統計，在全球十大最吸金手機遊戲排名中，中國企業出品的遊戲占了九個。如果有一頂荊冠，中華民族可以被封為當之無愧的「遊戲民族」。

七月上映的電影《戰狼Ⅱ》創下五十六億元的票房紀錄，這已超過二〇〇八年的全國電影總票房。這部電影描述的是一位被開除軍籍的前軍人在非洲捲入一場叛亂，他孤身一人帶領身陷屠殺中的同胞，展開生死逃亡，十分應景地回應了正在國人內心燃起的「大國心態」。在影片的最後有一個場景，男主角把國旗插進受傷的右臂，高舉風中，穿過正在交戰的戰場。

一檔叫《中國有嘻哈》的真人秀，意外地走紅網路，前九期點播量突破十五億。誰也沒有料到嘻哈（Hip-Hop）這一發源於黑人貧民窟的小眾音樂，會有那麼大的爆發力。「你有freestyle嗎？」成為一句年輕人互相調侃的口頭禪。它的觀眾以「九五後」為主，基本與《王者榮耀》的玩家重疊。今年，快手、嗶哩嗶哩、抖音等網際網路產品炙手可熱，似乎代表著下一個急躁而碎片化的潮流。

四十一歲的政經作家許知遠一向對大眾狂歡不屑一顧，他曾用「庸眾的勝利」形容當年的韓寒現象。今年，他在自己的人物訪談節目《十三邀》裡訪問了馬東，後者的《奇葩說》也是這兩年很火的網路綜藝節目。許知遠問馬東：「你喜歡這個時代嗎？還是說一點抵觸的情緒都沒有？」馬東說：「我喜歡，我喜歡，我喜歡，我喜歡。」

「好吧。」許知遠的身子重重地砸在椅背上。

風雲人物●向死而生

李玉琢是華為早期的一名副總裁，因為與愛人常年兩地分居，他向任正非提出辭職。任正非聽到這個理由後，覺得非常不可思議，他脫口而出：「為什麼要離職，你可以離婚啊！」

二〇一六年四月的一個晚上，有人在虹橋機場拍到一張照片，七十二歲的任正非獨自一人拖著行李箱，排隊等計程車，身邊沒有助理和專車。過了兩個月，又有人在深圳機場的接駁大巴士上，拍到幾乎同樣的場景。

這一年的五月三十日，北京召開全國科技大會；一九七八年，三十三歲的任正非也參加過這個大會，當時他是六千名與會者中最年輕的人之一。習近平主席和李克強總理俱到場講話，輪到任正非發言時，他說：「華為已感到前途茫茫，找不到方向。華為已前進在迷航中。」熟悉他言行的人都知道，在過去的二十多年裡，他一直表現得憂心忡忡，隨時準備迎接「大限」的到來。

事實上，華為是四十年企業史上最成功的民營企業。在二〇一二年，華為取代易立信，成為世界上最大的通信設備生產者。二〇一四年，華為的國際專利申請件數超過多年盤踞第一的美國高通，躍居全球公司之首。在二〇一七年的世界五百強企業榜單中，華為以七百八十五億一千萬美元營業收入，名列中國民營公司第一名，全球第八十三名。

任正非似乎是一個笛卡兒式的懷疑主義者，他們承認知識的有限程度，對人類行為的正面動機缺乏信心，因而更願意以系統性的懷疑和不斷的勇猛考驗，達到求知求實的目的。換到中國來看，他則類似於商鞅、曹操這樣的人物。

多年以來，他一直拒絕與媒體直接見面，只在二〇一四年的六月，接受過一次並非事先安排、短暫的記者聯訪。外界對他的思想的瞭解，全部來自那些有意無意「洩露」出來的內部講話或信件。

二〇〇〇年，華為躍居全國電子百強首位，他發表〈華為的冬天〉，提出：「磨難是一筆財富，而我們沒有經過磨難，這是我們最大的弱點。我們完全沒有適應不發展的心理準備與技能準備。」二〇〇二年，他寫下〈北國之春〉，認為：「什麼叫成功？是像日本那些企業那樣，經九死一生還能好好地活著，這才是真正的成功。華為沒有成功，只是在成長。」

二〇一二年，他發表〈一江春水向東流〉，其中透露：「二〇〇二年，公司差點崩潰了，IT泡沫的破滅，公司內外矛盾的交集，我卻無能為力控制這個公司，有半年時間都是噩夢，夢醒時常常哭。我的身體就是那時累垮的。身體有多項疾病，動過兩次癌症手術。」對於危機，他仍然保持了極大的警戒：「我們對未來的無知是無法解決的問題，但我們可以透過歸納找到方向，並使自己處在合理組織結構及優良的進取狀態，以此來預防未來。」

在一份內部講話中，他更直率地說：「十年來我天天思考的都是失敗，對成功視而不見，也沒有什麼榮譽感、自豪感，而是危機感。也許是這樣才存活了十年。我們大家要一起來想，怎樣才能活下去，也許才能存活得久一些。失敗這一天一定會到來，大家要準備迎接，這是我從不動搖的看法，這是歷史規律。」

「向死而生」是當代存在主義哲學最根本的問題之一，死亡在存在論上不是一個事件，而是存在本身，因此沙特（Jean-Paul Sartre）才說，「我不是為著死而是自由的，而是一個要死的自由的人」。①在任正非的所有傳世文本中，均未見他言及任何哲學家思想，這只能說，是生命的苦難和磨礪讓他成了一個悲觀的勇敢者。

華為是一家非常獨特而神秘的企業，在資本架構的設計上有兩個特點。其一，任正非本人在華為的持股比例只有一．〇一%，其餘的九八．九九%屬於華為技術有限公司工會委員會，十多萬名華為員工在服務期間享有股息分紅權，離職之後則再無瓜葛。任正非說這一制度設計是當年他與老父親討論的結果。其二，華為是資本市場的「絕緣體」。在二〇一三年四月的一封內部郵件中，任正非明確表示：「未來五到十年內，公司不考慮整體上市，不考慮分拆上市，不考慮透過合併、兼併、收購的方式，進入資本遊戲。」

在某種意義上，華為更像一個內向繁衍的「種族部隊」，自生胚胎，外拒通婚，因而保持了強大而純粹的文化聚合力，同時也容易引發外界的好奇和猜測。二〇一二年，當華為超越易立信之際，《經濟學人》曾發表〈誰在害怕華為？〉一文質疑華為的崛起，②引起了關於網路間諜活動的恐慌，「有人認為中國政府在幫助華為贏取海外合約，以便讓諜報人員利用其網路來進一步窺探全球電子通信網路」。

在企業文化上，華為的全部管理制度和政策強調「以客戶為中心，以奮鬥者為本」，讓聽得見炮聲的人來呼喚炮火。正是這種對前進的不容置疑的擁抱，造就了一個很難被擊垮，卻又有著種種內在糾結的戰鬥型組織。

在華為，有兩個一〇％的制度。

其一，公司每年拿出營業收入的一〇％投入科研。這一制度堅持了二十多年，使得華為

①繁中版編注：出自《存在與虛無》（Being and Nothingness），尚－保羅．沙特著。
②出自《經濟學人》，〈誰在害怕華為？〉（Who's Afraid of Huawai?），二〇一二年八月四日。

成為中國乃至全球最具研發衝擊力的科技公司。二〇一五年，華為的研發經費為五百九十六億元，這個數字超過了全國二十五個省市的研發投入。

其二，每個層級不合格幹部的末位淘汰率要達到一〇%，這使得華為內部的崗位競爭空前激烈。在一九九六年和二〇〇七年，華為曾發起過「集體大辭職」的運動，每次均有七千人遞交辭職報告，在接受組織的評審後，再行簽約上崗。為了保持公司的年輕心態，華為還規定四十五歲即可申請退休。

在任正非的價值觀裡，「企業的意義」是一個非常簡單的東西。活著是至高無上的信條。華為對國家的責任是合法納稅、多納稅，而公司與員工的關係則只與契約有關。有一次，管理學教授陳春花與任正非對話，談及員工與公司的關係時，她用到了「感恩」這個詞。任正非當即表示不接受，他說：「在華為，我們不需要員工感恩，如果有員工覺得要感恩公司了，那一定是公司給他的東西多了，給予他的多過他所貢獻的。」

到二〇一七年，任正非創業滿三十週年。如果不是在一九八七年以二萬一千元資金創辦了一家叫華為的小公司，他現在應該是一個疾病纏身的退伍老軍人，每天鬱鬱寡歡，偶爾寫一點不鹹不淡的回憶小文，以翻閱《讀者》雜誌為樂。

2018 改革的「不惑之年」

這個時代從不辜負人，它只是磨煉我們，磨煉每一個試圖改變自己命運的平凡人。

——本書作者

到今年年底，孫中倫將完成碩士學業，他出生於一九九四年，在劍橋大學的人類社會學系就讀。在過去的幾年裡，每當暑假期間，孫中倫就會回國參與不同的社會實踐。他在北京的單向街書店當過店員，去甘肅定西做過義教老師，在成都漆器廠當過學徒工。二〇一五年的時候，他孤身南下東莞，在一家電子廠當了兩個月的打工仔。

在這個國家最簡陋的教室及那些被機器轟鳴聲淹沒的車間裡，孫中倫遇到了他的同齡人和一個陌生的當代中國。「那裡有打鐵聲，塑膠味，一群忙碌無言的人和一堆日夜不休的機器。」孫中倫說。「我真無能為力，為他們做不了什麼，我就是想把他們的故事記錄下來。」

距離他打工的工廠三百公尺遠，是亞洲最大的觀瀾湖高爾夫球場，那裡出沒著這個時代的成功者，當然也包括他們那如南國陽光般明亮的子女。根據中歐商學院的一份調查報告，一半左右的企業家二代表示對繼承他們父輩的產業興趣不大。① 孫中倫的家鄉在江蘇江陰，那裡是改革開放以來最早富裕起來的鄉鎮，與他的祖父年紀相近的吳仁寶是第一代著名農民企業家，他領導的華西村一度號稱「天下第一村」。如今，吳仁寶已經去世，由他的三個兒子領導的華西村集團正面臨嚴峻的轉型壓力。

四十年來，一切已經出現的、正在發生的，都無可厚非。每一個人的生活都如同一粒被糖衣包裹著的巧克力，它也許是甜膩的，也許是苦澀的，但是，其內心卻是一致的焦慮。

焦慮也許正是這個時代唯一的特徵。

在這輪經濟變革開始的一九七八年，全體國民並不知道未來之路通往何處，他們所能夠告訴自己的是，必須從貧瘠中逃離出來，無論用怎樣的手段，在金錢的意義上改變自己的命運。那是一個混亂而野蠻的年代，一切秩序都被破壞，一切堅硬的都煙消雲散。

到二〇〇八年的時候，廣袤疆域中的每一寸土地都被翻耕，每一堵圍牆都被衝擊和推倒，每一個城鎮、街道和家庭都面目全非，經濟的高速成長以及奧運的盛大舉辦，給全民留下了一段激盪的歲月記憶。

再過了十年，當中國成為全球第二大經濟體，當孫中倫們也成熟起來的時候，新的國民命題開始出現了。人們發現，舊有的機遇、經驗和能力消失了，貧富懸殊、階層固化替代物質發展成為新的挑戰，甚至連網際網路也形成了讓人畏懼的壟斷性力量。

從一九七八年的徘徊苦悶，到二〇〇八年的激越亢奮，再到此時此刻的群體焦慮，四十年的中國以空前的破壞性創造，向世界證明了自己的勇氣和格局。同時，也讓這個國家在巨大的不確定性中，邁向更遼闊的未來。

對抗焦慮的最好手段，也許仍然是不甘現狀和劍及履及的進步。

美國心理學家羅洛．梅（Rollo May）發現，二十世紀中期，美國中產階級中瀰漫著焦慮的情緒。在《焦慮的意義》（*The Meaning of Anxiety*）一書中，他挑戰了「精神健康就是沒有焦慮」的流行觀念，反而「適度的焦慮與人的活力以及創造性成就，存在密切的內在關係」。許多時候，解藥與毒藥並行交織，而減緩焦慮的手段之一，便是從事瘋狂的活動，「對工作的大力強調，已經成為緩和焦慮的一種心靈功能」。

在這個意義上，當今中國既有自身成長的轉型特徵，同時，它也越來越融入全球現代化的普世性進程。從年廣久、吳仁寶，到張瑞敏、柳傳志，再到馬雲、馬化騰，以及正在劍橋深造的孫中倫們，中國在不同的時代給出不同的機遇和使命，讓一代代人用自己的方式承擔和解答。

①接班：我國民營企業中約有九〇％為家族式經營，未來五到十年內，將有三百萬家企業面臨接班換代的問題。《中國家族企業傳承報告》（二〇一五年）顯示，明確表示願意接班的二代僅佔調查樣本的四〇％，而有一五％明確表示不願意接班，另有四五％態度尚不明確。

中國現代化的動力源到底是什麼，這一直是容易引發爭論的、讓人無不焦慮的話題。

早在一九四八年，青年費正清（John K. Fairbank）在《美國與中國》（*The United States and China*）一書中，用「衝擊—反應」模式解釋中國的現代化之旅。在他看來，「西方是中國近代轉型的推動者，是西方規定了中國近代史的全部主題」。面對這一衝擊，中國做出的回應是在逐漸引進引起「永久性變化」的要素的同時，背棄傳統的「週期性變化」模式，走上現代化道路。

到了半個多世紀之後，當費正清編完厚厚十五卷《劍橋中國史》之後，他卻部分地修正了自己的觀點。在《中國新史》中他承認，中國的現代化儘管受到西方的影響，但主要仍是基於中國自身的內在生命和動力。不過，直到去世，費正清仍然沒有解釋清楚，中國變革的內在動力與西方制度創新之間的互融與衝突關係。

就如同在文化思想界發生的情景一樣，關於本輪經濟改革的制度效法對象以及它的動力源，從改革的第一天起就出現了分歧，一度竟表現得十分激烈。直到進入第四十個年頭的今天，這一懸疑的課題變得越來越重要和迷人。

羅納德·寇斯在《變革中國》一書中，曾用「人類行為的意外後果」來形容中國的本輪經濟變革運動，「引領中國走向現代市場經濟的一系列事件並非有目的的人為計畫，其結果完全出人意料」。當他在二〇〇八年寫下這段文字時，也許已經預見到接下來的十年，中國改革的獨特性仍將讓人在好奇中忐忑不安。

從四十年的歷史來俯瞰，寇斯的判斷也許只對了一半。

在中國，經濟改革的成功並非國家治理的唯一目標，它從來被置於穩固執政地位和維護國家安全的兩大前提之下，因此，有著高於經濟發展的「人為計劃性」和別於他國的中國特色。對這一現狀的漠視，造成了很多中外學院派學者的長期誤判。

二〇一五年九月，曾因出版《歷史之終結與最後一人》（*The End of History and the Last Man*）而聲名大噪的法蘭西斯．福山（Francis Fukuyama），出版了他的新書《政治秩序與政治衰敗》（*Political Order and Political Decay*）。①他修正了十多年前的「歷史終結論」，提出一個國家的成功發展離不開三塊基石：國家能力、法治與民主責任制。在他看來，中國與美國分別處於這一政治秩序的兩端：中國擁有強大的政府，能夠有效快速地落實各種民生政策，但它需要在法治和民主上繼續努力；而美國雖有法治和民主，但由於制衡體系過於龐雜繁複，「制衡效率太高」，導致聯邦政府的施政能力低下。

福山的現實主義修正，對解讀中國改革提供了新的視角。

在一開始，看到中國的城鄉變化，很多經濟學家都嚇出了一身冷汗，現象的複雜性難以

①繁中版編注：台灣將本書取名為《政治秩序的起源（下卷）：從工業革命到民主全球化的政治秩序與政治衰敗》，與法蘭西斯．福山的另一冊著作組套。同段後續觀點即出自本書。

用既有的理論予以解釋，因為它們暗示著諸多「意外」的協調一致。最後，人們終於克服了這個問題，辦法是回到人的欲望本身。

透過本部企業史所描述的無數細節，我們可以發現，在缺乏長期性頂層設計的前提下，中國經濟變革的動力來自四個方面。

- **制度創新：**四十年來，恢復及確立市場在資源配置中的角色與作用，一直是中國治理者在持續探索的方向，其間的稚嫩、反覆及徬徨，構成了改革的所有戲劇性。與其他市場經濟國家不同的是，中國政府始終沒有放棄國有資本集團在國民經濟中的控制力，這也成為制度創新的最大不確定因素。
- **容忍非均衡：**中國改革的非均衡特徵和「灰度治理」，是打破計劃經濟體制的獨特秘訣。它包括「讓一部分人先富起來」、東南沿海優先發展、給予外資集團的超國民待遇，甚至還有對環境破壞的長期容忍、對農民工群體的利益剝奪，以及民營企業家對現行法律的突破。
- **規模效應：**龐大的人口規模為中國的創業者提供了巨大的成長紅利，這使得每一個產業的進入者都有機會以粗放型增長的方式完成自己的原始積累，然後在此基礎上建立核心競爭力。「巨國效應」及規模可能形成的勢能，無論是產能、消費力，還是資本能力，往往會以出其不意的方式創造出新的可能性和模式突變。
- **技術破壁：**相對於制度創新的反覆性，技術的不可逆性打破了既得利益集團的準入性壁壘，從而重構產業範式，並倒逼體制內改革。這一特徵在改革的前三十年並不突出，然而隨著網際網路的崛起，很多產業的原有基礎設施遭到毀滅性破壞，帶來煥然一新的競爭格局。在可以預見的未來，技術的破壁能力將在更多的領域中持續發酵。

中國的整體國家能力的形成，帶有鮮明的集權體制特徵和代價性，同時也呈現出基層組織創新和人民創造歷史的熱情。從費正清到羅納德．寇斯，以及所有現世的中外學者，都試圖破解「中國之謎」，這個任務仍有巨大的解釋空間。

在二〇一八年的某個時刻，從柳傳志和馬化騰的辦公室往下眺望，你可以清晰地看見他們的來路去途。

聯想控股大廈位於北京中關村。二十六歲那年，柳傳志從珠海白藤農場被抽調入京，進入中科院電腦研究所當一名助理研究員。十四年後的一九八四年，他在中科院的一個警衛室創辦聯想公司，從此展開了一段不平凡的人生。十多年前，中科院把計算所的土地拿出來，交給柳傳志開發，今天的聯想控股大廈正是蓋在這塊地上。站在大型玻璃帷幕牆前，年過七旬的柳傳志會饒有興趣地指給訪客看，這排紅磚老樓是中科院的宿舍區，那邊繞一個彎，就是當年創業的警衛室。

騰訊大廈位於深圳華僑城，從馬化騰的辦公室望下去，便是被一片綠意環繞的深圳大學。

一九九〇年，長相清秀的小馬哥在這所學校的電腦系就讀，他平日不善社交，沒有加入任何社團組織，卻是電腦室裡的病毒高手。如今，他從那裡的一位青蔥懵懂的學生，成長為網際網路界最有權勢的人之一。

就如同這兩個場景所隱喻的那樣，在過去的很多年裡，每一個中國人都在自己的生命道路上，徹底地刷新著全部的記憶。但是同時，他們的人生軌跡並非不可捉摸，甚至在某些細節上，隱含著時代變革的延續性和命運的神秘感。

未來從來不會自動地發生，它誕生在一片被擊碎的舊世界的廢墟上。這個地球上，總會莫名其妙地冒出一群偏執狂，他們破壞舊秩序、創造新物種，然後自己又在歷史中變得不合時宜。

你很難說，二〇一八年的中國屬於哪一代人。

在今年，六百九十八萬名出生於一九九五年的大學畢業生，將進入各自的職場，而二〇〇〇年出生的人則將參加全國高考。作為頂級轎車品牌的奧迪車，全年銷量中的五四％為「八〇後」。在去年年底的電商年貨節上，「八〇後」、「九〇後」成為線上囤年貨的主力軍，其消費金額佔比接近八成。而全國的每一棟百貨大樓，每一個服裝、飲料、文化品牌，如果與這些年輕人無關，則幾乎意味著死亡。根據麥肯錫的財富報告，中國千萬富翁的平均年齡為三十九歲，比美國至少年輕十五歲，在這個全球最大的奢侈品市場上，約有四五％的購買者年齡在三十五歲以下。

也是在今年，從萬科董事長位置上退休的王石，仍頻繁地參與種種公益和商務活動，他每天在一張彈翻床上健身一個小時，並決意在三年後七十歲的時候，再次攀登聖母峰。今年的一月十四日，是褚時健的九十歲生日，他在雲南龍陵縣和隴川縣徵得三萬六千畝山林地，開始營建多品種水果基地，到秋天，第一批結果的甜橙和水蜜桃就可以採摘。

「這是現代中國的第一代人，他們被允許對其未來做出真正的選擇。」《時代》周刊曾用這樣的口吻描述當代中國人，換而言之，這也應該是四十年改革的最大成就。這個時代從不辜負人，它只是磨煉我們，磨煉每一個試圖改變自己命運的平凡人。

在二〇一七年中國五百強企業排行榜上，排名前五的分別是國家電網、中石化、中石油、中國工商銀行和中國建築。這是一個以營業收入為指標的榜單，排名前三十的企業中，來自民營資本集團的只有華為控股和飽受爭議的安邦保險。從這個角度來看，可以清晰地看到數十年來，國有企業的強勢和控制力並未削弱。

如果換一個角度，從市值來比較的話，你會看見另外一個真相。

在二〇〇七年，全球市值最高的十大公司分別是：埃克森美孚、奇異、微軟、中國工商銀行、花旗集團、AT&T、荷蘭皇家殼牌、美國銀行、中石油和中國移動。

而十年後的二〇一七年，榜單赫然已面目全非，十家公司分別是：蘋果、谷歌母公司、微軟、臉書、亞馬遜、波克夏·海瑟威、騰訊、美國強生、埃克森美孚和阿里巴巴。

在全球商業界，七位愛穿牛仔褲的高科技企業家，取代了傳統的能源大亨和銀行家。而在中國，兩位姓馬的網路人取代了三個「國家隊」隊員。你終於發現，世界真的變了，中國也真的變了。

在十年前，如果講國民經濟的基礎設施，它們是電力、銀行、能源、通信業者等，基本完全被國有資本集團控制。可是在二〇一八年，你必須要提及社交平臺、電子商務平臺、行動支付平臺、新物流平臺及新媒體平臺，而它們的主導者幾乎全數為民營資本集團。

在決定未來十年的新興高科技產業中，人工智慧、生物基因、新材料、新能源等領域，民營企業的領跑現象似乎也難以更改。

這種因技術破壁而帶來的資本競合格局，不得不讓人開始重新思考國有資本在國民經濟中的角色、功能及存在方式。而這個課題，其實正是一九七八年改革開放的肇始點。

由此，你驚奇地發現，貌似毫無路線預設的中國改革，實則一直有一條強大的市場化內在邏輯。如同大江之浩蕩東流，其間曲折百回、衝決無礙，驚濤與礁石搏鬥，舊水與新流爭勢，時而江平潮闊，時而床高岸低。但是，趨勢之頑強，目的之確然，卻非任何人可以抵擋。

同時，你也必須看到，中國改革及企業成長的複雜性，一點也不會因為趨勢的存在而稍有減緩。

數十年前，中國改革的「假想敵」是僵化的計劃經濟體系，大破必能帶來大立。對既有秩序的破壞本身具有天然的道德性，甚至「時間就是金錢」，「所有的改革都是從違法開始的」。然而時至今日，「假想敵」變得越來越模糊，全民共識近乎瓦解，破壞的成本越來越高、代價越來越大，甚而改革成了一個需要被重新界定的名詞。

數十年前，市場開放、產業創新可以採用「進口替代」和跟進戰略，我們以「市場換技術」、「以時間換空間」，透過成本和規模優勢實現彎道超越。然而，時至今日，越來越多的中國公司成為全球同行業中的規模冠軍，它們的前面不再有領跑者，創新的叵測與壓力成為新的挑戰。

數十年前，全世界都樂於看到中國的崛起。在世界銀行的名單上，它是一個亟待被援助的落後國家；在歐美企業家的認知中，它是一個商品傾銷和技術輸出的二線夥伴；甚至在某些意識形態者眼中，它是下一場「顏色革命」的發生地。然而，時至今日，中國成為最大的外匯存底國和第二大對外投資國，至少有一百二十七個國家視中國為最大的交易夥伴，甚至連《時代》雜誌都獻媚似的以「中國贏了」為封面報導的標題。與此同時，中國資本的購買能力引起了西方國家的警戒，並予以政策性的遏制，而中國的制度特徵也時時引發意味深長的猜想。

於是，當改革進入下半場之後，中國的自我認知亟待刷新，世界與中國的互相瞭解和彼此心態，也面臨新的調整。這不是一個會輕易達成的過程。英國歷史學家尼爾·弗格森在《巨人》（*Colossus*）一書中，如此評論美國：「我認為世界需要一個富有成效的自由帝國，而美國就是這個工作的最佳候選人。美國完全有理由扮演自由帝國的角色。」而當中國在經濟的意義上崛起為一個足以與美國抗衡的「帝國」的時候，所有的歷史學家都還沒有找到適當的評價用詞。

「中國是一隻沉睡中的東方雄獅，最好它永遠不要醒來。」兩百多年前，拿破崙曾用小心翼翼的口吻如此說道。今天，當這隻東方雄獅真的甦醒過來的時候，牠的每一次嘯叫和邁出的每一個步伐，都讓全世界屏氣注目，各自揣度。

一九七八年，萬物開泰；

二〇〇八年，三十而立；

二〇一八年，四十不惑。

此時此刻，中國以新興大國的姿態站立在歷史的臨界線上。回望來途，自可以在百感交集中對酒當歌，慨當以慷。瞭望未來，洪波湧動，日月之行，若出其中。

回望整整一百年的中國現代化，你會發現這是一個十分漫長而曲折的歷程。一九一八年一月，《新青年》實行改版，改為白話文，使用新式標點，由此掀起了白話文運動的熱潮。在這一年的雜誌上，可以讀到陳獨秀、胡適、魯迅等人的名字，這些風華正茂的年輕人以激揚的文字指點江山。正是在他們的吶喊下，一九一九年爆發五四運動。可是，在而後的歲月中，中國往何處去，「娜拉為什麼要出走」，什麼是中國式的現代化道路，卻一直沒有達成共識。那些《新青年》上的年輕人分道揚鑣，有些成為彼此終生的敵人。

從一九一八年到二〇一八年，我們的國家就是一艘駛往未來的大船，途經無數險灘、渡口，很難有人可以自始至終隨行到終點。每一代人離去之時，均心懷不甘和不捨，而下一代人則感念前輩卻又注定反叛，總是試圖以自己的方式掌控和改造行程。

一百年後的今天，《新青年》上激辯過的議題，有些已成歷史公案，有些仍然鮮活地存在著。一個最大的進步是，當年的救亡焦慮不再困擾當代人，而大國的和平崛起則成為新的主題。在今天，所有的人，都在預測國家的未來。

有一些事情的發生是高機率事件。

經濟學家林毅夫認為，「按照市場匯率計算，中國的經濟規模最慢到二〇二五年會超過美國。若是按照購買力平價計算，二〇二五年中國經濟的規模可能是美國的一．五倍或者是更高」。儘管他是經濟學家中最樂觀的一位，不過在未來的十到十二年內，中國在經濟規模上超過美國，恐怕是一個共識。①

到二〇三〇年前後，中國的城市化將進入尾聲，屆時有九億四千萬人口居住在城市裡，由此將可能出現六至十個三千萬人口級的巨型城市群。在那一年，中國的老齡化人口將超過三〇％。而步入中老年的「六〇後」、「七〇後」一代將成為全球規模最大的高淨值群體，

---

①出自《新結構經濟學》，林毅夫著。

養老產業取代房地產成為第一大消費產業。

也是在未來的這十來年裡，「第四次浪潮」所形成的科技進步將顛覆既有的產業秩序，甚至挑戰人類的倫理。隨著奇點時刻的臨近，機器人智力逼近人腦；生物革命將可能讓人類壽命達到一百歲；中心化的網際網路消失，萬物聯網時代到來；新能源革命，將宣告石油時代的正式終結。沒有人知道，今天出現在全球市值前十大名單上的公司，在十年後還會倖存幾家。

在科技進步的意義上，「四十不惑」的中國，正處在大變革的前夕。而技術的非線性突變又會對中國社會造成哪些制度性的破壁，更是讓人難以預測。

有人嘆息青春散場，歷史已經結束，也有人吟唱「世界如此之新，一切尚未命名」。

對於這一段尚未結束的當代史，必須擺脫歷史宿命論，承認歷史發展的戲劇性和人的主動性。我們更應該相信科學史家伯納德．科恩（I. Bernard Cohen）的看法是對的，他說：「對那些與事先設計的模式不相吻合的事實，要予以特殊的注意。」①創造意味著背叛和分離，也就是說，新的發生總是伴隨著不適感和不確定的可能性。

從今年起，袁隆平決定啟動「中華拓荒人計畫」，開發一億畝荒灘，實現多養活一億人的目標。

袁隆平出生於一九三〇年，一九四九年在重慶北碚夏壩的相輝學院農學系讀書，其間迎來了新中國的誕生。一九五三年，他被分配到偏遠落後的湘西雪峰山麓安江農校教書，七年後，他在農校試驗田中意外發現一株特殊性狀的水稻，暗中嘗試水稻雜交試驗。

一九六六年，三十六歲的袁隆平發表第一篇學術論文，隨即「文化大革命」爆發，試驗數度中止，他遭批鬥、被迫寫檢討。一九七八年，他出席首屆全國科學大會並獲獎，袁氏雜交水稻在全國大面積普及試種。一九九九年，「超級雜交水稻」創下畝產一千一百三十七點五公斤的世界高產紀錄，推廣面積達到三千萬畝。二十餘年間，因他的努力，中國糧食增收三千億公斤，[2]袁隆平被稱為「雜交水稻之父」。

二〇〇〇年，隆平高科在深交所上市，在農業上市公司中長期排名前三，作為第五大股東的袁隆平成為「億萬富翁」。

二〇一二年，八十二歲的袁隆平來到山東東營的一塊鹽鹼地，歷時五年，經過一千一百六十二次試驗，成功篩選出優質耐鹽鹼生稻，他決心在餘生改造億畝千年荒灘。

在袁隆平身上，一切價值都還原為時間，而時間演繹出種種的苦難、不堪與執著，然後與一個動盪而宏大的時代「雜交」為傳奇。

只要時間還在行走，它就未曾完成，從袁隆平到每一個中國人，就可以學習和嘗試更多的東西。

①出自《新物理學的誕生》（The Birth of a New Physics），伯納德．科恩著。

②出自環球報轉載，〈馬媒：「袁隆平式財富」值得省思〉，二〇一一年十月七日。

中國企業家譜系

一九七八～二〇一八

我一直在潛心觀察這一切，但我感興趣的是大潮，而不是潮水所裹挾著的魚蝦。

——安德列·紀德

本文所定義的企業家是指從事商業活動的私人資本經營者。二〇一三年，全國在冊私營企業數量突破一千萬家，約占全國企業總數的八〇%。到二〇一七年，這一數字約為兩千萬家。北京師範大學的一份《二〇一五勞動力市場研究報告》顯示，中國每天新增私營企業約一萬家。①

企業家作為一個階層，在一九五六年曾經被制度性地清除。②從一九七八年之後，企業家從無到有的出現過程，可謂本輪改革開放最為重大的事件之一，因而具備了創世紀般的特徵。四十年間，企業家第一次替代政府成了解決就業和擺脫經濟危機的領導力量，富有創新的企業家精神深刻地影響了社會的各個領域，並重新塑造了一代中國青年。

一九七八～一九八三：農村能人草創時期

歷時四十年的中國經濟崛起運動「改革開放」，肇始於對計劃經濟和階級鬥爭理論的告別，它開始得非常匆忙且充滿了爭議，因而並無「藍圖」可言。不過，其發起的路徑則是清晰的：所謂改革，是從農村發動，以「包田到戶」承包制為突破口，解放農民的勞動生產積極性；所謂開放，則是試圖以特區和沿海城市搞活的方式，引進國際資本，實現製造業的進口替代。

因而，企業家的萌芽，便是在這兩大領域中率先出現，並以「農村能人」的廣泛湧現為最重要的特徵。

在廣袤的農村地區，企業家的誕生分為三類族群，一是政經合一的村級帶頭人，二是社隊作坊或小工廠的廠長，三是縣村個體勞動者。

社隊企業的歷史非常悠久，幾乎與人民公社同步。它在資產歸屬權上具備集體所有制的性質，同時還帶有「強人經濟」和家族世襲的特徵。

---

①私營經濟規模：私營企業指的是年營業收入五百萬元以上的經營體，此外，全國還有五千七百萬家個體商戶（二〇一七年）。這兩部份相加，幾乎相當於全球第四大經濟體德國的總人口數。

②參見《跌蕩一百年：中國企業一八七〇—一九七七》（下卷），吳曉波著。

社隊企業的代表人物：

禹作敏——天津，靜海大邱莊；

吳仁寶——江蘇，江陰華西村；

王宏斌——河南，臨潁南街村；

徐文榮——浙江，東陽橫店村。

上述「一莊三村」，是二十世紀八〇年代早期的農村工業經濟改革典範，此四人均為村級組織的黨支部書記，同時又是企業的法人代表，兼具地方行政治理和經營盈利的雙重職責。

除了這一特殊模式之外，還有一些人並不具有行政身分，是村級或縣級工廠的負責人：

魯冠球——浙江，蕭山萬向節總廠；

沈文榮——江蘇，張家港錦豐軋花剝絨廠；

步鑫生——浙江，海鹽襯衫總廠；

何享健——廣東，順德北街辦塑膠生產組。

儘管這些人所創辦的企業被統稱為「鄉鎮企業」，不過在創建模式上還是有很微妙的差別，後者更符合經典意義上的企業組織。進入九〇年代之後，後者中的大多數完成了產權改制，而前者迄今仍在所有制上模糊不清。

第三類人是個體勞動者，他們大多出身於社會最底層的拾荒者、失地農民或「壞分子」家庭，具備草根創業的特徵。在早期，因為鮮明的私人資本特徵，遭到激烈的公共爭論，受到了最大程度的制度性打擊：

年廣久——安徽，蕪湖「傻子瓜子」；

溫州「八大王」——浙江，溫州的生產或貿易從業者；

劉永行、劉永好四兄弟——四川，新津鵪鶉養殖。

在對外開放領域中，率先出現的是香港商人，這與深圳特區的創建和華南地區的開明治理有關。一個非常隱密的事實是，這些進入內地發展的香港商人中，有相當比例是二十世紀六〇、七〇年代的逃港者回歸。

一九八四～一九九一：工廠管理啟蒙時期

從一九八四年起，城市體制改革拉開帷幕，經濟改革的主戰場從農村向城市轉移，承包制被大規模引進，即所謂的「包字進城」。城市經濟中的邊緣青年、大型國營工廠的下崗人員、找不到工作的退役軍人，以及不甘於平庸生活的基層官員，成為新的創業者族群。

一九八四年，可以被視為「中國企業元年」。在這一年，一批極富個性的城市創業者集體出現在歷史的舞臺上，其中名氣最大的四個人，分別代表了四種不同的經營模式：

柳傳志——北京，聯想公司，「貿工技」模式的代表；

張瑞敏——山東，青島海爾冰箱廠，「工貿技」模式的代表；

王石——廣東，深圳萬科公司，貿易及專業化經營的代表；

牟其中——四川，南德公司，中國最早的資本營運模式的代表。

這四位企業家的早期歷史，都與全球化有關。無論是聯想、萬科的進出口貿易，海爾的德國生產線引進，還是南德的「罐頭換飛機」，均展現出新的產業變革生態，是進口替代戰略的獲益者。其中，張瑞敏的實踐最具時代的先進性，海爾的品質管制模式啟蒙了一代實業者。

隨著東南沿海優先發展戰略的執行，企業創新的主流區域集中於沿海各省，由此出現了不同的地域性流派。

蘇南模式

以鄉鎮及縣市集體經濟為特徵，包括了江蘇南部（蘇州、無錫、常州）和浙江東北部（杭州、寧波、紹興）的主流企業發展路徑。代表人物有：

周耀庭——江蘇，無錫紅豆，服裝；

蔣錫培——江蘇，無錫遠東，電纜；

李如成——浙江，寧波雅戈爾，服裝；

鄭永剛——浙江，寧波杉杉，服裝；

宗慶後——浙江，杭州娃哈哈，飲料。

溫州模式

以私營經濟為特徵，代表了最早期的私人資本創業路徑。與蘇南模式相比，在整個八〇年代，溫州模式一直飽受爭議，也是最勇敢和野蠻成長的一支。代表人物有：

南存輝——浙江，溫州柳市正泰，低壓電器；
胡成中——浙江，溫州柳市德力西，低壓電器；
王振滔——浙江，溫州永嘉奧康，皮鞋。

珠三角模式

這一模式介於蘇南模式和溫州模式之間，部分地呈現為混合所有制的特徵，因地方政府的開明，這一流派的企業非常顯赫和引人矚目，其產業較集中於食品飲料市場，有「珠江水、廣東糧，北伐全中國」的說法。代表人物有：

李經緯——廣東，三水健力寶，飲料；
潘寧——廣東，順德科龍，電器；
何伯權——廣東，中山樂百氏，飲料；
李東生——廣東，惠州ＴＣＬ，電器。

除了上述三大地域性流派之外，這一時期還零星地出現了大學生及科技人員下海經商的現象，他們中的一些人創造性地改變了一個行業的中國式成長模式。代表人物有：

任正非——廣東，深圳華為，通信設備；
段永平——廣東，中山小霸王，學習機；
王文京——北京，用友，財務軟體服務。

這一時期的企業發展有兩個顯著的特徵：

其一，為了滿足短缺的消費市場，從國外引進大量的生產線。品質管制和商品意識成為企業的核心競爭能力，日本式的管理思想得到極大的普及，幾乎所有的成功者都是產線管理能手。

其二，民營企業的成功集中發生在「吃穿用」——飲料食品、紡織服裝和家用電器——三大領域。它們的出現徹底改變了以重工業和軍工產業為主的計劃經濟模型，推動了民生產業的快速擴張。

一九九二～一九九七：品牌行銷狂飆時期

一九九二年鄧小平南方談話之後，中國真正進入「發展才是硬道理」、用金錢重估一切價值的世俗狂歡時代，下海經商成為人們的主流生存選擇。企業家作為一個社會階層，開始整體出現。在某種意義上，中國社會主流人群的創業經商運動，是從一九九二年開始的。

九二派

特指那些在大學院校、中央及省級黨政機構就職的知識份子，在二十世紀八〇年代末期，他們積極參與了經濟體制改革的頂層設計，一九九二年之後紛紛下海經商，其內心均有濃烈的社會改造情結。他們後來發起創辦了亞布力論壇。代表人物有：

陳東升——國務院發展研究中心研究人員，泰康人壽，保險；

田源——國務院經濟改革方案辦公室價格組副組長，中國國際期貨公司，金融；

馮侖——中央黨校政治學博士，萬通，房地產；

郭凡生——中國體制改革研究所聯絡室主任，慧聰網，電子商務。

大學生下海派

與出生於二十世紀五〇年代的「九二派」不同，這一部分創業者均是六〇年代出生，他們更帶有經商的主動性和純粹性，並沒有政治上的抱負。代表人物有：

史玉柱——廣東，珠海巨人，電腦中文卡；上海健特生物，保健品；

求伯君——廣東，珠海金山，軟體開發；

郭廣昌——上海，復星，市場調查、房地產；

王傳福——廣東，深圳比亞迪，充電電池。

整個九〇年代的中後期，是民族品牌大規模崛起的階段。經歷了十多年的產能擴張之後，短缺經濟迅速向過剩經濟轉化，企業家的核心競爭力從生產能力向行銷能力和公司治理能力迭代。在前兩個時期出現的企業家群體中，凡是在市場化營運上出色的人，都成了「英雄」。他們慣用的「武器」有兩個，一是宣導國人用國貨，二是價格戰。到一九九六年前後，他們在家電、服裝和飲料等領域都取得了非凡的成功。

在這一趨勢的推動下，出現了一批非常激進的行銷型企業家。他們圍獵中央電視臺的「廣告標工」，實施廣告轟炸和人海戰術，一度主導了中國消費市場的潮流。他們又被稱為「行銷狂飆派」。代表人物有：

吳炳新——山東，濟南三株，保健品；

倪潤峰——四川，綿陽長虹，電視機；

胡志標——廣東，中山愛多，VCD；

姬長孔——山東，臨朐秦池，白酒。

如果說上述企業家在商品行銷上大放異彩的話，那麼，還有一些創業者開始透過通路模式的創新變革，成為他們的「革命者」。這些人在本時期並不引人注目，但是在接下來的十年裡，他們將成為新的主導型力量。代表人物有：

黃光裕——北京，國美，家電連鎖；

張近東——江蘇，南京蘇寧，家電連鎖；

袁亞非——江蘇，南京宏圖三胞，IT連鎖；

車建新——江蘇，紅星美凱龍，家居連鎖；

王衛——廣東，深圳順豐，快遞配送；

「桐廬幫」——浙江，桐廬申通、圓通、中通、韻達，快遞配送。

一九九八～二〇〇八：資本外延擴張時期

在經歷了一九九八年的東亞金融危機之後，中國總體經濟發生了三個重大的戰略性轉變：其一，製造業由內需主導向外貿主導轉變；其二，商品房制度誘發地產熱；其三，城市化建設推動能源及重化產業蓬勃發展。

在這一時期，影響中國企業界的主流治理思想，從日本模式向美國模式迭代。

在景氣紅利的陡變之下，製造業面向內需市場的創新變得乏力，「利潤如刀片一樣薄」（張瑞敏語）。與此同時，通路商的力量爆發，進一步剝奪了製造業品牌商的利潤空間，黃光裕曾在二〇〇四年、二〇〇五年和二〇〇八年三度問鼎胡潤百富榜的大陸首富。依靠成本和規模優勢的「中國製造」（Made in China），迎來黃金十年。

「中國製造」派

郭台銘（臺灣）——富士康，電子產品組裝；

「義烏幫」——浙江，義烏，小商品；
「紹興幫」——浙江，紹興，紡織印染；
「東莞幫」——廣東，東莞，服裝及電子產品；
「泉州幫」——福建，泉州，運動休閒裝。

隨著城市化的推進，房地產和涉足鋼鐵、機械裝備業的企業家迎來了自己的春天。在這十年裡，越是激進，越敢於反週期投資的企業家都獲得了驚人的回報。除王石、沈文榮等人之外，下述企業家在未來的表現值得關注：

許家印——廣東，廣州恒大，地產；
楊國強——廣東，順德碧桂園，地產；
孫宏斌——天津，順馳、融創，地產；
梁穩根——湖南，長沙三一重工，機械裝備。

這十年，同時是中國資本市場大幅擴張和極度扭曲的十年。一些冒險家透過充滿灰色氣質的操作，攫取了巨額的利益，他們以「藏身幕後」的方式同時控制了多家上市公司，形成了極具中國特色的資本系：

唐萬新——新疆，德隆系；
魏東——北京，湧金系；

肖建華——北京，明天系。

在文化傳媒產業，由於管制的存在，民營資本的成就乏善可陳。不過仍然出現了一些創業者，他們的資本規模也許並不大，但是卻在塑造國民的新審美趣味。代表人物有：

王中軍、王中磊——北京，華誼兄弟，電影；

邵忠——廣東，深圳週末畫報，雜誌；

劉長樂——香港，鳳凰衛視，電視。

網際網路經濟的從無到有，是這一時期最重要的中國現象。與之前所有創業者不同的是，他們從一開始就得到了國際風險投資及資本市場的支持，因此被看成是「原罪」色彩最小的「陽光創業」典範。與一九八四年的「企業元年」類似，中國網際網路公司的創建及模式雛形定型，均發生在一九九八年到一九九九年之間——這一時期可以被定義為中國網際網路的元年。最早引起關注的是三家入口網站公司：

王志東——北京，新浪，入口網站；

張朝陽——北京，搜狐，入口網站；

丁磊——廣東，廣州網易，入口網站和電子信箱。

與三大門戶幾乎同時創業，但在影響力上稍稍落後的企業還包括後來的BAT（百度、阿里巴巴、騰訊）及其他一些公司。代表人物有：

馬化騰——廣東，深圳騰訊，即時通信；

雷軍——北京，小米，手機及其他電子產品；

董明珠——廣東，珠海格力，空調；

賈躍亭——北京，樂視，視頻網站及智慧硬體。

雷軍是第一個由網際網路轉向製造業的「降維打擊者」，小米手機的速勝引起極大的思維震撼。他與董明珠在二〇一三年底的一次頒獎盛典上，打下十億大賭，看看誰在五年後的營業額更高。事實是，在後來的五年裡，他們各自向對方學習了更多。

在網際網路領域，出現了兩股大的衝擊波：其一，發生在消費服務市場——O2O；其二是網際網路金融——P2P，或科技金融。

批以「八〇後」為主力的創業者在消費服務市場上，實現了一次線上對線下的逆襲。他們可以被看作是網際網路經濟繼新聞資訊服務、商品販售服務之後的，第三次以消費服務為主題的衝擊波。代表人物有：

王興——北京，美團點評，餐飲服務；

姚勁波——北京，五八公司，分類資訊；

程維——北京，滴滴，叫車服務；

胡瑋煒、王曉峰——上海，摩拜，網際網路自行車租賃；

戴威——北京，ofo，網際網路自行車租賃。

網際網路金融的衝擊波表現得更富有戲劇性。在二〇一五年前後，全國出現了六千多家P2P公司，魚龍混雜，沉渣泛起，最終以e租寶事件為指標，遭到監管部門的嚴厲整頓。在隨後，阿里巴巴、騰訊、平安及京東等公司，成了實際的獲益者。

在資訊服務領域，曾出現數以百計的網路影音網站，不過最終被BAT全部控制，形成優酷、愛奇藝和騰訊視頻三分天下的格局。唯一例外的是新聞手機用戶端，今日頭條以演算法技術殺出血路：

張一鳴——北京，今日頭條，手機入口網站。

網際網路在中國的二十年，始終扮演著顛覆者和重建者的角色。它對這個國家的產業經濟和消費業態產生了深刻的影響，騰訊和阿里巴巴連袂成為亞洲市值最高的企業。與此同時，還有一些企業家，進入新能源、人工智慧及基因科學等產業，其成敗得失，迄今難以言斷，不過無論如何，他們代表了中國產業探索的另外一個方向。代表人物有：

施正榮——江蘇，無錫尚德，光伏；

李河君——北京，漢能，清潔能源；

汪韜——廣東，深圳大疆，無人機；

汪建——廣東，深圳華大基因，基因檢測；

劉慶峰——安徽，合肥科大訊飛，語音技術。

胡潤富豪榜：一條另類線索

英國人胡潤從一九九九年起發佈中國富豪榜，在一開始，由於財富的模糊性和資料的欠缺，這份榜單看上去像是一個笑話，一度還被戲稱為「殺豬榜」，不過時間最終寬恕和成全了他。

在十九年的榜單上，先後出現了十三位中國首富，這在其他任何國家都是不可思議的，證明了財富的劇烈爆炸和不確定性。出現在一九九九年第一份榜單上的前十大富豪，到二〇一七年，只有一位還留在前一百的名單中。

第一個首富榮毅仁的財富為八十億元，而二〇一七年首富許家印的財富為兩千九百億元，增加了三十六倍。相比之下，美國一九九九年首富比爾．蓋茲的資產為六百億美元，十九年後他仍然蟬聯首富，資產為八百九十億美元。

當過首富的十三人，分別來自商貿（榮毅仁、榮智健）、農業（劉永行兄弟）、連鎖商業（黃光裕）、製造（王傳福、梁穩根、張茵）、飲料（宗慶後）、地產（王健林、楊惠妍、許家印）和網際網路（丁磊、馬雲），從行業的速變，可以梳理出財富波動與產業經濟的強關聯性。

在所有的行業中，房地產和網際網路最具財富增值能力。在二〇〇九年的榜單上，前十大富豪中，有八位是地產開發商，而到二〇一七年，四位來自網際網路，四位與房地產有關，其他兩位來自物流和製造業。相比之下，美國十大富豪（二〇一六年），除了巴菲特（投資）

和彭博（媒體）之外，其餘均出自網際網路。

中國女性在創富方面的作為，是全球獨一無二的景象，有兩人當過首富（其中一位是二代繼承者）。在二〇一七年的一份「全球白手起家女富豪」榜單上，中國女性（含華裔）占了八席，其他兩位分別來自美國和英國。

財富向金字塔尖聚集的效應也非常明顯，自二〇〇八年之後的十年裡，中國億萬富豪（一億美元資產）人數增加了六倍，首富（王健林）資產增加五倍，而同時期，北京大學應屆畢業生的平均薪資增加不到一倍。

從全球範圍觀察，中國企業家成為最顯赫的一個新興群體，到二〇一七年，十億美元富豪人數為六百四十七位。①在「億萬富豪最多的全球城市」名單上，北京超越紐約位居第一，深圳名列第四，上海和杭州分別與倫敦和巴黎相當。不過，在慈善公益領域，中國富豪的表現並不與他們的財富成長速度相匹配。聯合國開發計畫署（UNDP）的一份報告（二〇一六）發現，中國人的慈善捐款只有美國或歐洲的大約四％。

---

①如果加上港澳台華人一百零二位，大中華區現在有七百四九位十億美元華人富豪，而全球十億美元華人富豪已經達到七百九十七位，佔全球十億美元富豪的三六％。（根據胡潤研究院發布的《三六計．胡潤百富榜二〇一七》，二〇一七年十月十二日）

經濟學家約瑟夫·熊彼特（Joseph Schumpeter）把現代商業革命描寫為以「永不停止的狂風」和「創造性的破壞」為特徵的經濟系統。①一代中國企業家由無產走向財富巔峰的過程，正符合熊彼特式的定義，他們在改變自己命運的同時，參與了這個國家經濟崛起的全部歷程，它壯觀、曲折，也充滿了種種的爭議。

①出自《經濟發展理論》（The Theory of Economic Development），約瑟夫·熊彼特著。

國家圖書館出版品預行編目（CIP）資料

激盪十年,水大魚大：中國崛起與世界經濟的新秩序/ 吳曉波著. -- 初版. --
臺北市：商周出版：家庭傳媒城邦分公司發行, 2018.05
面； 公分
ISBN 978-986-477-451-7(平裝)

1.商業史 2.中國

490.92 107005615

BW0670

激盪十年，水大魚大

中國崛起與世界經濟的新秩序

作　　者／吳曉波
責任編輯／李皓歆
企劃選書／陳美靜
版　　權／黃淑敏、翁靜如
行銷業務／周佑潔

總 編 輯／陳美靜
總 經 理／彭之琬
發 行 人／何飛鵬
法律顧問／台英國際商務法律事務所　羅明通律師
出　　版／商周出版
臺北市 104 民生東路二段 141 號 9 樓
電話：(02) 2500-7008　傳真：(02) 2500-7759
E-mail: bwp.service @ cite.com.tw
發　　行／英屬蓋曼群島商家庭傳媒股份有限公司　城邦分公司
臺北市 104 民生東路二段 141 號 2 樓
讀者服務專線：0800-020-299　24 小時傳真服務：(02) 2517-0999
讀者服務信箱 E-mail: cs@cite.com.tw
劃撥帳號：19833503　戶名：英屬蓋曼群島商家庭傳媒股份有限公司城邦分公司
訂購服務／書虫股份有限公司客服專線：(02) 2500-7718；2500-7719
服務時間：週一至週五上午 09:30-12:00；下午 13:30-17:00
24 小時傳真專線：(02) 2500-1990；2500-1991
劃撥帳號：19863813　戶名：書虫股份有限公司
E-mail: service@readingclub.com.tw
香港發行所／城邦（香港）出版集團有限公司
香港灣仔駱克道 193 號東超商業中心 1 樓
E-mail: hkcite@biznetvigator.com
電話：(852) 25086231　傳真：(852) 25789337
E-mail：hkcite@biznetvigator.com
馬新發行所／Cite (M) Sdn. Bhd.
41, Jalan Radin Anum, Bandar Baru Sri Petaling, 57000 Kuala Lumpur, Malaysia.
電話：(603) 9057-8822　傳真：(603) 9057-6622　E-mail: cite@cite.com.my

美術編輯／簡至成
封面設計／黃聖文
印　　刷／韋懋實業有限公司
總 經 銷／聯合發行股份有限公司　電話：(02) 2917-8022　傳真：(02) 2911-0053
新北市 231 新店區寶橋路 235 巷 6 弄 6 號 2 樓

■ 2018 年 05 月 22 日初版 1 刷
■ 2018 年 09 月 11 日初版 3 刷

Printed in Taiwan

ISBN 978-986-477-451-7

定價 450 元

城邦讀書花園
www.cite.com.tw